数据库原理与应用教程：SQL Server 2012

主　编　陈漫红

北京理工大学出版社
BEIJING INSTITUTE OF TECHNOLOGY PRESS

内 容 提 要

本书是面向计算机及相关专业学生学习数据库知识而编写的教材，其中既包括数据库的基础理论知识，又包括数据库前端和后端的应用技术。全书由三部分组成：上篇为数据库原理篇，介绍数据库系统原理；中篇为 SQL Server 2012 数据库系统应用篇，结合数据库的原理介绍 SQL Server 2012 的基础与使用；下篇为数据库技术实践篇，介绍数据库应用程序开发。其中第一部分适用于课堂教学，第二部分和第三部分适用于课堂与上机实践。本书每章配有思维导图和一定的习题。为便于教师教学，本教材制作了电子课件，并为本书的习题给出参考答案。

本书内容全面，使数据库理论充分地与 SQL Server 2012 数据库系统实际应用相结合，实用性强，所有实例都经过上机实践通过，可操作性强。

本书是北京联合大学教育科学院研究课题的资助项目，除了具有传统的教材的特性外，很多案例都配有视频演示。此外，还具有便于学生记忆总结的思维导图。

本书可作为普通高等院校计算机及其相关专业数据库原理课程的教材，也可供广大计算机爱好者及技术人员自学参考。

图书在版编目（CIP）数据

数据库原理与应用教程：SQL Server 2012／陈漫红主编．—北京：北京理工大学出版社，2021.1（2023.1重印）

ISBN 978-7-5682-9445-4

Ⅰ.①数…　Ⅱ.①陈…　Ⅲ.①关系数据库系统-高等学校-教材　Ⅳ.①TP311.138

中国版本图书馆 CIP 数据核字（2021）第 005078 号

出版发行／北京理工大学出版社有限责任公司
社　　址／北京市海淀区中关村南大街 5 号
邮　　编／100081
电　　话／（010）68914775（总编室）
　　　　　（010）82562903（教材售后服务热线）
　　　　　（010）68944723（其他图书服务热线）
网　　址／http：//www.bitpress.com.cn
经　　销／全国各地新华书店
印　　刷／三河市华骏印务包装有限公司
开　　本／787 毫米×1092 毫米　1/16
印　　张／20.5
字　　数／481 千字
版　　次／2021 年 1 月第 1 版　2023 年 1 月第 3 次印刷
定　　价／49.80 元

责任编辑／王玲玲
文案编辑／王玲玲
责任校对／刘亚男
责任印制／李志强

前　　言

本书是面向计算机及相关专业学生学习数据库知识而编写的教材，其特点是内容全面，其中既包括数据库的基础理论知识，又包括数据库前端和后端的应用技术。全书共分三个部分：

第一部分数据库原理篇，介绍了数据库系统的基本概念和原理。由第 1～6 章组成，具体内容包括数据库系统概述、数据库系统的组成与结构、关系数据库理论及数据库的保护和设计步骤等。

第二部分是 SQL Server 2012 数据库系统应用篇，将数据库的理论与具体的数据库系统相结合，介绍 SQL Server 2012 的功能和使用方法。由第 7～12 章组成，具体包括 SQL Server 2012 数据库管理系统介绍、数据库及表的创建和管理、索引与视图的建立、SQL Server 2012 的高级应用、SQL Server 2012 的安全管理及数据库的日常维护等内容，每章中的大部分示例或操作都配有视频文件。

第三部分是数据库技术实践篇，主要介绍数据访问接口、数据访问模式，以及如何以 SQL Server 2012 作为后台服务器，在 ASP. NET 环境中开发数据库的前端应用程序，这部分为第 13 章所述内容。本部分用实例来介绍数据库应用程序的整个开发过程并配有视频。

本书比较全面地介绍了数据库系统的基本原理、技术实现和基本应用，编写力求内容全面、概念清晰、语言流畅、图文并茂，通过扫描二维码观看操作视频，理论与实际相结合。相关章节与当今流行的 SQL Server 2012 数据库系统相结合，并以 ASP.NET 开发实例来介绍数据库管理应用程序从设计到开发和实现的整个过程，充分体现了学以致用的教学特点。

本书是作者多年从事数据库原理教学工作的经验和总结，是北京联合大学教育科学研究课题。为了适应目前计算机教学模式的改革，本书除了具有传统教材的特性外，很多案例都配有视频演示及便于学生记忆总结的思维导图。本书的教学大约需要 88 学时，其中理论课 32 学时、实验课 32 学时、上机实践课 24 学时。本书可以按传统模式线下完成，也可安排线上、线下相结合的教学模式来完成教学任务。

由于作者水平有限，书中有不妥之处在所难免，敬请广大读者给予批评指正。

CONTENTS 目录

上篇　数据库原理

第 1 章　数据库系统概述 …………………………………… (3)

思维导图 …………………………………… (4)
1.1　数据库基本概念 …………………………………… (5)
1.2　数据库的产生和发展 …………………………………… (6)
1.3　数据库系统的组成 …………………………………… (11)
1.4　数据库的体系结构 …………………………………… (14)
1.5　三个世界及其相关概念 …………………………………… (18)
本章小结 …………………………………… (26)
习题 …………………………………… (26)

第 2 章　关系数据库理论基础 …………………………………… (28)

思维导图 …………………………………… (29)
2. 1　关系模型概述 …………………………………… (30)
2. 2　关系数据模型的形式化定义 …………………………………… (31)
2. 3　关系模式与关系数据库 …………………………………… (32)
2. 4　关系模型的完整性约束 …………………………………… (34)
2. 5　关系代数 …………………………………… (36)
本章小结 …………………………………… (44)
习题 …………………………………… (44)

第 3 章　数据库规范化理论 …………………………………… (46)

思维导图 …………………………………… (47)
3. 1　数据依赖 …………………………………… (48)
3. 2　函数依赖 …………………………………… (49)
3. 3　关系规范化 …………………………………… (50)
3. 4　关系模式的分解 …………………………………… (57)

本章小结 …… (61)
习题 …… (62)

第 4 章　关系数据库标准语言 SQL …… (63)

思维导图 …… (64)
4.1　SQL 语言概述 …… (65)
4.2　数据类型 …… (67)
4.3　数据的定义 …… (72)
4.4　数据查询 …… (75)
4.5　数据的操纵 …… (91)
本章小结 …… (93)
习题 …… (94)

第 5 章　数据库保护 …… (97)

思维导图 …… (98)
5.1　事务 …… (99)
5.2　完整性控制 …… (101)
5.3　并发控制与封锁 …… (103)
5.4　数据库的备份与恢复 …… (112)
本章小结 …… (115)
习题 …… (115)

第 6 章　数据库设计 …… (117)

思维导图 …… (118)
6.1　数据库设计概述 …… (119)
6.2　系统需求分析 …… (122)
6.3　概念结构设计 …… (125)
6.4　逻辑结构设计 …… (132)
6.5　物理结构设计 …… (134)
6.6　数据库实施 …… (135)
6.7　数据库运行和维护 …… (136)
6.8　图书馆信息系统设计案例 …… (137)
本章小结 …… (147)
习题 …… (147)

中篇　SQL Server 2012 数据库系统应用

第 7 章　SQL Server 2012 概述 …… (151)

思维导图 …… (152)

7.1 SQL Server 2012 介绍 …… (153)
7.2 安装 SQL Server 2012 …… (156)
7.3 SSMS 基本操作 …… (156)
本章小结 …… (161)
习题 …… (161)
上机实训 …… (161)

第 8 章 SQL Server 2012 数据库及数据表的创建和管理 …… (162)

思维导图 …… (163)
8.1 SQL Server 数据库的存储结构 …… (164)
8.2 系统数据库 …… (166)
8.3 数据库的创建 …… (167)
8.4 数据库的管理 …… (170)
8.5 数据库的分离和附加 …… (177)
8.6 创建和管理数据表 …… (179)
本章小结 …… (197)
习题 …… (197)
上机实训 …… (198)

第 9 章 索引与视图 …… (200)

思维导图 …… (201)
9.1 索引 …… (202)
9.2 视图 …… (206)
本章小结 …… (212)
习题 …… (212)
上机实训 …… (214)

第 10 章 SQL Server 2012 高级应用 …… (215)

思维导图 …… (216)
10.1 Transact-SQL 程序设计 …… (217)
10.2 存储过程 …… (228)
10.3 触发器 …… (237)
10.4 用户自定义函数 …… (245)
10.5 游标 …… (252)
本章小结 …… (257)
习题 …… (257)
上机实训 …… (259)

第 11 章 SQL Server 2012 安全管理 …… (260)

思维导图 …… (261)

11.1　安全控制概述 …………………………………………………………（262）
11.2　登录名 ……………………………………………………………………（265）
11.3　数据库用户 ………………………………………………………………（269）
11.4　角色 ………………………………………………………………………（272）
11.5　数据库的架构定义及使用 ………………………………………………（279）
11.6　权限管理 …………………………………………………………………（282）
本章小结 ………………………………………………………………………（288）
习题 ……………………………………………………………………………（288）
上机实训 ………………………………………………………………………（289）

第 12 章　SQL Server 2012 数据库的维护 ……………………………………（290）

思维导图 ………………………………………………………………………（291）
12.1　数据库的备份和还原 ……………………………………………………（292）
12.2　导入/导出数据 ……………………………………………………………（299）
12.3　生成与执行 SQL 脚本 ……………………………………………………（299）
本章小结 ………………………………………………………………………（300）
习题 ……………………………………………………………………………（300）
上机实训 ………………………………………………………………………（300）

下篇　数据库技术实践

第 13 章　数据库应用程序的开发 ……………………………………………（303）

思维导图 ………………………………………………………………………（304）
13.1　互联网应用系统结构 ……………………………………………………（305）
13.2　数据访问接口 ……………………………………………………………（305）
13.3　数据库的连接 ……………………………………………………………（311）
13.4　数据库的基本操作 ………………………………………………………（312）
本章小结 ………………………………………………………………………（316）
习题 ……………………………………………………………………………（316）
上机实训 ………………………………………………………………………（316）

参考文献 ……………………………………………………………………（317）

上　篇

数据库原理

第1章 数据库系统概述

学习目的

通过本章的学习，学生首先应该理解信息、数据、数据处理、数据库、数据库系统及数据库管理系统的基本概念，了解数据库技术的产生、发展及其未来和数据库管理系统的组成与存取过程，掌握数据库的体系结构，现实世界、信息世界和计算机世界中数据的表示及其相关概念。

本章要点

- 信息、数据、数据处理、数据库、数据库系统及数据库管理系统
- 数据库技术的产生、发展及其未来
- 数据库系统的组成
- 数据库的体系结构
- 三个世界及其相关概念

思维导图

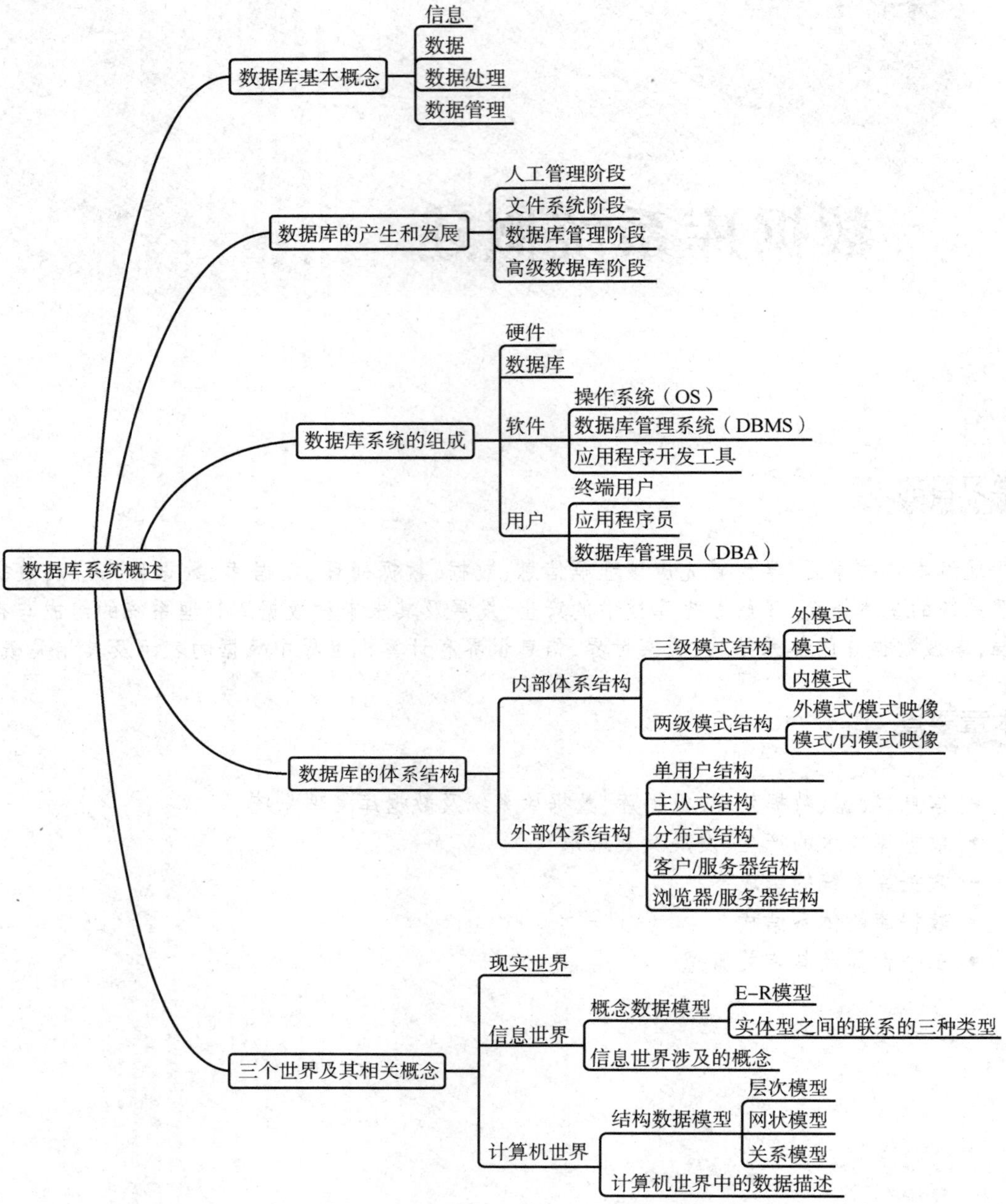

- 数据库系统概述
  - 数据库基本概念
    - 信息
    - 数据
    - 数据处理
    - 数据管理
  - 数据库的产生和发展
    - 人工管理阶段
    - 文件系统阶段
    - 数据库管理阶段
    - 高级数据库阶段
  - 数据库系统的组成
    - 硬件
    - 数据库
    - 软件
      - 操作系统（OS）
      - 数据库管理系统（DBMS）
      - 应用程序开发工具
    - 用户
      - 终端用户
      - 应用程序员
      - 数据库管理员（DBA）
  - 数据库的体系结构
    - 内部体系结构
      - 三级模式结构
        - 外模式
        - 模式
        - 内模式
      - 两级模式结构
        - 外模式/模式映像
        - 模式/内模式映像
    - 外部体系结构
      - 单用户结构
      - 主从式结构
      - 分布式结构
      - 客户/服务器结构
      - 浏览器/服务器结构
  - 三个世界及其相关概念
    - 现实世界
    - 信息世界
      - 概念数据模型
        - E–R模型
        - 实体型之间的联系的三种类型
      - 信息世界涉及的概念
    - 计算机世界
      - 结构数据模型
        - 层次模型
        - 网状模型
        - 关系模型
      - 计算机世界中的数据描述

1.1 数据库基本概念

在信息时代，面对大量的信息和数据，如何有效地对数据进行收集、组织、存储、加工、传播管理和使用，是数据管理必须要解决的问题。

数据库就是一种数据管理技术，可以帮助人们科学地组织和存储数据，高效地获取和处理数据，更广泛、更安全地共享数据。所以我们有必要先了解数据库中的一些基本概念。

1. 信息

信息是人脑对现实世界事物的存在方式、运动状态及事务之间联系的抽象。信息是指数据经过加工处理后所获得的有用的知识。信息是抽象的、不随数据设备所决定的数据形式而改变，是以某种数据的形式表现的。例如，现实世界的一个学生学号为 S101；姓名为赵晓；年龄 18；性别为男。

2. 数据

用自然语言来描述虽然比较直接，但过于烦琐，不便于形式化，并且也不利于用计算机来表达。为此，人们常常只抽取那些感兴趣的事物特征或属性作为事物的描述。所谓数据，指的是用符号记录下来的可以区别的信息。它是数据库中存储的基本对象。数据的表现形式多种多样，主要有数字、文字、声音、图形和图像等。数据的形式有时还不能完全表达其内容，需要经过解释。因而数据与数据的解释是不可分的，数据的解释是指对数据含义的说明，数据的含义定义为语义。例如，赵晓，18，男。

数据实际上是记录下来的被鉴别的符号，它本身并没有意义；而信息是对数据语义的解释，数据经过处理以后仍然是数据，只有经过解释后才有意义，才称为信息。

3. 数据处理

数据处理又称为信息处理，是将数据转换成信息的过程，包括对数据的收集、存储、加工、检索和传输等一系列活动。其目的是从大量的原始数据中抽取和推导出有价值的信息，以进行各种应用。数据与信息之间的关系可以表示为“信息=数据+数据处理”，即数据是原料，是输入；而信息是产出，是输出结果。

4. 数据管理

数据管理是数据处理的核心，是指数据的分类、组织、编码、存储、检索和维护等操作。数据管理技术的优劣直接影响到数据处理的效果。数据库技术正是为瞄准这一目标而研究、发展并完善起来的专门技术。

1.2 数据库的产生和发展

数据库技术是随着数据管理的需要而产生的。数据管理是指如何对数据进行分类、组织、编码、存储、检索和维护，是数据处理的中心问题。随着计算机硬件和软件技术的发展，经历了如下几个阶段。

1. 人工管理阶段

1946 年至 50 年代中期，计算机主要用于科学计算。计算机硬件状况是，外存只有磁带、卡片、纸带，还没有磁盘等直接存取的存储设备；从软件看，除了汇编语言，没有操作系统，没有管理数据的软件，数据处理方式是批处理。

在该阶段，每个应用程序需要自己设计、说明和管理数据。数据的共享性和独立性比较差，数据的逻辑结构或物理结构发生变化后，必须对应用程序做相应的修改，这加重了程序员的负担。

该阶段数据管理的特点是：数据不保存在计算机内；数据没有专门的软件进行管理，由应用程序自己进行管理；基本上没有文件概念、数据不能共享、数据面向应用程序，所以冗余度大；此外，数据不具有独立性。人工管理阶段应用程序与数据之间的关系如图 1-1 所示，数据完全依赖于程序。

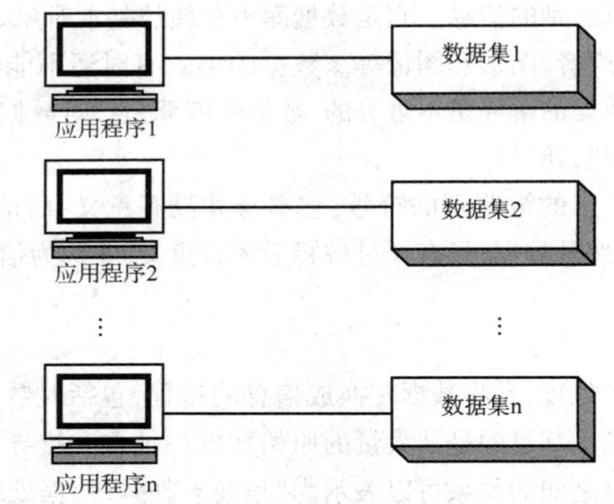

图 1-1 人工管理阶段应用程序与数据之间的对应关系

2. 文件系统阶段

这一阶段从 20 世纪 50 年代后期到 60 年代中期，计算机硬件和软件都得到了发展。计算机不仅用于科学计算，还大量用于管理。操作系统中已经有了专门的数据管理软件，一般称为文件系统。

该阶段的数据管理形成了如下几个特点：数据可以长期保存、文件系统管理数据、文件已

经多样化、数据的存取基本上以记录为单位;程序与数据有一定的独立性;文件系统对数据进行统一管理;数据以文件的形式存在。文件系统阶段应用程序与数据库之间的对应关系如图 1-2所示。

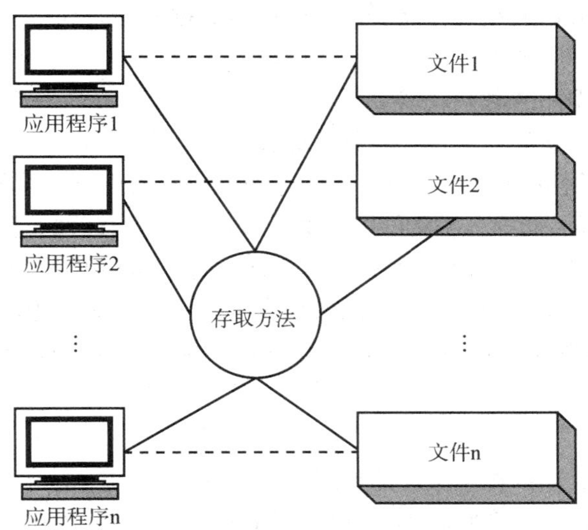

图 1-2　文件系统阶段应用程序与数据之间的对应关系

例如,要用某种程序设计语言编写对学生信息进行管理的系统,在此系统中要对学生的基本信息和选课情况进行管理。在学生基本信息管理中,要用到学生的基本信息数据文件(设为 F1);学生选课情况的管理包括学生的基本信息、课程基本信息文件(设为 F2),以及学生的选课信息文件(设为 F3)。另设 A1 程序为实现学生基本信息管理功能的应用程序, A2 程序为实现学生选课管理功能的应用程序。文件管理系统的示例如图 1-3 所示。

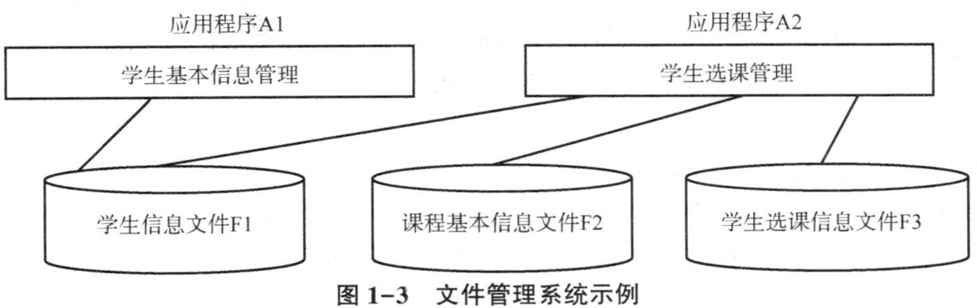

图 1-3　文件管理系统示例

假设学生基本信息文件 F1 包含学号、姓名、性别、出生日期、所在系、专业、所在班、特长、家庭住址;课程基本信息文件 F2 包含课程号、课程名、授课学期、学分、课程性质;学生选课信息文件 F3 包含学号、姓名、专业、课程号、课程名、修课类型、修课时间、考试成绩。

在学生选课管理中,若有学生选课,需先查 F1 文件,判断有无此学生;若有,则访问 F2 文件判断其所选的课程是否存在;若存在,则将学生选课信息写到 F3 文件中。文件管理系统具有以下缺点:

(1) 数据共享性差,数据冗余度大

在文件管理系统中,一个文件基本上对应于一个应用程序,当不同的应用程序具有相同的数据时，也必须建立各自的文件，而不能共享相同的数据。比如应用程序 A2 需要在 F3 文件中包含学生的所有或大部分信息，则除了学号之外，还需要姓名、专业、所在系等信息，而 F1 文件中也包含这些信息，F3 文件和 F1 文件中有重复的信息，因此数据的冗余度大，浪费存储空间。同时，由于相同数据的重复存储、各自管理，给数据的修改和维护带来了困难，更为严重的是，容易造成数据的不一致性。

(2) 数据孤立，数据间的联系较弱

在文件管理系统中，文件与文件之间是彼此孤立、毫不相干的，文件之间的联系必须通过程序来实现。例如上例中的 F1、F2 和 F3 文件。F3 文件中的学号、姓名等学生基本信息必须是 F1 文件中已经存在的；同样，F3 文件中的课程号等与课程有关的基本信息也必须是 F2 文件中已经存在的。这些数据之间的联系是实际需求当中所要求的很自然的联系，但文件系统本身不具备自动实现这些联系的功能，必须依靠应用程序来保证这些联系，也就是必须通过手工编写程序来保证这些联系。这不但增加了程序编写的工作量和复杂度，而且当联系很复杂时，也难以保证其正确性。

(3) 应用程序依赖性

就文件处理而言，程序依赖于文件的格式。比如，C 语言用 Struct、VB 用 Type 来定义用户的数据结构，文件结构的每一次修改都将导致应用程序的修改。而随着应用环境和需求的变化，修改文件的结构是不可避免的，如增加一些字段、修改某些字段的长度等。而这些又都需要在应用程序中做相应的修改，所以是相当费时费力的，这些后果都是由于应用程序对数据文件的过度依赖造成的。

(4) 安全性问题

在文件管理系统中，很难控制某个人对文件的操作。如控制某个人只能读或者修改文件而不能删除文件，或者不能读或修改文件中的某个或某些字段。在实际应用中，数据的安全性无疑是非常重要的。例如，在学生选课管理中，学生对其考试成绩只有查询的权利而没有修改的权利，而任课教师则有录入其所授课程的考试成绩的权利、教务部门对录入有误的成绩有修改权等。但这些功能在文件管理系统中却很难实现。

(5) 并发访问异常

在现代计算机系统中，为了有效地利用计算机资源，系统一般允许多个应用程序并发运行。例如，某个用户打开了一个 Excel 文件，如果第二个用户在第一个用户没有关闭之前就想打开此文件，那么他只能以只读的方式打开此文件，而不能对该文件进行修改。这就是文件管理系统不支持并发访问所造成的。

3. 数据库管理阶段

20 世纪 60 年代后期以来，计算机硬件和软件技术得到了飞速发展，为了解决多用户、多应用共享数据的需求，相应出现了数据库这样的数据管理技术，使信息系统的研制从围绕加工数据的程序为中心转变到围绕共享的数据库来进行。这样既便于数据的集中管理，也有利于应用程序的研制和维护，提高了数据的利用率和相容性，从而提高了做出决策的可靠性。该阶段应用程序与数据库之间的对应关系如图 1-4 所示。

对于上述学生基本信息管理和学生选课管理系统来说，若使用数据库来管理，其实现的过程如图 1-5 所示。

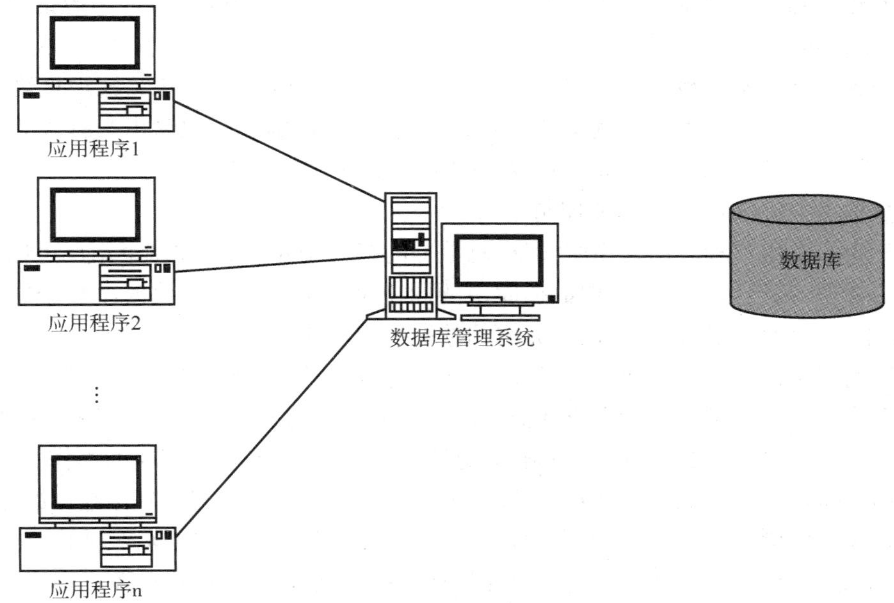

图 1-4　应用程序与数据库之间的关系

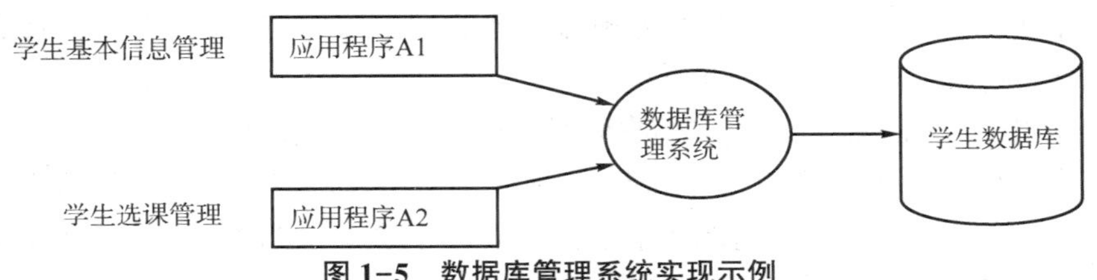

图 1-5　数据库管理系统实现示例

数据库管理系统具有如下优点：

(1) 相互关联的数据集合

在数据库系统中，所有相关的数据都存储在一个称为数据库的环境中，它们作为一个整体定义。在描述数据时，不仅描述数据本身，还要描述数据之间的联系。在文件系统阶段，只考虑同一文件内部数据项之间的联系，而不同文件的数据是没有联系的，这样的文件有一定的局限性，不能反映现实世界各种事物之间复杂的联系。

(2) 数据共享性高、冗余度小、易扩充

数据能够充分共享，这是数据库管理系统阶段的最大改进，即数据不再面向某个应用程序，而是面向整个系统，所有的用户可同时存取数据库中的数据，这样减少了不必要的数据冗余，节约了存储空间，同时也避免了数据之间的不一致性，从而使数据库系统的弹性加大，可增加新的应用，易于扩充。

(3) 数据独立性高

数据的独立性是指逻辑独立性和物理独立性。

数据的逻辑独立性是指当数据的总体逻辑结构改变时，数据的局部逻辑结构不变。由于应用程序是依据数据的局部逻辑结构编写的，所以应用程序不必修改，从而保证了数据与程序间的逻辑独立性。

数据的物理独立性是指当数据的存储结构(或物理结构)改变时,数据的逻辑结构可以不变,从而应用程序也不必改变。

数据的独立性是利用数据库管理系统的二级映像功能来保证的,相关知识见第 1.4.1 节。数据与程序的独立把数据的定义从程序中分离出去,加上数据的存取又由数据库管理系统负责,从而简化了应用程序的编制,大大减少了应用程序的维护和修改。

(4) 数据由 DBMS 统一管理和控制

数据库为多个用户和应用程序所共享,对数据的存取是并发的,即多个用户可以同时存取数据库中的数据,甚至可以同时存取数据库中的同一个数据。为确保数据库数据的正确性和有效性,数据库管理系统提供以下四个方面的数据控制功能:

①数据的安全性(Security)控制。防止不合法使用数据造成数据的泄露和破坏,从而保证数据的安全。如系统提供口令检查或其他手段来验证用户的身份,防止非法用户来使用系统;此外,还可以对数据的存取权限进行限制,只有通过检查后,才能执行相应的操作。

②数据的完整性(Integrity)控制。系统通过设置一些完整性规则来确保数据的正确性、有效性和相容性。所谓正确性,是指数据的合法性,如年龄属于数值型数据,只能由 0,1,…,9 等整数数值,不能含有字母或特殊符号;有效性是指数据是否在其定义的有效范围,如月份只能由 1~12 之间的正整数表示;相容性是指表示同一事实的两个数据应相同, 否则,就不相容,如一个人不能有两个性别等。

③数据库恢复(Recovery)。当数据库被破坏或数据不可靠时,系统有能力将数据库从错误状态恢复到最近某一时刻的正确状态。

④并发控制(Concurrency)。当多用户同时存取或修改数据库时,防止因相互干扰而提供给用户不正确的数据,并使数据库受到破坏。例如,在学生选课系统中,某门课程只剩下最后一个名额,但有两个学生在两台选课终端上同时发出了选修这门课的请求,必须采取某种措施,以确保两名学生不能同时拥有最后一个名额。

⑤数据的最小存取单位是数据项。既可以存取数据库中某一个数据项或一组数据项, 也可以存取一个记录或一组记录。

4. 高级数据库阶段

这一阶段的主要标志是 20 世纪 80 年代出现的分布式数据库系统、90 年代出现的面向对象数据库管理系统和各种新型数据库系统。

(1) 分布式数据库系统(distributed database system,DDBS)

它是在集中式数据库基础上发展起来的,是数据库技术与计算机网络技术、分布处理技术相结合的产物。其主要特点是:①数据是分布的;②数据是逻辑相关的;③结点具有自治性。

(2) 面向对象数据库系统(object-oriented database system,OODBS)

它是将面向对象的模型、方法和机制,与先进的数据库技术有机地结合而形成的新型数据库系统。它从关系模型中脱离出来,强调在数据库框架中的发展类型、数据抽象、继承和持久性。它的基本思想是一方面把面向对象语言向数据库方向扩展,使应用程序能够存取并处理对象;另一方面扩展数据库系统,使其具有面向对象的特征,提供一种综合的语义数据建模概念集,以便对复杂应用中的实体和联系建模。

(3) 多媒体数据库系统(multi-media database system,MDBS)

这是数据库技术与多媒体技术相结合的产物。其主要特点是:①数据量大;②结构复杂;③时序性;④数据传输的连续性。

MDBS 具有的功能:①能够有效地表示多媒体数据,对不同媒体类型的数据,如文本、图形、图像、声音等,能够按应用的不同而采用不同的表示方法。②能够处理各种媒体数据,正确识别和表现各种媒体数据的特征、各种媒体间的空间或时间的关联。③能够像对其他格式化数据一样对多媒体数据进行操作。④具有开放功能,提供多媒体数据库的应用程序接口。

(4) 数据仓库

可以提供对企业数据进行访问和分析的工具,从企业数据中获得有价值的信息,发掘企业的竞争优势,提高企业的运营效率和指导企业决策。数据仓库作为决策支持系统(decision support system,DSS)的有效解决方案,涉及三方面的技术内容:数据仓库技术、联机分析处理(on-line analysis processing,OLAP)技术和数据挖掘(data mining, DM)技术。

1.3 数据库系统的组成

数据库系统(Database System,DBS)是以计算机软硬件为工具,把数据组织成数据库形式并对其进行存储、管理、处理和维护的高效的信息处理系统。数据库系统由计算机硬件系统、数据库、软件系统(包含操作系统、应用程序开发工具、数据库应用系统)、数据库管理系统(Database Management System,DBMS)、数据库用户组成。各部分组成说明如下:

1. 硬件系统平台

由于数据库系统的数据量都很大,再加上 DBMS 丰富的功能,使得数据库系统自身的规模很大,因此整个数据库系统对硬件资源提出了较高的要求。主要包括:要有足够大的内存存放操作系统、DBMS 的核心模块、数据缓冲区和应用程序;要有足够大的硬盘等直接存取设备存放数据库,同时,要有足够的磁盘做数据备份;要求系统有较高的通道能力,以提高数据传送率。

2. 数据库(Database,DB)

数据库是长期存储在计算机内,有组织的、大量的、可共享的数据集合。它的特点是可以供各种用户共享,并且具有最小的冗余度和较高的数据与程序的独立性,具有安全控制机制,能够保证数据的安全可靠,允许并发地使用数据库,能有效、及时地处理数据,并能保证数据的安全性和完整性。

3. 软件

(1) 操作系统

指支持 DBMS 正常运行的操作系统,如 Windows 系统。

(2) DBMS

DBMS 是为数据库的建立、使用和维护所配置的软件;是位于用户与操作系统(OS)之间的系统软件，它为用户或应用程序提供访问数据库的方法，在建立、运用和维护数据库时，由数据库管理系统进行统一管理、统一控制，以保证数据的完整性、安全性，同时，在多用户使用数据库时进行并发控制，在发生故障后对系统进行恢复。DBMS 的主要功能如图 1-6 所示。

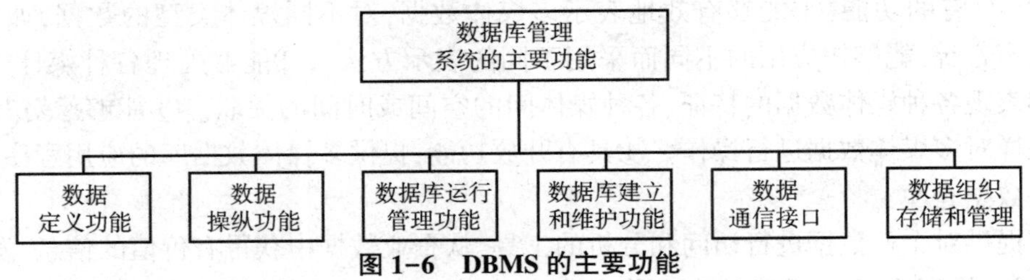

图 1-6 DBMS 的主要功能

①数据定义。

DBMS 提供数据定义语言（Data Define Language，DDL）定义构成数据库结构的三级结构：模式、存储模式和外模式；定义二级映像：外模式与模式之间的映射、模式与存储模式之间的映射；定义有关的约束条件。

②数据操纵。

DBMS 提供数据操纵语言（Data Manipulation Language，DML），实现对数据库数据的基本操作，包括检索、插入、修改和删除等基本操作。DML 包括两类：一类是自主型或自含型，可单独使用；另一类是宿主型，需要嵌入其他高级语言中，不能单独使用。

③数据库运行管理。

对数据库的运行进行管理是 DBMS 运行时的核心部分。所有访问数据库的操作都要在这些控制程序的统一管理下进行，以保证数据的安全性、完整性、一致性及多用户对数据库的并发使用。

④数据库的建立和维护。

建立数据库包括数据库初始数据的输入与数据转换等。维护数据库包括数据库的转储与恢复、数据库的重组织与重构造、性能的监视与分析等。

⑤数据通信接口。

DBMS 需要提供与其他软件系统进行通信的功能。

DBMS 在操作系统的支持下工作，而应用程序在 DBMS 的支持下才能使用数据库，所以 DBMS 在整个数据库系统中起着非常重要的作用。

⑥数据组织、存储和管理。

数据库中需要存放多种数据，DBMS 负责分门别类地组织、存储和管理这些数据，确定以何种文件结构和存取方式物理地组织这些数据，如何实现数据之间的联系，以便提高存储空间利用率及提高各种操作的时间效率。

DBMS 在整个计算机系统中所处的地位如图 1-7 所示。DBMS 处于应用开发工具和 OS 操作系统之间。

（3）应用程序开发工具

这是以 DBMS 为核心的应用开发工具。所谓应用开发工具，是系统为应用开发人员和最终用户提供的高效率、多功能的应用生成器及高级程序设计语言等各种软件工具，它们为数据库系统的开发和应用提供了良好的环境。

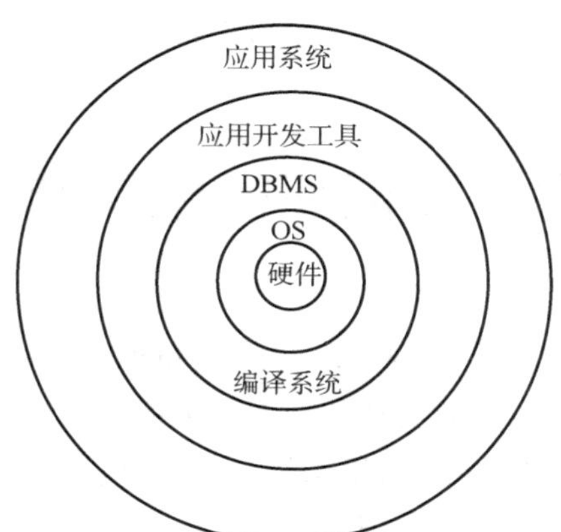

图 1-7 DBMS 在计算机系统中所处的地位

4. 用户

用户是指使用数据库的人。用户分为以下三类：

(1) 终端用户(end user)

主要是使用数据库的各级管理人员、工程技术人员、科研人员等，一般为非计算机专业人员，如图 1-8 所示的用户 1～用户 n。

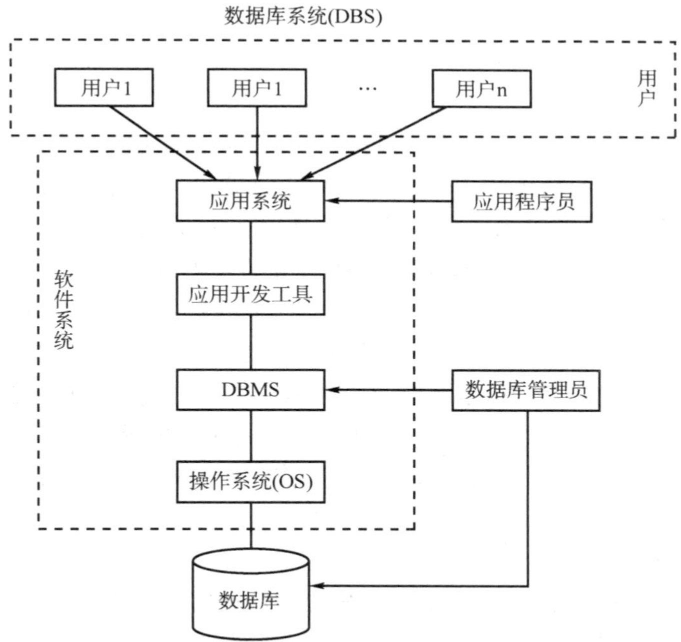

图 1-8 数据库系统的各个组成部分及各部分之间的联系

(2) 应用程序员(application programmer)

负责为终端用户设计和编制应用程序，以便终端用户对数据库进行各种存取操作。

(3) 数据库管理员(Database Administrator，DBA)

DBA 是指全面负责数据库系统的管理、维护，以使其正常运行和使用的人员。

数据库系统的各个组成部分及各部分之间的联系如图 1-8 所示。

1.4 数据库的体系结构

考察数据库系统的结构可以有多种不同的层次和角度。从数据库管理系统内部角度来看,数据库系统通常采用三级模式结构;从数据库的最终用户角度来看,即从数据库系统的外部体系结构来看,数据库系统的结构分为单用户、主从式结构、分布式结构、客户/服务器、浏览器/应用服务器/数据库服务器等多层结构。

1.4.1 内部体系结构

从数据库关系系统的内部角度来看,数据库系统通常采用三级模式结构,从外到内依次为外模式、模式和内模式。

数据库的三层结构是数据的三个抽象级别,用户只要抽象地处理数据,而不必关心数据在计算机中如何表示和存储。为了实现三个抽象级别的联系和转换,数据库管理系统在三层结构之间提供了两层映像,即“外模式/模式”映像和“模式/内模式”映像。

1. 三级模式结构

(1) 外模式(external schema)

外模式也称子模式(subschema)或用户模式,它是数据库用户(包括应用程序员和最终用户)能够看见的和使用的局部的逻辑结构和特征的描述,是数据库用户的数据视图,是与某一应用有关的数据的逻辑表示。外模式通常是模式的子集。外模式是保证数据安全性的一个有力措施。每个用户只能看见和访问所对应的外模式中的数据,数据库中的其余数据不可见。

一个数据库通常有多个外模式。一个应用程序只能使用一个外模式,但同一外模式可为多个应用程序所用。不同用户的需求不同,看待数据的方式也可以不同,对数据保密的要求也可以不同,使用的程序设计语言也可以不同,因此,不同用户的外模式的描述可以是不同的。例如,学校人事部门可以把各系的教师数据的集合作为外模式,而不考虑各个系的用户所看见的课程和学生的记录值。

(2) 模式(schema)

模式也称逻辑模式或概念模式,是数据库中全体数据的逻辑结构和特征的描述,是所有用户的公共数据视图。它是数据库系统模式结构的中间层,既不涉及数据的物理存储细节和硬件环境,也与具体的应用程序和所使用的应用开发工具无关。

模式实际上是数据库数据在逻辑级上的视图。一个数据库只有一个模式。数据库模式以某一种数据模型为基础,统一、综合地考虑了所有用户的需求,并将这些需求有机地结合成一个逻辑整体。定义数据库模式时,不仅要定义数据的逻辑结构,而且要定义数据之间的联系,定义与数据有关的安全性、完整性要求。

DBMS 提供模式数据定义语言 DDL 来描述逻辑模式，即严格地定义数据的名称、特征、相互关系、约束等。逻辑模式的基础是数据模型。

(3) 内模式(Internal Schema)

内模式也称存储模式(Storage Schema)，一个数据库只有一个内模式。它是数据物理结构和存储方式的描述，是数据库内部的表示方法。例如，记录的存储方式是顺序存储、按照 B 树结构存储还是按哈希方法存储；索引按照什么方式组织；数据是否为压缩存储，是否加密；数据的存储记录结构有何规定等。值得注意的是，内模式与物理层是不一样的，内模式不涉及物理记录的形式(即物理块或页，输入/输出单位)，也不考虑具体设备的柱面和磁道大小。换句话说，内模式假定了一个无限大的线性地址空间，地址空间到物理存储的映射细节与特定系统有关，这些并不反映在体系结构中。

在三层模式结构中，数据库模式结构是数据库的核心和关键，外模式通常是模式的子集。数据按外模式的描述提供给用户，按内模式的描述存储在硬盘上，而模式介于外模式与内模式之间，它既不涉及外模式的访问，也不涉及内部的存储，从而起到隔离的作用，有利于保持数据的独立性。内模式依赖于全局逻辑结构，但可以独立于具体的存储设备。由此可见，数据库系统的三级模式是对数据的三个抽象级别，它把数据的具体组织留给了数据库管理系统去管理，使用户能逻辑地、抽象地处理数据，而不关心数据在计算机中的具体表示方式与存储方式。

2. 两级模式映像

所谓映像，就是一种对应规则，说明映像双方如何进行转换。三级模式间的两层映像保证数据具有较高的逻辑独立性和物理独立性。

为了能够在内部实现这三个抽象层次的联系和转换，数据库管理系统在这三级模式之间提供了两层映像。

(1) 外模式/模式映像

外模式/模式映像定义了外模式与模式之间的映像关系。由于外模式和模式的数据结构可能不一致，即记录类型、字段类型的命名和组成可能不同，因此，需要这个映像说明外部记录和概念之间的对应性。当模式改变时，数据库管理员只要对各个外模式/模式映像做相应的改变，使外模式保持不变，则以外模式为依据的应用程序不受影响，从而保证了数据与程序之间的逻辑独立性。

逻辑独立性指当总体逻辑结构改变时，通过对映像的相应改变而保持局部逻辑结构不变，从而应用程序也可以不必改变。

(2) 模式/内模式映像

模式/内模式映像定义了数据库的逻辑结构与存储结构之间的映像关系。当数据库的存储结构发生改变时，比如选择了另一个存储结构，只需要对模式/内模式映像做相应的调整，就可以保持模式不变，从而使应用程序也不必修改，因此保证了数据与程序的物理独立性。物理独立性指当数据的存储结构改变时，数据的逻辑结构可以不变，从而应用程序也不必改变。

综上所述，数据库系统的三级模式与二级映像的优点主要为以下几个方面：①保证了数据的独立性；②有利于数据共享；③有利于数据的安全保密。

1.4.2 外部体系结构

从最终的用户角度来看，数据库系统分为单用户结构、主从式结构、分布式结构、客户/服务器结构及浏览器/服务器结构。

1. 单用户结构的数据库系统

单用户结构的数据库系统又称为桌面数据库系统，是将应用程序、DBMS 和数据库都装在一台计算机上，由一个用户独占使用。这种结构适合未联网用户及个人用户等。如 Microsoft Office 的桌面数据库 Access、Visual Foxpro 等。

2. 主从式结构的数据库系统

这是一个大型主机带多个终端的多用户结构的系统，又称主机/终端模式，如图 1-9 所示。将数据库存放在主机上，通过网络与终端相连，终端只起到了输入/输出的作用，所有的功能都集中在主机上。该结构的优点是：结构简单，易于管理、控制和维护；缺点是：当终端数目过多时，主机的任务会过分繁重，形成系统“瓶颈”；此外，系统的可靠性依赖于主机，当主机出现故障时，整个系统就无法使用。

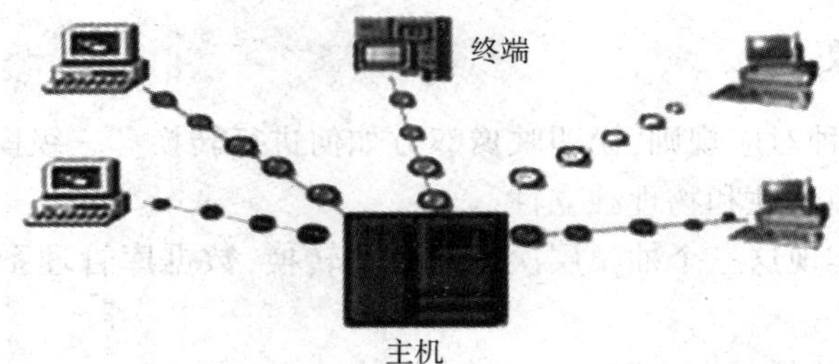

图 1-9 主从式结构的数据库系统

3. 分布式结构的数据库系统

这是分布式网络技术与数据库技术相结合的产物，数据库分布存储在计算机网络的不同结点上，如图 1-10 所示。其特点是：数据在物理上是分布的；所有数据在逻辑上是一个整体；结点上分布存储的数据相对独立。

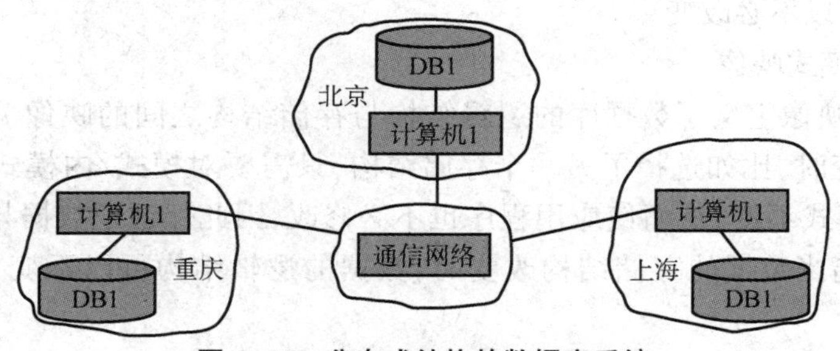

图 1-10 分布式结构的数据库系统

分布式结构的数据库系统的优点是多台服务器并发地处理数据,大大提高了效率;缺点是数据的分布式存储给数据的安全性和保密性带来了困难。

4. 客户/服务器结构的数据库系统(Client/Server)

简称 C/S 结构,该结构把 DBMS 的功能与应用程序一分为二,服务器(Server)负责数据存储与管理,客户机(Client)完成与用户的交互任务。在这种体系结构中,服务器和客户机常常分处不同的计算机上。客户机通过友好的图形用户界面程序接收用户的请求,然后将它按特定的标准提交给服务器;服务器接到请求后,执行相应的数据库操作(例如添加、删除、修改、查询等),然后将操作结果返回给客户机;客户机收到结果后,通过图形用户界面将结果友好地呈现给用户,如图 1-11 所示。该结构又称为胖客户机结构,其优点是大大提高了网络运行效率,因为每一个客户机都可以对数据进行分析和处理;缺点是不便于系统的维护和升级。

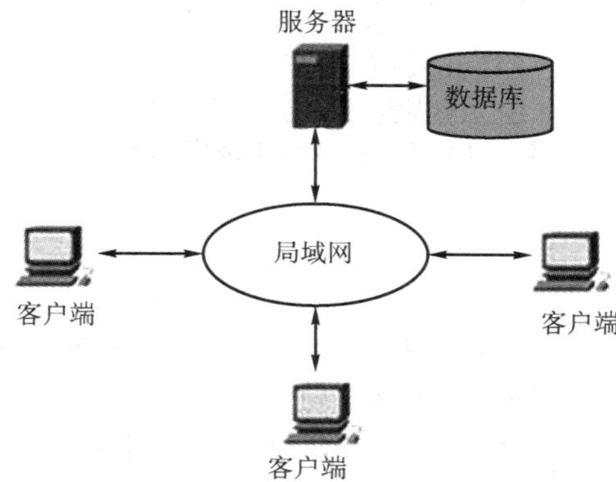

图 1-11　客户/服务器结构的数据库系统

5. 浏览器/服务器结构的数据库系统(Browser/Server)

简称 B/S 结构,用户利用浏览器作为输入界面,输入必要的数据,浏览器将这些数据传送至网站,网站再对输入数据实施处理,并将其执行的结果返回给浏览器,通过浏览器将最终执行结果提交给用户。因此,Web 数据库充分发挥了 DBMS 高效的数据存储和管理能力,将客户融入统一的 Web 浏览器,为用户提供使用简便、内容丰富的服务,已成为 Internet 的核心服务之一。该结构又称为瘦客户机结构,如图 1-12 所示。

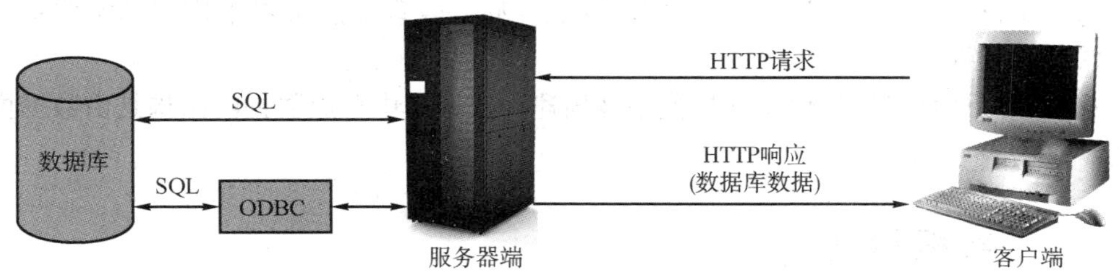

图 1-12　浏览器/服务器结构的数据库系统

1.5 三个世界及其相关概念

数据库管理的对象(数据)存在于现实世界中,即现实世界中的事物及其各种联系。从现实世界中的事物到存储在计算机数据库中的数据,要经历现实世界、信息世界和计算机世界三个不同事物世界,经历人脑的抽象和概念模型的转换才能完成。其转换过程如图 1-13 所示。

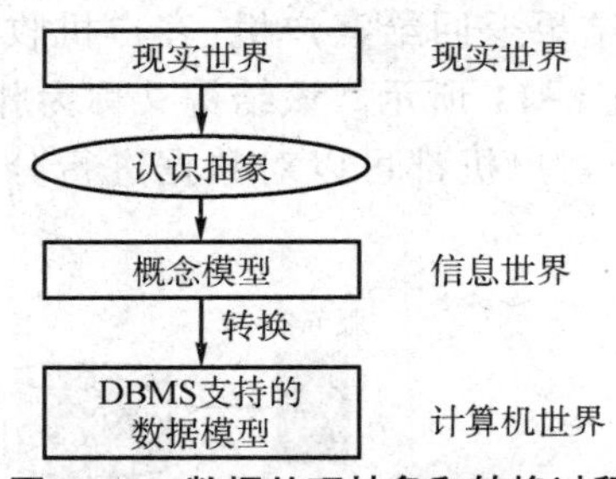

图 1-13 数据处理抽象和转换过程

1. 现实世界

现实世界即客观存在的世界,由客观存在的事物及其联系所组成。人们总是选用感兴趣的最能表征一个事物的若干特征来描述该事物。例如,选用学号、姓名、性别、年龄、所在系等来描述学生,有了这些特征,就能区分不同的学生。客观世界中,事物之间是相互联系的,但人们只选择那些感兴趣的联系。例如,可以选择"学生选修课程"这一联系来表示学生与课程之间的关系。

2. 信息世界

信息世界又称为概念世界,是现实世界在人头脑中的反映。经过人脑的分析、归纳和抽象形成信息,人们把这些信息进行记录、整理、归类和格式化后,就构成了信息世界。所以说信息世界是对客观事物及其联系的一种抽象描述,如学生信息、教师信息等。

3. 计算机世界

计算机世界又叫数据世界,是对现实世界的第二层抽象,即对信息世界中信息的数据化。其将信息用字符和数值等数据表示,使用计算机存储并管理概念世界中描述的实体集、实体、属性和联系的数据。

信息世界到计算机世界使用数据模型来描述。数据库中存放数据的结构是由数据模型来决定的。

1.5.1 数据模型

数据模型是对现实世界数据特征的抽象。现有的数据库系统都是基于某种数据模型的。数据模型是数据库系统的数学形式框架,是用来描述数据的一组概念和定义。包括以下方面

的内容：

（1）数据的静态特征

它包括对数据结构和数据间联系的描述。例如，前面所述的学生管理例子中的学生基本信息中，包括学号、姓名、性别、出生日期、所在系等，都是学生所具有的基本特征，是学生数据的基本结构。

（2）数据的动态特征

一组定义在数据上的操作，包括操作的含义、操作符、运算规则及其语言等。对数据库中数据的操作主要有查询数据和更改数据，更改数据一般包括对数据的插入、删除和修改操作。

（3）数据的完整性约束

这是一组规则，数据库中的数据必须满足这组规则。例如，学生的性别字段只能是"男"或者"女"，学生选课信息的成绩字段只能为0~100的整数，这些都是对某个列的数据的取值范围进行的限制；还有学生选课信息中的学号应与学生基本信息中的学号有一种参照关系，即学生选课信息中的学生应在学生基本信息中存在，这就是数据之间的联系。这些都属于数据的完整性约束。

数据模型应满足三方面要求：一是能比较真实地模拟现实世界；二是容易为人所理解；三是便于在计算机上实现。一种数据模型要很好地满足这三方面的要求，在目前尚很困难。在数据库系统中针对不同的使用对象和应用目的，采用不同的数据模型。

一般地讲，任何一种数据模型都是严格定义的概念的集合。这些概念必须能够精确地描述系统的静态特性、动态特性和完整性约束条件。因此，数据模型通常都是由数据结构、数据操作和完整性约束三个要素组成的。

（1）数据结构

数据结构用于描述系统的静态特性，是所研究的对象类型（object type）的集合。这些对象是数据库的组成成分，它们包括两类：一类是与数据类型、内容、性质有关的对象，例如网状模型中的数据项、记录，关系模型中的域、属性、关系等；另一类是与数据之间联系有关的对象，例如网状模型中的关系模型（set type）。

数据结构是刻画一个数据模型性质最重要的方面。因此，在数据库系统中，通常按照其数据结构的类型来命名数据模型。例如，层次结构、网状结构和关系结构的数据模型分别命名为层次模型、网状模型和关系模型。

（2）数据操作

数据操作用于描述系统的动态特性。

数据操作是指对数据库中各种对象（型）的实例（值）允许执行的操作的集合，包括操作及有关的操作规则。数据库主要有检索和更新（包括插入、删除、修改）两大类操作。数据模型必须定义这些操作的确切含义、操作符号、操作规则（如优先级）及实现操作的语言。

（3）数据的约束条件

数据的约束条件是一组完整性规则的集合。完整性规则是给定的数据模型中数据及其联系所具有的制约和储存规则，用于限定符合数据模型的数据库状态及状态的变化，以保证数据的正确、有效和相容。

数据模型应该反映和规定本数据模型必须遵守的基本的、通用的完整性约束条件，还应该提供定义完整性约束条件的机制，以反映具体应用所涉及的数据必须遵守的特定的语义约束条件。

不同的数据模型实际上是提供给我们模型化数据和信息的不同工具。根据模型应用的不同目的，可以将这些模型划分为两类，它们分属于两个不同的层次。一类模型是概念模型，也称信息模型，它是按用户的观点对数据和信息建模，是从现实世界到信息世界的抽象；另一类模型是数据模型，主要包括网状模型、层次模型、关系模型等，它是按计算机系统的观点对数据建模。

数据模型实际上是为数据和信息建模的工具。根据模型应用的不同目的，可以将这些模型分为概念层模型和组织层的结构数据模型。

1.5.2 概念模型

概念层模型也称为概念模型或信息模型，它从数据的应用语义的角度来抽取模型，并按用户的观点对数据和信息进行建模。这类模型主要用于数据库的设计阶段，它与具体的数据库管理系统无关。实际上，概念模型是现实世界到机器世界的一个中间层次。

由于概念模型用于信息世界的建模，是现实世界到信息世界的第一层抽象，是用户与数据库设计人员之间进行交流的语言，因此，概念模型一方面应该具有较强的语义表达能力，能够方便、直接地表达应用中的各种语义知识，另一方面还应该简单、清晰、易于用户理解。

1. 基本概念

信息世界涉及的概念主要有：

(1) 实体(entity)

客观存在并可相互区别的事物称为实体。实体可以是具体的人、事、物，也可以是抽象的概念或联系。例如，学生、教师、课程就是具体的实体；而学生的选课、教师的授课也可以看成实体，但它们是抽象的实体。实体中的每个具体的记录值(一行数据)，比如学生实体的每个具体的学生，称为实体的一个实例。

(2) 属性(attribute)

实体所具有的某一特性称为属性。一个实体可以由若干个属性来刻画。例如，学生的学号、姓名、性别等都是学生实体的特征，这些特征构成了学生实体的属性。

(3) 码(key)

唯一标识实体的属性集称为码。例如，学生的学号可以作为学生实体的码，学生的姓名则不一定可以作为学生实体的码，因为客观上姓名是可以重复的。而选修情况则把学号和课程号的组合作为码。

(4) 域(domain)

属性的取值范围称为该属性的域。比如学生的性别只能取“男”或者“女”，成绩的域为0~100 的整数等。

(5) 实体型(entity type)

具有相同属性的实体必然具有共同的特征和性质。用实体名及其属性名集合来抽象和刻画同类实体，称为实体型。例如，学生(学号、姓名、性别、出生日期、所在系、专业、所在班、特长、家庭住址)，课程(课程号、课程名、授课学期、学分、课程性质)，学生选课(学号、课程号、修课类型、修课时间、成绩)。

(6) 实体集(entity set)

同型实体的集合称为实体集。例如,所有的学生、所有的课程、所有的选课情况。

(7) 联系(relationship)

在信息世界中,事物的联系反映为实体内部的联系和实体之间的联系。实体内部的联系通常是指组成实体的各属性之间的联系。实体之间的联系通常是指不同实体之间的联系。例如,在职工实体中,假设有职工号、姓名、部门经理号等属性,其中部门经理号描述的是管理这个部门职工的部门经理的编号,通常部门经理也是职工,因此,部门经理号与职工号之间有一种关联约束的关系,即部门经理号的取值受职工号取值的限制,这是实体内部的联系。再比如,学生选课实体和学生基本信息实体之间也有联系,这个联系是学生选课实体中的学号必须是学生基本信息实体中已经存在的学号,即不允许存在没有学生记录的学生选课,这就是实体之间的联系。这里主要讨论实体之间的联系。

2. 实体之间的联系

两个实体之间的联系可以分为三类:

(1) 一对一联系(1:1)

如果对于实体集 A 中的每一个实体,实体集 B 中至多有 n 个实体与之联系,反之亦然,则称实体集 A 与实体集 B 具有一对一联系。记为 1:1。例如,部门和正经理(假设一个部门只有一个正经理,一个人只当一个部门的经理)、系和正系主任(假设一个系只有一个正主任,一个人只当一个系的主任)都是一对一联系。

(2) 一对多联系(1:n)

如果对于实体集 A 中的每一个实体,实体集 B 中有 n 个实体(n≥0)与之联系,反之,对于实体集 B 中的每一个实体,实体集 A 中至多只有一个实体与之联系,则称实体集 A 与实体集 B 有一对多联系。记为 1:n。

例如,一个部门可以有多名职工,但是一个职工只在一个部门工作,则部门和职工之间的联系是一对多的。

(3) 多对多联系(m:n)

如果对于实体集 A 中的每一个实体,实体集 B 中有 n 个实体(n≥0)与之联系,反之,对于实体集 B 中的每一个实体,实体集 A 中也有 m 个实体(m≥0)与之联系,则称实体集 A 与实体集 B 具有多对多联系。记为 m:n。

例如,一个学生可以修多门课程,一门课程可以被多个学生修。那么学生和课程之间的联系就是多对多的。这种联系称为选课。

实际上,一对一联系是一对多联系的特例,而一对多联系又是多对多联系的特例。实体之间的这种一对一、一对多、多对多联系不仅存在于两个实体之间,也存在于两个以上的实体之间。

3. 实体-联系方法

1976 年,P.P.S. Chen 提出了实体-联系(Entity-Relationship)方法,即 E-R 方法。由于这种方法简单实用,因此得到了广泛的应用,也是目前描述信息结构最常用的方法。

(1) E-R 图

E-R 方法使用的工具称为 E-R 图。E-R 图提供了表示实体型、属性和联系的方法,如

图 1-14所示。其中：

①实体：用矩形表示，矩形框内写明实体名。

②属性：用椭圆形表示，并用无向边将其与相应的实体连接起来。

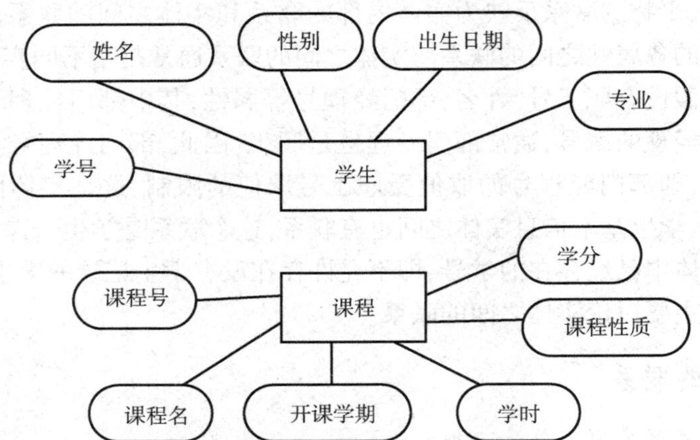

图 1-14　学生选课系统中实体集及属性的 E-R 图描述

③联系：用菱形表示，菱形框内写明联系名，并用无向边分别将有关实体连接起来，同时，在无向边旁标上联系的类型（1:1、1:n 或 m:n）。

需要注意的是，联系本身也是一种实体型，也可以有属性。如果一个联系具有属性，则这些属性也要用无向边与该联系连接起来。图 1-15 所示给出了两个实体之间的联系。

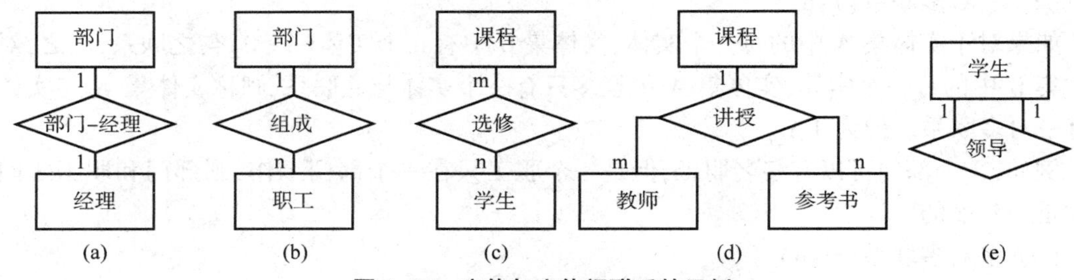

图 1-15　实体与实体间联系的示例

(a)1:1 联系；(b)1:n 联系；(c)m:n 联系；(d)三个实体间的 m:n 联系；(e)同一实体间的 1:1 联系

（2）计算机世界的数据描述

计算机世界中的数据描述如下：

①字段。标识实体属性的符号集叫字段(fields)或数据项。它是数据库中可以命名的最小逻辑数据单位，所以又叫数据元素。字段的命名应该体现出属性的具体含义。如学生表中可用 Snum 字段来表示学号属性、用 Sbirth 字段来表示学生的出生年月属性等。

②记录。字段的有序集合称为记录(record)。一般用一个记录描述一个实体，所以记录又可定义为能完整地描述一个实体的符号集。例如，一个学生记录由有序的字段集组成：学号、姓名、性别、出生年月、电话、系编号。

③文件。同一类记录的汇集称为文件(file)。文件是描述实体集的，所以它又可定义为描述一个实体集。例如，所有的学生记录组成了一个学生文件。

④键。能唯一标识文件中每个记录的字段或字段集称为键(key)。这个概念与实体的码

概念是一致的。

在现实世界、信息世界和机器世界三个不同世界中,各术语的对应关系见表1-1。

表1-1 在三个不同世界中各术语的对应关系

现实世界	信息世界	机器世界
事物总体	实体集	文件
事物个体	实体	记录
特征	属性	字段
事物之间的联系	实体模型	数据模型

1.5.3 结构数据模型

前面所介绍的概念层数据模型是对数据在“概念”上的抽象,它与具体的数据库管理系统无关。本节介绍的结构数据模型就与具体的数据库管理系统有关系了,它与数据库管理系统支持的数据和联系的表示与存储方法有关。不同的数据模型具有不同的数据结构形式。目前最常用的数据模型有层次模型(hierarchical model)、网状模型(network model)、关系模型(relational model)和面向对象数据模型(Object oriented model)。其中层次模型和网状模型统称为非关系模型。

在非关系模型中,实体用记录表示,实体之间的联系转换成记录之间的两两联系。非关系模型数据结构的基本单位是基本层次联系。所谓基本层次联系,是指两个记录及它们之间的一对多(包括一对一)的联系。

1. 层次模型

层次模型是数据库系统中最早出现的数据模型,它用树形结构表示各类实体及实体间的联系。现实世界中许多实体之间的联系本来就呈现出一种很自然的层次关系,如行政机构、家族关系等。层次数据模型的数据结构为:

①只有一个结点没有双亲结点,称为根结点。

②根以外的其他结点有且只有一个双亲结点。

这就使得层次数据库系统只能处理一对多的实体关系。

层次数据模型的优点主要有:

①层次数据模型本身比较简单,只需很少几条命令就能操纵数据库,比较容易使用。

②对于实体间联系是固定的且预先定义好的应用系统,采用层次模型来实现,其性能优于关系模型,不次于网状模型。

③层次数据模型提供了良好的完整性支持。

层次数据模型的缺点主要有:现实世界中很多联系是非层次性的,如多对多联系、一个结点具有多个双亲等,层次模型表示这类联系的方法很笨拙,只能通过引入冗余数据(容易产生不一致性)或创建非自然的数据组织(引入虚拟结点)来解决;对插入和删除操作的限制比较多;查询子女结点必须通过双亲结点;由于结构严密,层次命令趋于程序化。

2. 网状模型

在现实世界中,实体间的联系更多的是非层次关系,用层次模型表示非树形结构是很不直接的,网状模型采用网状模型作为数据的组织方式,可以克服这一弊病。网状数据模型的数据结构:允许一个以上的结点无双亲;一个结点可以有多于一个的双亲。网状数据模型是一种比层次模型更具普遍性的结构,它去掉了层次模型的两个限制,允许多个结点没有双亲结点,允许结点有多个双亲结点,此外,它还允许两个结点之间有多种联系(称为复合联系)。因此,网状数据模型可以更直接地描述现实世界,而层次结构实际上是网状结构的一个特例。

网状数据模型的优点主要有:能够更为直接地描述现实世界,如一个结点可以有多个双亲、允许结点之间为多对多的联系等;具有良好的性能,存取效率较高。

网状数据模型的缺点主要有:其数据定义（DDL)及数据操纵（DML)语言极其复杂;结构比较复杂,并且随着应用环境的扩大,数据库的结构变得越来越复杂,不利于最终用户掌握。

3. 关系模型

关系模型是目前最重要的一种模型。关系数据库系统采用关系模型作为数据的组织方式。20 世纪 80 年代以来,计算机厂商推出的数据库管理系统几乎都支持关系模型。以下从数据模型的三要素角度来介绍关系模型的特点:

(1) 关系数据模型的数据结构

关系模型与以往的模型不同,它是建立在严格的数据概念的基础上的。在用户看来,一个关系模型的逻辑结构是一张二维表,它由行和列组成。例如,表 1-2 中的学生档案就是一个关系模型,它涉及下列概念。

表 1-2　学生档案

学号	姓名	年龄	性别	所在系	籍贯
201905001	李明	20	男	计算机	江苏
201905002	张灵	19	女	管理科学	湖南
201905003	王鹏	21	男	机械工程	北京
201905004	高远	19	男	计算机	上海

①关系(relation):一个关系对应通常说的表,如表 1-2 中的这张学生档案表。

②元组(tuple):表中的一行即为一个元组。如(201905001,李明,20,男,计算机,江苏)就是学生档案关系中的一个元组。

③属性(attribute):表中的一列即为一个属性,或称为字段。每个属性有一个名字,称为属性名,二维表中对应某一列的值称为属性值;二维表中列的个数称为关系的元数。如表 1-2 中有 6 列,则对应 6 个属性（学号,姓名,年龄,性别,院系,籍贯),也就是说,它是一个 6 元关系。

④候选键（candidate key):又称候选码或候选关键字。如果一个属性或属性集的值能够唯一标识一个关系的元组而又不包含多余的属性,则称该属性或属性集为候选键。一个关系的候选键可以不唯一。如学生档案关系的候选键可以是学号,也可以是姓名。

⑤主键(key):也称为主码或主关键字,它是表中的某个属性或属性组,它可以唯一确定

一个元组，如表 1-2 中的学号，按照学生学号的编排方法，每个学生的学号都不相同，所以它可以唯一确定一个学生，也就成为本关系的主码；而表 1-3 所示的学生选课表的主键就是由学号和课程号共同组成的，因为一个学生可以选修多门课程，一门课程也可以有多个学生选修，所以只有将学号和课程号组合起来才能确定一条记录。

表 1-3　学生选课表

学号	课程号	成绩
201905001	C01	90
201905002	C01	78
201905003	C01	81
201905004	C01	Null
201905001	C02	86
201905002	C02	92
201905002	C04	66

⑥域（domain）：属性的取值范围。如表 1-2 学生档案中学生年龄属性的域应设成［14～38］之间的整数，性别的域只能是“男”或者“女”，所以属性“性别”的域是［‘男’，‘女’］，所在系的域是一个学校所有系名的集合。

⑦分量（component）：元组中的一个属性值。如表 1-2 中元组（201905002，张灵，19，女，管理科学，湖南 ）有四个分量，对应“学号”属性的分量为“201905002”，“姓名”属性的分量为“张灵”，年龄属性的分量为“19”，“性别”属性的分量为“女”，“所在系”属性的分量为“管理科学”，“籍贯”属性的分量为“湖南”。

⑧关系模式（relation schema）：对关系的描述，即为二维表的表头结构。一般表示为：关系名（属性 1，属性 2，…，属性 n）。例如表 1-2 学生档案表的关系可描述为：学生档案（学号，姓名，年龄，性别，所在系，籍贯）。

⑨ 主属性（Primary attribute）和非主属性（Non primary attribute）：包含在任一候选键中的属性为主属性；不包含在任一候选键中的属性称为非主属性。例如，学生档案表中学号和姓名都可称为主属性，其他属性为非主属性。学生选课表中学号与课程号为主属性，成绩为非主属性。

⑩外码（foreign key）：用于在关系表之间建立关联的属性（属性组）称为外码。例如，学生选课表的学号为学生档案表中学号的外键。

⑪全码（All key）：关系模式的所有属性组构成此关系模式的唯一候选码，称为全码。例如有关系音乐会，其关系模式为：音乐会（演奏者，乐曲，听众），一场音乐会是由演奏者、演奏者所演奏的乐曲和在场的听众所决定的，所以该关系模式有全码。

（2）关系数据模型的操作

关系数据模型的操作主要包括：

①传统的集合运算：并（union）、交（intersection）、差（difference）和广义笛卡尔积（extended Cartesian product）。

②专门的关系运算：选择（select）、投影（project）、连接（join）和除（divide）。

③有关的数据操作：查询（query）、插入（insert）、删除（delete）和更新（update）。关系模型中的数据操作是集合操作，操作对象和操作结果都是关系（即若干元组的集合），也可以说是

一个完整的表(可以是包含若干行数据的表,也可以是不包含任何数据的空表),而不像非关系模型中那样是单记录的操作方式。另外,关系模型把存取路径向用户隐蔽起来,用户只要指出“干什么”或“找什么”,不必详细说明“怎么干”或“怎么找”,从而大大提高了数据的独立性,提高了用户的使用效率。

(3) 关系数据模型的存储结构

关系数据模型中,实体及实体间的联系都用表来表示。在数据库的物理组织中,表以文件形式存储,每一个表通常对应一种文件结构。关系数据模型的存储结构关系数据模型中,实体及实体间的联系都用表来表示。在数据库的物理组织中,表以文件形式存储,每一个表通常对应一种文件结构。

综上所述,关系数据模型具有下列优点:

①关系模型与非关系模型不同,它是建立在严格的数学概念的基础上的。

②关系模型的概念单一。无论是实体还是实体之间的联系,都用关系来表示,对数据的检索结果也是关系(即表),所以其数据结构简单、清晰,用户易懂易用。

③关系模型的存取路径对用户透明,从而具有更高的数据独立性、更好的安全保密性,也简化了程序员的工作和数据库开发建立的工作。所以关系数据模型诞生以后发展迅速,深受用户的喜爱。

本章小结

本章概述了信息、数据、数据处理、数据库、数据库系统及数据库管理系统的基本概念和数据库管理技术发展的历史和现状;阐述了数据库管理技术所经历的人工管理、文件系统、数据库管理及高级数据库阶段等几个阶段的特点;着重介绍了数据库系统的体系结构,数据由现实世界到信息世界再到计算机世界的抽象及转化过程,并了解了三个世界其相关概念。

习　题

一、单选题

1. 下面关于数据库系统的叙述,正确的是(　　)。

A. 数据库系统避免了一切冗余

B. 数据库系统减少了数据冗余

C. 数据库系统比文件系统能管理更多的数据

D. 数据库系统中数据的一致性是指数据类型的一致

2. 数据库(DB)、数据库系统(DBS)、数据库管理系统(DBMS)之间的关系是(　　)。

A. DB 包含 DBS 和 DBMS　　B. DBMS 包含 DB 和 DBS

C. DBS 包含 DB 和 DBMS　　D. 它们之间没有关系

3. 数据的存储结构与数据逻辑结构之间的独立性称为数据的(　　)。

A. 结构独立性　　B. 物理独立性

C. 逻辑独立性　　D. 存储独立性

4. 在数据库的三级模式结构中，描述数据库中全体数据的全局逻辑结构和特征的是(　　)。

A. 外模式　　B. 内模式

C. 存储模式　　D. 模式

5. 在数据系统中，在三级模式间引入二级映像的主要作用是(　　)。

A. 提高数据与程序间的安全性　　B. 提高数据与程序间的一致性

C. 提高数据与程序间的独立性　　D. 提高数据与程序间的完整性

6. 在数据库系统中，用户使用的视图用(　　)描述，它是用户与数据库的接口。

A. 外模式　　B. 存储模式

C. 内模式　　D. 概念模式

7. 关系模型中，下列说法中正确的是(　　)。

A. 一个候选码中只能含有一个属性

B. 一个关系中只能有一个候选码

C. 一个候选码可由一个或多个其值能唯一标识该关系中任一元组的属性组成

D. 一个关系中可以有多个主码

8. 网状模型的数据结构是(　　)。

A. 二维表　　B. 有向图　　C. 树形　　D. 链表

9. 现实世界中客观存在并能相互区别的事物称为(　　)。

A. 实体　　B. 实体集　　C. 字段　　D. 记录

10. 下列实体类型的联系中，属于一对一联系的是(　　)。

A. 教研室对教师的所属关系　　B. 父亲对孩子的亲生关系

C. 省对省会的所属联系　　D. 供应商队工程项目的供货关系

二、填空题

1. 数据管理经历了________、________、________三个发展阶段。

2. 数据库系统的三级模式结构为________、________和________。

3. 外模式/模式映像保证了程序和数据之间的________，模式/内模式映像保证了程序和数据之间的________。

4. 数据模型通常由________、________、________三部分组成。

5. 实体之间的联系根据所表现的形式不同，分为________、________、________三种。

6. 用树形结构表示实体类型及实体间联系的数据模型，称为________。

7. 在关系数据库中，把数据表示成二维表，每一个二维表称为________。

三、名词解释

1. 解释概念模型中常用概念：实体、属性、码、域、实体型、实体集、联系。

2. 解释关系模型中常用的概念：关系、元组、属性、主码、域、分量、关系模式。

四、简答题

1. 什么是数据库管理系统？数据库管理系统有哪些主要的功能？

2. 数据库的物理独立性与逻辑独立性指的是什么？

3. 数据库系统中的三层模式结构是什么？

4. 什么是数据库？数据库系统是由什么组成的？

5. B/S 结构的主要特点是什么？

第 2 章

关系数据库理论基础

学习目的

通过本章的学习,学生应全面掌握关系模型的基本概念、关系模型的构成、关系数据库的概念;深刻理解从集合论的角度给出的关系数据结构的形式化定义;熟练掌握关系代数的八种运算。

本章要点

- 关系的有关概念
- 关系模型的数据结构及其完整性约束条件
- 关系的性质
- 关系模式与关系数据库
- 关系代数(传统的集合运算和专门的关系运算)

思维导图

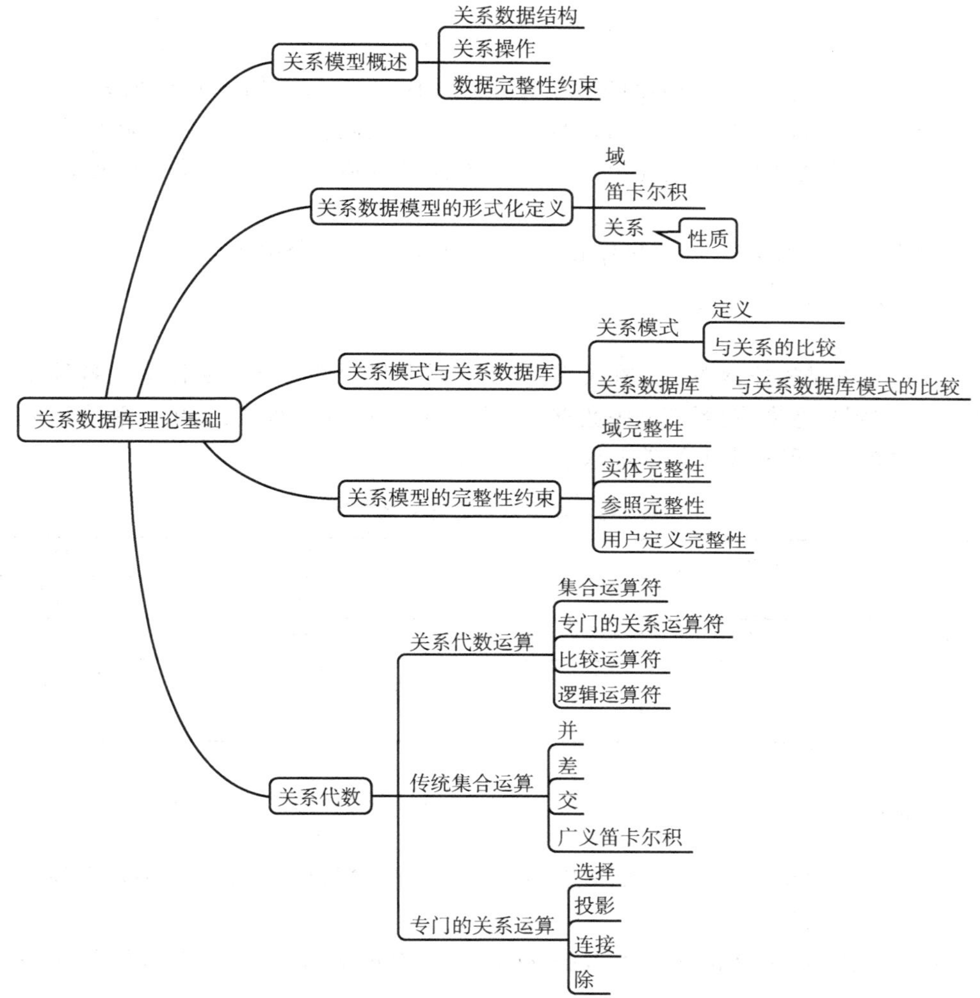
关系数据库理论基础
关系模型概述
关系数据结构
关系操作
数据完整性约束
关系数据模型的形式化定义
域
笛卡尔积
关系
性质
关系模式与关系数据库
关系模式
定义
与关系的比较
关系数据库
与关系数据库模式的比较
关系模型的完整性约束
域完整性
实体完整性
参照完整性
用户定义完整性
关系代数
关系代数运算
集合运算符
专门的关系运算符
比较运算符
逻辑运算符
传统集合运算
并
差
交
广义笛卡尔积
专门的关系运算
选择
投影
连接
除

2.1 关系模型概述

关系数据库系统是支持关系模型的数据库系统。1970 年 IBM 的研究员 E. F. Codd 在美国计算机学会会刊(Communication of the ACM)上发表了题为“A Relation Model of Data for Shared Data Banks”的论文,严格地提出了关系数据模型的概念,奠定了关系数据库的理论基础。

关系模型由关系数据结构、关系操作和数据完整性约束三部分组成。

1. 关系数据结构

关系模型的数据结构非常单一。在关系模型中,现实世界的实体及实体间的各种联系均用关系来表示,在用户看来,关系模型中数据的逻辑结构是一张二维表,它由行和列组成。表 2-1 所示为用关系模型形式表示的学生基本信息关系。

表 2-1 学生基本信息关系

学号	姓名	性别	年龄	所在系
201909001	张岩	男	20	计算机系
201909002	李晨	女	19	信息系
201909003	周敏	女	18	数学系
201909004	陈立	男	19	信息系

2. 关系操作

关系操作采用集合操作方式,即操作的对象和结果都是集合。关系模型中常用的关系操作包括:

①传统的集合运算:并(Union)、交(Interaction)、差(Difference)和广义笛卡尔积(Extended Cartesian Product)。

②专门的关系运算:选择(Select)、投影(Project)、连接(Join)、除(Divide)。

③有关的数据操作:查询(Query)、增加(Insert)、删除(Delete)、修改(Update)操作。

关系操作的特点是集合操作方式,即操作的对象和结果都是集合。这种操作方式也称为一次一集合(set-at-time)方式。非关系数据库系统中典型的操作是一次一行或一次一记录。因此,集合处理能力是关系系统区别于其他系统的一个重要特征。

3. 数据完整性约束

关系模型提供了丰富的完整性控制机制,允许定义四类完整性约束:域完整性、实体完整性、参照完整性和用户定义的完整性。其中域完整性、实体完整性和参照完整性是关系模型必须满足的完整性约束条件,应该由关系系统自动支持。用户定义的完整性是应用领域需要遵循的约束条件,体现了具体领域中的语义约束。

例如，学生的学号必须是唯一的，学生的性别只能是“男”和“女”，学生所选择的课程必须是已开设的课程等。因此，数据库是否具有数据完整性特征关系到数据库系统能否真实地反映现实世界的情况，数据完整性是数据库的一个非常重要的内容。这部分内容在本书的第8.7.2节会有较详细的介绍。

2.2 关系数据模型的形式化定义

在关系模型中，无论是实体还是实体之间的联系，均由单一的结构类型即关系（表）来表示。关系模型建立在集合代数的基础上，这里从集合论角度给出关系数据结构的形式化定义。

1. 域

域（Domain）是一组具有相同数据类型的值的集合，又称值域（用D表示）。例如整数、日期等的集合都是域。域中包含的元素个数称为域的基数（用m表示）。例如：

D1={张浩，孙巍，李明}

m1=3，其中D1为域名，表示姓名的集合。

2. 笛卡尔积

给定一组域D1，D2，…，Dn，这些域中可以有相同的域。D1，D2，…，Dn的笛卡尔积为：

$$D1\times D2\times\cdots\times Dn = \{(d1,d2,\cdots,dn) \mid di \in Di, i=1,2,\cdots,n\}$$

其中，每一个元素（d1，d2，…，dn）叫作一个n元组或简称元组。元组（d1，d2，…，dn）中的每一个值di叫作一个分量。

若Di（i=1，2，…，n）为有限集，其基数为mi（i=1，2，…，n），则D1×D2×…×Dn的基数M为：

$$M = \prod_{i=1}^{n} m_i$$

D1表示读者的集合，D1={张浩，孙巍，李明}；D2表示性别的集合，D2={男，女}，则

D1×D2={（张浩，男），（张浩，女），（孙巍，男），（孙巍，女），（李明，男），（李明，女）}

这6个元组可以用一个二维表来表示，见表2-2。

表2-2 D1、D2笛卡尔积

D1	D2
张浩	男
张浩	女
孙巍	男
孙巍	女
李明	男
李明	女

3. 关系

D1×D2×⋯×Dn 的任一子集叫作域 D1,D2,⋯,Dn 上的 n 元关系(Relation),表示为:R(D1,D2,⋯,Dn),这里 R 是关系名,n 是关系的目或度(Degree)。

一个关系所包含的属性的个数称为该关系的度(Degree),而一个关系当前所包含的元组的个数称为关系的基数(Cardinality)。关系中的每个元素是关系中的元组,当 n=1 时,称该关系为单元关系;当 n=2 时,称该关系为二元关系。

关系是笛卡尔积的有限集,所以关系也是一个二维表,表的每行对应一个元组,也可以称为记录(Record),如表 2-2 中(张浩,男)就是一个元组;表的每列对应一个域,也可以称为字段(Filed)或属性(Attribute),如表 2-2 中 D1 和 D2 分别为关系的两个属性。由于域可以相同,为了加以区分,必须为每列起一个名字,称为属性名,属性名要唯一。例如,可以在表 2-2 的笛卡尔积中取出一个子集来构造一个关系。由于一个学生只能有一个性别,所以笛卡尔积的许多元组是无实际意义的,从中取出有实际意义的元组来构造关系。该关系的名字为 S1,属性名就取域名,即(姓名,性别),则这个关系可以表示为:S1(姓名,性别),见表 2-3。

表 2-3 关系 S1

姓名	性别
张浩	男
孙巍	女
李明	男

4. 关系的性质

①列是同质的(Homogeneous),即每一列中的分量是同一类型的数据,来自同一个域。例如,在表 2-1 所示的学生基本信息表关系中,属性列性别必须来自集合{‘男’,‘女’}

②不同的列可出自同一个域,称其中的每列为一个属性,不同的属性要给予不同的属性名。例如,在表 2-1 中,属性“姓名”出自同一个域。

③列的顺序无所谓,即列的次序可以任意交换。例如,在表 2-1 中,可以任意调换年龄、性别、所在系等列的次序。

④任意两个元组不能完全相同。例如,表 2-1 中不能存在两个完全相同的元组,至少学号是不同的。

⑤行的顺序无所谓,即行的次序可以任意交换。例如,在表 2-1 中可以调换任意两个学生的次序。

⑥分量必须取原子值,即每一个分量都必须是不可分的数据项。例如,表 2-1 中的学号、姓名、性别、年龄及所在系的各个分量是不可再分的最小数据项。

2.3 关系模式与关系数据库

关系数据库中,关系模式是型,关系是值。关系模式是对关系的描述,包括如下方面:

首先,关系实质上是一张二维表,表的每一行为一个元组,每一列为一个属性。一个元组就是该关系所涉及的属性集的笛卡尔积的一个元素。关系是元组的集合,因此关系模式必须指出这个元组集的结构。即它由哪些属性构成,这些属性来自哪些域,以及属性向域的映像。

其次,一个关系通常是由赋予它的元组语义来确定的。元组语义实质上是凡是符合该元组语义的那部分元素的全体,就构成了该关系模式的关系。

2.3.1 关系模式

在现实世界中,时间不断地变化,在不同的时刻,关系模式的关系也会有变化。但是,现实世界的许多已有事实限定了关系模式所有可能的关系必须满足一定的完整性约束条件。这些约束或者通过对属性值间的相互关联反映出来,主要体现于值相等与否,关系模式应当刻画出这些完整性约束条件。

关系模式的定义:二维表的结构称为关系模式(Relation Schema),它是对关系的描述,可以用一个五元组来表示:R(U,D,DOM,F)。其中,R 表示关系名;U 表示组成该关系的属性集合;D 表示属性集合 U 中属性所来自的域;DOM 表示属性向域的映像集合;F 表示属性间的数据依赖关系集合。

关系模式通常可以简记为:R(U) 或 R(A1,A2,…,An)。其中,A1,A2,…,An 为各属性名。在书写过程中,一般用下划线表示出关系中的主码。如表 2-1 学生基本信息的关系模式表示为:学生(学号, 姓名,性别,年龄,所在系),其中学号是主键。

由定义可以看出,关系模式是关系的框架,是对关系结构的描述。它指出了关系由哪些属性组成。关系是关系模式在某一个时刻的状态或内容。关系模式是静态的、稳定的,而关系是动态的、随时间不断变化的,因为关系操作在不断地更新着数据库中的数据。但在实际中,人们常常把关系模式和关系都称为关系。关系模式与关系的比较见表 2-4。

表 2-4 关系模式与关系的比较

关系模式	关系
型	值
关系的框架	关系的值
关系表的框架	关系表数据
对关系结构的描述	关系模式在某一时刻的状态或内容
静态的、稳定的	动态的

2.3.2 关系数据库

在给定的领域中,所有实体及实体之间的联系所对应的关系集合构成一个关系数据库。关系数据库有型和值之分,其中型指的是关系数据库模式,而值指的是关系数据库值。关系数据库模式是对关系数据库的描述,由若干域的定义及在这些域上定义的若干关系模式构成。关系数据库模式与关系模式之间的关系如图 2-1 所示。

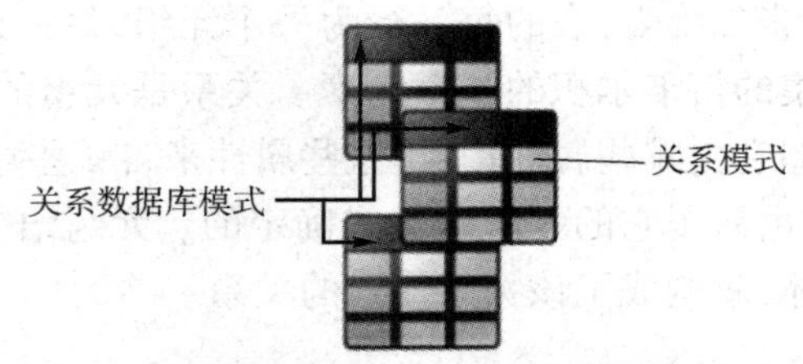

图 2-1　关系数据库模式与关系模式之间的关系

关系数据库是在某一状态下对应的关系集合，它描述了关系模式的内容，也称为关系数据库实例。

2.4　关系模型的完整性约束

为了维护关系数据库中数据与现实世界的一致性，对关系数据库的插入、删除和修改操作必须有一定的约束条件，这些约束条件实际上是现实世界的要求。任何关系在任何时刻都要满足这些语义约束，包括域完整性、实体完整性、参照完整性和用户定义完整性。

2.4.1　域完整性

域完整性是对数据表中字段属性的约束，通常指数据的有效性，它包括字段的值域、字段的类型及字段的有效规则等约束，它是由确定关系结构时所定义的字段的属性决定的。域完整性可以限制数据类型、缺省值、规则、约束、是否可以为空，所以域完整性可以确保不会输入无效的值。

在 SQL Server 中实现域完整性的机制包括：设置非空（NOT NULL）、设置默认值（Default）（见视频 8-6）、设置检查（Check）约束（见视频 8-5）、定义外键（Foreign Key）约束（见视频 8-7）、创建数据类型（Data Type）（见视频 4-1）和定义规则（Rule）。

2.4.2　实体完整性

实体完整性规则保证关系中的每个元组都是可以识别的和唯一的。

若属性 A 是基本关系 R 的主属性，则属性 A 不能取空值。

实体完整性约束是用来约束候选码中属性的取值的，即主属性不能为空值。若某属性为空，意味着两种可能：一种是其值未知，即目前还不知道它的取值；另一种是不存在。若某实体的主属性为空，则可能导致该实体不能被标识，无法与其他实体相区分。

例如，学生选课关系（学号，课程号，成绩）中，要设定学号+课程号为主码，则“学号”和“课程号”两个属性都不能取空值。若在学生选课关系中插入一行记录，学生还没有考试或者缺考，则其成绩是不确定的，因此希望“成绩”列上的值为空。空值用“NULL”表示。

对于实体完整性规则说明如下：

①实体完整性规则是针对基本关系而言的。一个基本表通常对应现实世界的一个实体

集。例如学生关系对应于学生的集合。

②现实世界中的实体是可区分的,即它们具有某种唯一性标识。

③相应地,关系模型中以主码作为唯一性标识。

④主码中的属性即主属性不能取空值。所谓空值,就是“不知道”或“无意义”的值。如果主属性取空值,就说明存在某个不可标识的实体,即存在不可区分的实体,这与第②点相矛盾,因此这个规则称为实体完整性。

在 SQL Server 中,实体完整性的机制有:定义主键(Primary Key)或值唯一(Unique),定义唯一索引(Unique Index)或定义标识列(Identity Column)。

2.4.3 参照完整性

现实世界中的实体之间往往存在某种联系,在关系模型中,实体及实体间的联系都是用关系来描述的,这样就自然存在着关系与关系间的引用。先来看三个例子。

【例 2-1】学生实体和专业实体可以用下面的关系表示,其中主码用下划线标识:

学生(<u>学号</u>,姓名,性别,专业号,年龄)

专业(<u>专业号</u>,专业名)

这两个关系之间存在着属性的引用,即学生关系引用了专业关系的主码“专业号”。显然,学生关系中的“专业号”值必须是确实存在的专业号,即专业关系中有该专业的记录。这也就是说,学生关系中的某个属性的取值需要参照专业关系的属性取值。

【例 2-2】学生、课程、学生与课程之间的多对多联系可以用如下三个关系表示:

学生(<u>学号</u>,姓名,性别,专业号,年龄)

课程(<u>课程号</u>,课程名,学分)

选修(<u>学号,课程号</u>,成绩)

这三个关系之间也存在着属性的引用,即选修关系引用了学生关系的主码“学号”和课程关系的主码“课程号”。同样,选修关系中的“学号”值必须是确实存在的学生的学号,学生关系中有该学生的记录,选修关系中“课程号”值也必须是确实存在的课程的课程号,即课程关系中的该课程的记录。换句话说,选修关系中某些属性的取值需要参照其他关系的取值。

不仅两个或两个以上的关系间可以存在引用关系,同一关系内部属性间也可能存在引用关系。

【例 2-3】在关系学生 2(<u>学号</u>,姓名,性别,专业号,年龄,班长)中,“学号”属性是主码,“班长”属性表示该学生所在班级的班长的学号,它引用了本关系“学号”属性,即“班长”必须是确实存在的学生的学号。

参照完整性就是指实体与实体间的引用和被引用、参照和被参照的关系。若属性(或属性组)F 是基本关系 R 的外码,它与基本关系 S 的主码 K 相对应(基本关系 R 和 S 不一定是不同的关系),则 R 中每个元组在 F 上的值必须为:

①或者取空值(此时 F 的每个属性值均为空值)。

②或者等于 S 中某个元组的主码值。

参照完整性是涉及两个关系的约束条件,它体现了关系之间主码和外码的约束条件。

对于例 2-1,学生关系中每个元组的“专业号”属性只能取下面两类值:

①空值，表示尚未给该学生分配专业。

②非空值，这时该值必须是专业关系中某个元组的“专业号”值，表示该学生不可能分配到一个不存在的专业中。即被参照关系“专业”中一定存在一个元组，它的主码值等于该参照关系“学生”中的外码值。

对于例 2-2，按照参照完整规则，“学号”和“课程号”属性也可以取两类值：空值或目标关系中已经存在的值。但由于“学号”和“课程号”是选修关系中的主属性，按照实体完整性规则，它们均不能取空值，所以选修关系中的“学号”和“课程号”属性实际上只能取被参照关系中已经存在的主码值。

参照完整性规则中，R 与 S 可以是同一个关系。例如，对于例 2-3，按照参照完整性规则，“班长”属性值可以取两类值：

①空值，表示该学生所在班级尚未选班长。

②非空值，这时该值必须是本关系中某个元组的学号值。

在 SQL Server 中实现参照完整性机制包括：定义外键（Foreign Key）、定义检查（Check）、定义存储过程（Stored Procedure）（参见 10.2 节）和建立触发器（Trigger）（参见 10.3 节）。

2.4.4 用户定义完整性

任何关系数据库系统都必须满足实体完整性和参照完整性。除此之外，不同的关系数据库系统根据其应用环境的不同，往往还需要一些特殊的约束条件，用户定义的完整性就是针对某一具体关系数据库的约束条件。它反映某一具体应用所涉及的数据必须满足的语义要求。例如某个属性必须取唯一值、某些属性值之间应满足一定的函数关系、某个属性的取值范围在某两个数字之间等。关系数据库应提供定义和检验这类完整性的机制，以便系统进行统一处理，而不要由应用程序承担这一功能。例如，学生的成绩的取值范围为 0~100 之间的整数，或取{优、良、中、及格、不及格}；学生的性别字段只能取“男”或“女”；年龄字段应取 15~35 之间的整数等。

在 SQL Server 中实现用户定义完整性的机制包括：定义规则（Rule）、建立触发器（Trigger）、定义存储过程（Stored Procedure）和创建数据表时的所有约束（Constraint）。

2.5 关系代数

关系模型源于数学，关系是由元组构成的集合，可以通过关系的运算来表达查询要求，而关系代数恰恰是关系操作语言的一种传统的表示方式，是一种抽象的查询语言。关系代数的运算对象是关系，运算结果也是关系。与一般的运算相同，运算对象、运算符、运算结果是关系代数的三大要素。

2.5.1 关系代数运算

关系代数运算用到的运算符包括四类：集合运算符、专门的关系运算符、算术比较符和逻

辑运算符,见表 2-5。

表 2-5 关系运算符

运算符		含义
集合运算符	∪	并
	-	差
	∩	交
	×	广义笛卡尔积
专门的关系运算符	σ	选择
	Π	投影
	⋈	连接
	÷	除
比较运算符	>	大于
	⩾	大于等于
	<	小于
	⩽	小于等于
	=	等于
	≠	不等于
逻辑运算符	¬	非
	∧	与
	∨	或

比较运算符和逻辑运算符是用来辅助专门的关系运算符进行操作的,所以,关系代数的运算按运算符的不同,主要分为传统的集合运算和专门的关系运算两类。其中传统的集合运算将关系看成元组的集合,其运算是从关系的"水平"方向即行的角度来进行的;专门的关系运算不仅涉及行,还涉及列。

2.5.2 传统集合运算

传统的集合运算是二目运算,把关系看成元组的集合,以元组作为集合的元素进行运算,其运算是从关系的"水平"方向即行的角度进行的。包括并、交、差、广义笛卡尔积四种运算。

1. 并(union)

设关系 R 和关系 S 具有相同的目 n(即两个关系都有 n 个属性),并且相应的属性取自同一个域,则关系 R 与关系 S 的并由属于 R 或属于 S 的元组组成。其结果关系仍为 n 目关系。记作:

$$R \cup S=\{t|t \in R \vee t \in S\}$$

2. 差(difference)

设关系 R 和关系 S 具有相同的目 n,并且相应的属性取自同一个域,则关系 R 与关系 S 的差由属于 R 但不属于 S 的所有元组组成。其结果关系仍为 n 目关系。记作:

$$R-S=\{t|t\in R\wedge t\notin S\}$$

3. 交(intersection)

设关系 R 和关系 S 具有相同的目 n，并且相应的属性取自同一个域，则关系 R 与关系 S 的交由既属于 R 又属于 S 的元组组成。其结果关系仍为 n 目关系。记作：

$$R\cap S=\{t|t\in R\wedge t\in S\}$$

4. 广义笛卡尔积(extended cartesian product)

n 目关系 R 和 m 目关系 S 的广义笛卡尔积是一个(n+m)列的元组的集合。元组的前 n 列是关系 R 的一个元组，后 m 列是关系 S 的一个元组。若 R 有 k_1 个元组，S 有 k_2 个元组，则关系 R 和关系 S 的广义笛卡尔积有 $k_1\times k_2$ 个元组。记作：

$$R\times S=\{t_r{}^\wedge t_s|t_r\in R\wedge t_s\in S\}$$

表 2-6(a)和表 2-6(b)分别为具有三个属性列的关系 R，S；表 2-6(c)为关系 R 与 S 的并；表 2-6(d)为关系 R 与 S 的交；表 2-6(e)为关系 R 和 S 的差；表 2-6(f)为关系 R 和 S 的广义笛卡尔积。

表 2-6(a)　R

A	B	C
a1	B1	c1
a1	B2	c2
a2	B2	c1

表 2-6(b)　S

A	B	C
a1	B2	c2
a1	B3	c2
a2	B2	c1

表 2-6(c)　R∪S

A	B	C
a1	B1	c1
a1	B2	c2
a2	B2	c1
a1	B3	c2

表 2-6(d)　R∩S

A	B	C
a1	B2	c2
a1	B3	c2

表 2-6(e)　R-S

A	B	C
a1	b1	c1

表 2-6(f)　R×S

R. A	R. B	R. C	S. A	S. B	S. C
a1	b1	c1	a1	b2	c2
a1	b1	c1	a1	b3	c2
a1	b1	c1	a2	b2	c1
a1	b2	c2	a1	b2	c2
a1	b2	c2	a1	b3	c2
a1	b2	c2	a2	b2	c1
a2	b2	c1	a1	b2	c2
a2	b2	c1	a1	b3	c2
a2	b2	c1	a2	b2	c1

2.5.3 专门的关系运算

专门的关系运算不仅涉及行运算，也涉及列运算，这种运算是为数据库的应用而引用的特殊运算。专门的关系运算包括选择、投影、连接、除等。

1. 选择(selection)

选择又称为限制(restriction)，它是在关系R中选择满足给定条件的诸元组，记作

$$\sigma_F(R)=\{t \mid t \in R \wedge F(t)='\text{真}'\}$$

其中，F表示选择条件，它是一个逻辑表达式，取逻辑值'真'或'假'。

设有一个学生-课程关系数据库，包括学生关系Student、课程关系Course和选修关系SC，见表2-7。下面的例子将对这三个关系进行运算。

表2-7(a) Student

Sno	Sname	Ssex	Sage	Sdept
201909001	张岩	男	20	计算机系
201909002	李晨	女	19	信息系
201909003	周敏	女	18	数学系
201909004	陈立	男	19	信息系

表2-7(b) Course

Cno	Cname	Cpno	Ccredit
C01	数据库原理	C05	4
C02	高等数学		2
C03	信息系统	C01	4
C04	操作系统	C06	3
C05	数据结构	C02	4
C06	数据处理		2

表2-7(c) SC

Sno	Cno	Grade
201909001	C01	97
201909001	C02	90
201909001	C03	80
201909002	C02	86
201909002	C03	92

【例2-4】查询信息系全体学生

$$\sigma_{Sdept='\text{信息系}'}(Student) \quad \text{或} \quad \sigma_{5='\text{信息系}'}(Student)$$

其中，5表示Sdept的属性号(这里表示第5号属性)。结果见表2-8(a)。

【例 2-5】查询年龄小于 20 岁的女同学元组

$$\sigma_{Sage<20\ and\ Ssex='女'}(Student) \quad 或 \quad \sigma_{4<20\ and\ 3='女'}(Student)$$

结果见表 2-8(b)。

表 2-8(a)　例 2-4 结果

Sno	Sname	Ssex	Sage	Sdept
201909002	李晨	女	19	信息系
201909004	陈立	男	19	信息系

表 2-8(b)　例 2-5 结果

Sno	Sname	Ssex	Sage	Sdept
201909002	李晨	女	19	信息系
201909003	周敏	女	18	数学系

2. 投影(projection)

关系 R 上的投影是从 R 中选出若干属性列,形成新的关系。记作:

$$\Pi_A(R) = \{t[A] \mid t \in R\}$$

其中,A 为 R 的属性列。

投影操作是从列的角度进行的运算。

【例 2-6】查询学生关系 Student 在学生姓名和所在系两个属性上的投影

$$\Pi_{Sname,\ Sdept}(Student) \quad 或 \quad \Pi_{2,5}(Student)$$

结果见表 2-9(a)。

投影之后,不仅取消了原关系中的某些列,还可能取消某些元组。因为取消了某些属性列后,就可能出现重复行,应取消这些完全相同的行。

【例 2-7】查询学生关系 Student 中都有哪些系,即查询学生关系 Student 在所在系属性上的投影

$$\Pi_{Sdept}(Student)$$

结果见表 2-9(b)。Student 关系原来有四个元组,而投影结果取消了重复的 CS 元组,因此只有三个元组。

表 2-9(a)　例 2-6 结果

Sname	Sdept
张岩	计算机系
李晨	信息系
周敏	数学系
陈立	信息系

表 2-9(b)　例 2-7 结果

Sdept
计算机系
信息系
数学系
信息系

3. 连接(join)

连接也称为 θ 连接。它是从两个关系的笛卡尔积中选取属性间满足一定条件的元组。

记作：

$$R \underset{A\theta B}{\bowtie} S = \{ tr\hat{}ts \mid tr \in R \wedge ts \in S \wedge tr[A]\theta ts[B] \}$$

其中，A 和 B 分别为 R 和 S 上度数相等且可比的属性。θ 是比较运算符。连接运算从 R 和 S 的笛卡尔积 R×S 中选取（R 关系）在 A 属性组上的值与（S 关系）在 B 属性组上的值满足比较关系 θ 的元组。

连接运算中有两种最为重要也是最为常用的连接：一种是等值连接（equi-join），另一种是自然连接（natural join）。

θ 为“=”的连接运算称为等值连接。它是从关系 R 与 S 的笛卡尔积中选取 A，B 属性值相等的那些元组。即等值连接为

$$R \underset{A=B}{\bowtie} S = \{ tr\hat{}ts \mid tr \in R \wedge ts \in S \wedge tr[A] = ts[B] \}$$

自然连接（natural join）是一种特殊的等值连接，它要求两个关系中进行比较的分量必须是相同的属性组，并且要在结果中把重复的属性去掉。即若 R 和 S 具有相同的属性组 B，则自然连接可记作：

$$R \bowtie S = \{ tr\hat{}ts \mid tr \in R \wedge ts \in s \wedge tr[B] = ts[B] \}$$

一般的连接操作是从行的角度进行运算的，但自然连接还需要取消重复列，所以是同时从行和列的角度进行运算的。

【例 2-8】 设关系 R，S 分别为表 2-10(a) 表 2-10(b)，$R \underset{C<E}{\bowtie} S$ 的结果为表 2-10(c)，等值连接 $R \underset{R.B=S.B}{\bowtie} S$ 的结果为表 2-10(d)，自然连接 $R \bowtie S$ 的结果为表 2-10(e)。

表 2-10(a)　R

A	B	C
a1	b1	5
a1	b2	6
a2	b3	8
a2	b4	12

表 2-10(b)　S

B	E
b1	3
b2	7
b3	10
b3	2
b5	2

表 2-10(c)　$R \underset{C<E}{\bowtie} S$

A	R. B	C	S. B	E
a1	b1	5	b2	7
a1	b1	5	b3	10
a1	b2	6	b2	7
a1	b2	6	b3	10
a2	b3	8	b3	10

表 2-10(d)　$R \underset{R.B=S.B}{\bowtie} S$

A	R. B	C	S. B	E
a1	b1	5	b1	3
a1	b2	6	b2	7
a2	b3	8	b3	10
a2	b3	8	b3	2

表 2-10(e)　$R \bowtie S$

A	B	C	E
a1	b1	5	3
a1	b2	6	7
a2	b3	8	10
a2	b3	8	2

4. 除(division)

除运算是二目运算,设有关系 R(X,Y)和 S(Y,Z),其中 X,Y,Z 为关系的属性组,R 中的 Y 与 S 中的 Y 可以有不同的属性名,但必须出自相同的域。关系 R(X,Y)除以 S(Y,Z)得到一个新关系 Q(X),Q 是 R 中满足下列条件的元组在 X 属性上的投影:元组在 X 上的分量值 x 的象集 Y_x 包含 S 在 Y 上投影的集合。记作:

$$R \div S = \{t_r[X] \mid t_r \in R \wedge Y_x \supseteq \Pi_Y(S)\}$$

关系的除运算是关系运算中最复杂的一种。要解决关系 R 与 S 的除运算,首先要引入象集的概念。

象集:给定一个关系 R(X,Y),X 和 Y 为属性组,那么当 t[X]=x 时,x 在 R 中的象集为:

$$Y_x = \{t[Y] \mid t \in R \wedge t[X] = x\}$$

式中,t[Y]和 t[X]分别表示 R 中的元组 t 在属性组 Y 和 X 上的分量的集合。

【例 2-9】设关系 R 与 S 分别为表 2-11(a)和表 2-11(b),求 R÷S 的结果。

表 2-11(a)　R

A	B	C
a1	b1	c2
a2	b3	c7
a3	b4	c6
a1	b2	c3
a4	b6	c6
a2	b2	c3
a1	b2	c1

表 2-11(b)　S

B	C	D
b1	c2	d1
b2	c1	d1
b2	c3	d2

表 2-11(c)　R÷S

A
a1

在关系 R 中可以看到:

a1 的象集为{(b1,c2),(b2,c3),(b2,c1)},见表 2-11(a)中灰色的元组。关系 S 在 B,C

上的投影为{(b1,c2),(b2,c1),(b2,c3)},所以R÷S的结果为表2-11(c)。a1这个值正好是S在(B,C)上的投影,所以a1就是除运算的一个元组。

a2的象集为{(b3,c7),(b2,c3)},S在(B,C)上的投影为{(b1,b2),(b2,c1),(b2,c3)}。a2不是S在(B,C)上的投影,所以a2不是除运算的一个元组。

a3的象集为{(b4,c6)},S在(B,C)上的投影为{(b1,c2),(b2,c1),(b2,c3)}。a3不是S在(B,C)上的投影,所以a3不是除运算的一个元组。

a4的象集为{(b6,c6)},S在(B,C)上的投影为{(b1,c2),(b2,c1),(b2,c3)}。a4不包含S在(B,C)上的投影,所以a4不是除运算的一个元组。

R÷S的结果见表2-11(c)。

除运算同时从行和列的角度进行运算,适合于"查询全部""查询所有的……"和"查询至少……"的查询语句。

【例2-10】针对表2-7中的选修关系SC,求至少选修了C01和C03号课程的学号。

首先建立一个临时关系K,见表2-12。

表2-12 临时关系K

Cno
C01
C03

然后求$\Pi_{Sno,Cno}(SC) \div K$,$\Pi_{Sno,Cno}(SC)$见表2-13。

表2-13 $\Pi_{Sno,Cno}(SC)$

Sno	Cno
201909001	C01
201909001	C02
201909001	C03
201909002	C02
201909002	C03

看到201909001的象集是{C01,C02,C03},201909002的象集是{C02,C03},K={C01,C03},于是$\Pi_{Sno,Cno}(SC) \div K$={201909001}。该查询的关系代数表达式为:

$$\Pi_{Sno,\ Cno}(SC) \div \Pi_{C_{no}}(\sigma_{Cno=C01 \wedge Cno=C03}(Course))$$

下面结合表2-7中的学生Student、课程Course和选课SC三个关系给出一些关系运算的综合的例子。

【例2-11】查询考试成绩都大于90分的学生的姓名和成绩

$$\Pi_{Sname,\ Grade}(\sigma_{Grade>90}(SC) \bowtie (Student))$$

【例2-12】查询计算机系选修了C02号课程的学生姓名和成绩

$$\Pi_{Sname,\ Grade}(\sigma_{Cno='C02'}(SC) \bowtie \sigma_{Sdept='信息系'}(Student))$$

【例2-13】查询选修了"数据库"课程的学生的姓名

$$\Pi_{Sname}(\sigma_{Cname='数据库'}(Course) \bowtie SC \bowtie Student)$$

【例 2-14】 查询选修了全部课程的学生的学号和姓名

$$\Pi_{Sno,Sname}(Student \bowtie (SC \div \Pi_{Cno}(Course)))$$

本节介绍了 8 种关系代数运算,这些运算经有限次复合后形成的式子称为关系代数表达式。在 8 种关系代数运算中,并、差、笛卡尔积、投影和选择 5 种运算为基本的运算。其他 3 种运算,即交、连接和除,均可以用 5 种基本运算来表达。引进它们并不增加语言的能力,但可以简化表达。

本章小结

本章介绍了关系数据模型的数据结构、关系操作及数据完整性约束;从集合论的角度介绍关系数据结构的形式化定义及关系代数提供的 8 种运算。

习　题

一、单选题

1. 关系模式的任何属性(　　)。

A. 不可再分　　B. 可再分

C. 命名在关系模式中可以不唯一　　D. 以上都不对

2. 一个关系数据库中的各条记录(　　)。

A. 前后顺序不能任意颠倒,一定要按照输入的顺序排列

B. 前后顺序可以任意颠倒,不影响库中的数据关系

C. 前后顺序可以任意颠倒,但排列顺序不同,统计处理的结果就可能不同

D. 前后顺序不能任意颠倒,一定要按照关键字段的顺序排列

3. 关于关系的性质,下列描述错误的是(　　)。

A. 关系中不允许出现相同的元组　　B. 关系中元组的顺序不可任意调换

C. 不同的属性可以取自同一个域　　D. 列同质

4. 专门关系运算符包括(　　)。

A. 排序、索引、统计　　B. 选择、投影、连接

C. 关联、更新、排序　　D. 显示、打印、制表

5. 设关系 R 和 S,关系代数 R-(R-S)的表示是(　　)。

A. R∩S　　B. R∪S　　C. R-S　　D. R×S

6. 关于传统集合运算的描述,错误的是(　　)。

A. 并运算可以用来附加数据　　B. 差运算可以用来删除数据

C. 关系 R 和关系 S 的广义笛卡尔乘积要求关系 R 和关系 S 是相容的

D. 交运算可用于筛选满足要求的数据

二、填空题

1. 假设一个笛卡尔积由 3 个域构成,每个域的基数均为 3,则形成的笛卡尔积的基数为__________。

2. 关系模型由______________、______________和______________三部分组成。

3. 专门的关系运算包括__________、__________、__________和__________运算。
4. 关系模型中的三类完整性约束为 __________、__________和__________。
5. 属性的取值范围称为该属性的__________。
6. 一个关系模式中有若干个__________,其数目的多少称为关系的__________。
7. 传统关系运算中,交、并、差运算要求参与运算的关系 R 和关系 S 是__________。

三、简答题

1. 请指出自然连接和等值连接的区别。
2. 请指出关系模式与关系的区别。
3. 传统的集合运算包括哪些运算?

四、操作题

在教务管理数据库中,有学生关系 S(SNO,SN,SEX,AGE,DEPT),其中 SNO,SN,SEX,AGE 和 DEPT 分别是学生学号、姓名、性别、年龄和所在系;选课关系 SC(SNO,CNO,SCORE),其中 SNO,CNO,SCORE 分别代表学号、课程号、成绩;课程关系 C(CNO,CN,CT),其中 CNO,CN,CT 分别代表课程号、课程名和任课教师。请写出以下查询的关系代数表达式:

1. 检索年龄大于 20 岁的学生姓名。
2. 检索选修数据库课程的学生学号。
3. 查询教师号为 T1 的老师教授课程的课程号和课程名。
4. 查询年龄大于 18 岁的男同学的学号、姓名和系别。
5. 查询“张天”同学选修的所有课程的课程号、课程名和成绩。
6. 查询成绩大于 90 分的同学的姓名、课程名和成绩。
7. 查询选修全部课程的学生学号和学生姓名。

第 3 章

数据库规范化理论

学习目的

通过本章的学习，使学生了解数据依赖的定义及两种重要的类型，理解各类范式的概念及含义，并掌握相关概念及关系模式规范化的步骤。

本章要点

- 数据库设计不当而引发的问题，包括冗余、插入异常、删除异常、潜在的不一致
- 函数依赖
- 关系模式的分解
- 关系模式的规范化

思维导图

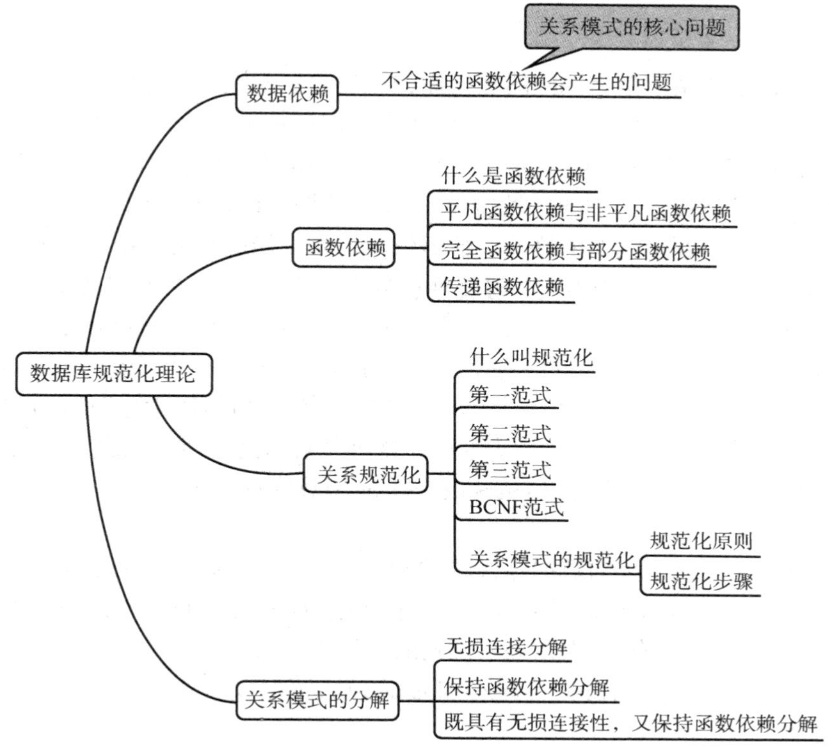
关系模式的核心问题
数据依赖
不合适的函数依赖会产生的问题
函数依赖
什么是函数依赖
平凡函数依赖与非平凡函数依赖
完全函数依赖与部分函数依赖
传递函数依赖
数据库规范化理论
关系规范化
什么叫规范化
第一范式
第二范式
第三范式
BCNF范式
关系模式的规范化
规范化原则
规范化步骤
关系模式的分解
无损连接分解
保持函数依赖分解
既具有无损连接性，又保持函数依赖分解

3.1 数据依赖

关系数据库是以关系模型为基础的数据库，它利用关系来描述现实世界。一个关系既可以用来描述一个实体及其属性，也可以用来描述实体间的一种联系。关系模式是用来定义关系的，一个关系数据库包含一组关系，定义这组关系的关系模式的全体就构成了该数据库的模式。在关系数据库设计过程中，常遇到如何设计关系数据库模式的问题。

关系模式的核心问题是数据依赖性。数据依赖是对可能成为关系模式当前值的那些关系的约束，是一个关系中属性（或属性组）与属性（或属性组）之间的相互依赖关系，是客观存在着的语义。例如，某个属性唯一地决定另一个属性，则这两个属性之间就存在着依赖关系。

比如，描述一个学生的关系，可以有学号（Sno）、姓名（Sname）、所在系（Sdept）等几个属性。由于一个学号只对应一个学生，一个学生只在一个系，因而当“学号”值确定之后，姓名及其所在系的值也就被唯一地确定了。属性间的这种依赖关系类似于数学中的函数，因此说 Sno 函数决定 Sname 和 Sdept，或者说 Sname 和 Sdept 函数依赖于 Sno，记作 Sno→Sname，Sno→Sdept。

现在来建立一个描述学校的数据库，该数据库涉及的对象包括学生的学号（Sno）、所在系（Sdept）、系主任姓名（Mname）、课程名（Cname）和成绩（Grade）。假设学校的数据库模式由一个单一的关系模式 Student 构成，则该关系模式的属性集合为：

$$U=\{Sno,\ Sdept,\ Mname,\ Cname,\ Grade\}$$

由常识可知：

①一个系有若干学生，但一个学生只属于一个系。

②一个系只有一名系主任。

③一个学生可以选修多门课程，每门课程有若干名学生选修。

④每个学生所学的每门课程都有一个成绩。

从上述事实可以得到属性组 U 上的一组函数依赖 F，如图 3-1 所示。

$$F=\{Sno \rightarrow Sdept,\ Sdept \rightarrow Mname,\ (Sno,\ Cname) \rightarrow Grade\}$$

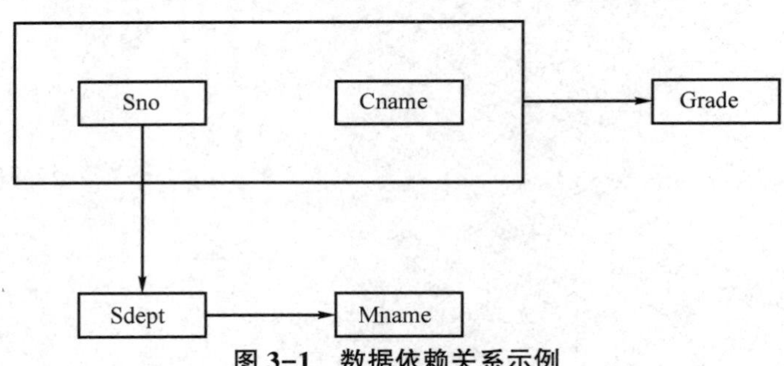

图 3-1　数据依赖关系示例

如果只考虑函数依赖这一数据依赖，就得到一个描述学生的关系模式 Student<U,F>，但这个关系模式存在 4 个问题。

①数据冗余太大。比如,每一个系主任的姓名重复出现,重复次数与该系所有学生的所有课程成绩出现次数相同。这将浪费大量的存储空间。

②更新异常(update anomalies)。由于数据冗余,当更新数据库中的数据时,系统要付出很大的代价来维护数据库的完整性;否则,会面临数据不一致的危险。比如,某系更换系主任后,系统必须修改与该系学生有关的每一个元组。

③插入异常(insertion anomalies)。如果一个系刚成立,尚无学生,就无法把这个系及其系主任的信息存入数据库。

④删除异常(deletion anomalies)。如果某个系的学生全部毕业了,在删除该系学生信息的同时,把这个系及其系主任的信息也丢掉了。

鉴于存在以上种种问题,可以得出结论:Student 关系模式不是一个好的模式。一个"好"的模式应当不会发生插入异常、删除异常、更新异常,数据冗余应尽可能少。

一个关系模式之所以会产生上述问题,是由存在于模式中的某些数据依赖引起的。规范化理论正是用来改造关系模式,通过分解关系模式来消除其中不合适的数据依赖,以解决插入异常、删除异常、更新异常和数据冗余问题。

3.2 函数依赖

建立一个关系数据库系统,首先要考虑怎样建立数据模式,即应该构造几个关系模式,每个关系模式中需要包含哪些属性等,这是数据库设计的问题。关系规范化主要讨论的就是建立关系模式的指导原则,所以把规范化理论称为设计数据库的理论。

1. 函数依赖

设 R(U)是一个关系模式,U 是 R 的属性集合,X 和 Y 是 U 的子集。对于 R(U)的任意一个可能的关系 r,如果 r 中不存在两个元组,它们在 X 上的属性值相同,而在 Y 上的属性值不同,则称"X 函数确定 Y"或"Y 函数依赖于 X",记作 X→Y。

对于函数依赖,需要说明以下几点。

①函数依赖不是指关系模式 R 的某个或某些关系实例满足的约束条件,而是指 R 的所有关系实例均要满足的约束条件。

②函数依赖和别的数据之间的依赖关系一样,是语义范畴的概念。我们只能根据数据的语义来确定函数依赖。例如,"姓名→年龄"这个函数依赖只有在没有相同名字的人的条件下成立;如果有相同名字的人,则"年龄"就不再函数依赖于"姓名"了。

③数据库设计者可以对现实世界做强制的规定。例如,在上例中,设计者可以强行规定不允许有相同姓名的人出现,因而使函数依赖"姓名→年龄"成立。这样当插入某个元组时,这个元组上的属性值必须满足规定的函数依赖,若发现有相同姓名的人存在,则拒绝装入该元组。

④若 X→Y,则 X 称为这个函数依赖的决定属性集(determinant)。

⑤若 X→Y,并且 Y→X,则记为 X←→Y。

⑥若 Y 不函数依赖于 X，则记为 $X \nrightarrow Y$。

2. 平凡函数依赖与非平凡函数依赖

在关系模式 R(U)中，对于 U 的子集 X 和 Y，如果 $X \to Y$，但 $Y \not\subseteq X$，则 $X \to Y$ 是非平凡函数依赖；若 $Y \subseteq X$，则称 $X \to Y$ 为平凡函数依赖。

对于任一关系模式，平凡函数依赖都是必然成立的，它不反映新的语义，因此若不特别声明，我们总是讨论非平凡函数依赖。

3. 完全函数依赖与部分函数依赖

在关系模式 R(U)中，如果 $X \to Y$，并且对于 X 的任何一个真子集 X′，都有 $X' \nrightarrow Y$，则称 Y 完全函数依赖于 X，记作 $X \xrightarrow{f} Y$。若 $X \to Y$，但 Y 不完全函数依赖于 X，则称 Y 部分函数依赖于 X，记作 $X \xrightarrow{p} Y$。

4. 传递函数依赖

在关系模式 R(U)中，如果 $X \to Y$，$Y \to Z$，并且 $Y \not\subseteq X$，$Y \nrightarrow X$，则称 Z 传递函数依赖于 X。

传递函数依赖定义中，之所以要加上条件 $Y \to X$，是因为如果 $Y \to X$，则 $X \longleftrightarrow Y$，这实际上是 Z 直接依赖于 X($X \xrightarrow{直接} Z$)，而不是传递函数依赖了。

例如，在关系 SC(Sno, Cno, Grade)中，各属性分别为：学号、课程号和成绩。有 $Sno \xrightarrow{p} Grade$，成绩部分依赖于学号；$Cno \xrightarrow{p} Grade$，成绩部分依赖于课程号；$(Sno, Cno) \xrightarrow{f} Grade$，成绩完全函数依赖于学号和课程号，即(Sno, Cno)是决定属性集。

例如，在关系 Std(Sno, Sname, Sdept, Mname)中，各属性分别为：学号、姓名、所在系和系主任。有 $Sno \xrightarrow{f} Sname$，姓名完全函数依赖于学号；$Sno \xrightarrow{f} Sdept$，所在系完全依赖于学号；$Sdept \xrightarrow{f} Mname$，系主任完全函数依赖于系；$Sno \xrightarrow{传递} Mname$，系主任传递函数依赖于学号。

3.3 关系规范化

关系数据库中的关系必须满足一定的规范化要求，对于不同的规范化程度，可用范式来衡量。范式是符合某一种级别的关系模式的集合，是衡量关系模式规范化程度的标准，达到范式的关系才是规范化的。目前主要有六种范式：第一范式、第二范式、第三范式、BC 范式、第四范式和第五范式。满足最低要求的叫第一范式，简称为 1NF。在第一范式基础上进一步满足一些要求的为第二范式，简称为 2NF。其余依此类推。显然各种范式之间存在下面的联系：

$$1NF \supset 2NF \supset 3NF \supset BCNF \supset 4NF \supset 5NF$$

通常把某一关系模式 R 为第 n 范式简记为 $R \in nNF$。

范式的概念最早是由 E. F. Codd 提出的，1971—1972 年，他先后提出了 1NF，2NF，3NF 的概念，1974 年他又和 Boyce 共同提出了 BCNF 的概念，1976 年 Fagin 提出了 4NF 的概念，后来

又有人提出了 5NF 的概念。在这些范式中,最重要的是 3NF 和 BCNF,它们是进行规范化的主要目标。

一个低一级范式的关系模式,通过模式分解可以转换为若干个高一级范式的关系模式的集合,这个过程称为规范化。

3.3.1 第一范式

如果一个关系模式 R 的所有属性都是不可分的基本数据项,则 $R \in 1NF$。

在任何一个关系数据库系统中,第一范式是对关系模式的一个最起码的要求。不满足第一范式的数据库模式不能称为关系数据库。

但是满足第一范式的关系模式并不一定是一个好的关系模式。例如,关系模式:

SLC(Sno, Sdept, Sloc, Cno, Grade)

其中,Sloc 为学生住处,假设每个系的学生住在同一地方。SLC 的码为(Sno, Cno)。函数依赖包括:

$(Sno, Cno) \xrightarrow{f} Grade$　　　　Sno→Sdept

$(Sno, Cno) \xrightarrow{p} Sdept$　　　　Sno→Sloc

$(Sno, Cno) \xrightarrow{p} Sloc$　　　　Sdept→Sloc(因为每个系只住一个地方)

如图 3-2 所示,显然 SLC 满足第一范式。这里(Sno, Cno)两个属性一起函数决定 Grade,(Sno, Cno)也函数决定 Sdept 和 Sloc。但实际上仅 Sno 就可以函数决定 Sdept 和 Sloc,因此非主属性 Sdept 和 Sloc 部分函数依赖于码(Sno, Cno)。图 3-2 中的实线表示完全函数依赖,虚线表示部分函数依赖。

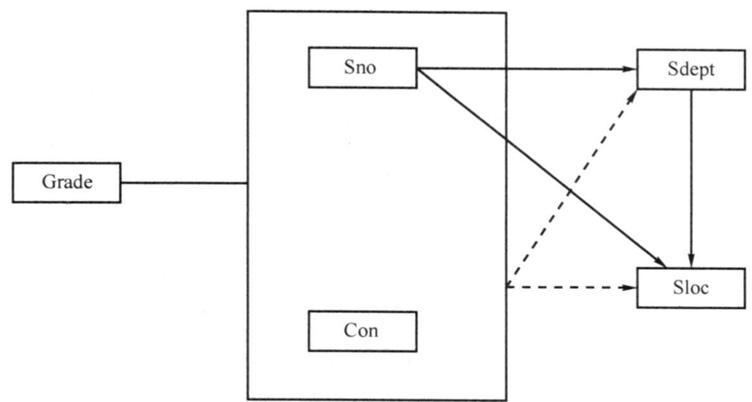

图 3-2　SLC 关系各属性依赖关系

SLC 关系存在以下 4 个问题:

①插入异常。假若要插入一个 Sno=95102,Sdept=IS,Sloc=N,但还未选课的学生,即这个学生无 Cno,这样的元组不能插入 SLC 中,因为插入时必须给定码值,而此时码值的一部分为空,因而学生的信息无法插入。

②删除异常。假定某个学生只选修了一门课,如学号为 99022 的学生只选修了 3 号课程。

现在连 3 号课程他也不选修了，那么 3 号课程这个数据项就要删除。课程 3 是主属性，删除了课程号 3，整个元组就不能存在了，也必须跟着删除，从而删除了学号为 99022 的其他信息，产生了删除异常，即不应删除的信息也删除了。

③数据冗余度大。如果一个学生选修了 10 门课程，那么他的 Sdept 和 Sloc 值就要重复存储 10 次。

④修改复杂。某个学生从数学系转到信息系，这本来只是一件事，只需修改此学生元组中的 Sdept 值。但因为关系模式 SLC 还含有系的住处 Sloc 属性，学生转系将同时改变住处，因而还必须修改元组中 Sloc 的值。另外，如果这个学生选修了 K 门课，由于 Sdept，Sloc 重复存储了 K 次，当数据更新时，必须无遗漏地修改 K 个元组中全部 Sdept，Sloc 信息，这就造成了修改的复杂化。

因此，SLC 不是一个好的关系模式。

3.3.2 第二范式

关系模式 SLC 出现上述问题的原因是 Sdept，Sloc 对码的部分函数依赖。为了消除这些部分函数依赖，可以采用投影分解法，把 SLC 分解为两个关系模式：

SC(Sno，Cno，Grade)

SL(Sno，Sdept，Sloc)

其中，SC 的码为(Sno，Cno)；SL 的码为 Sno。这两个关系模式的函数依赖如图 3-3 所示。

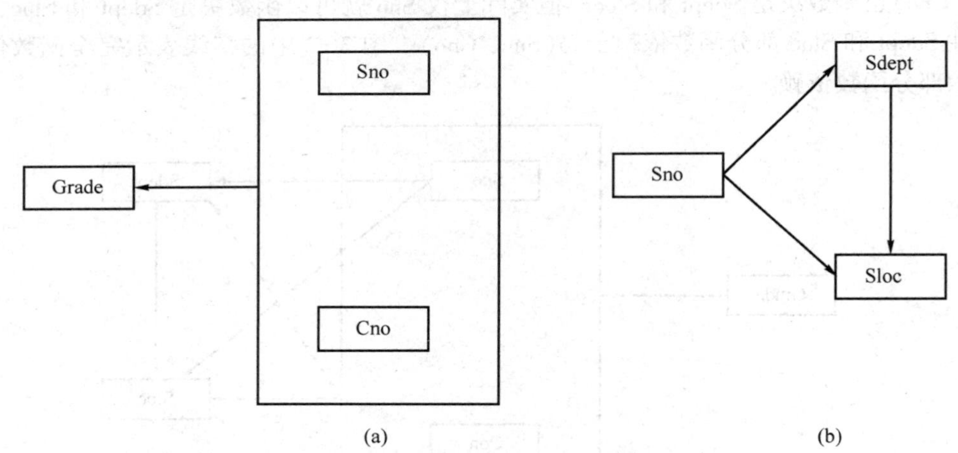

图 3-3 SLC 分解后各属性的依赖关系

(a)SC；(b)SL

显然，在分解后的关系模式中，非主属性都完全函数依赖于码了，从而使上述 4 个问题在一定程度上得到了解决。

①在 SL 关系中可以插入尚未选课的学生。

②删除学生选课情况涉及的是 SC 关系，如果一个学生所有的选课记录全部删除了，只是 SC 关系中没有关于该学生的记录了，不会牵涉到 SL 关系中关于该学生的记录。

③由于学生选修课程的情况与学生的基本情况是分开存储在两个关系中的，因此，不论该学生选多少门课程，他的 Sdept 和 Sloc 值都只存储 1 次。这就大大降低了数据冗余。

④如果某个学生从数学系转到信息系，只需修改 SL 关系中该学生元组的 Sdept 值和 Sloc 值，由于 Sdept, Sloc 并未重复存储，因此简化了修改操作。

2NF 就是不允许关系模式的属性之间有这样的函数依赖 X→Y，其中 X 是码的真子集，Y 是非主属性。显然，码只包含一个属性的关系模式，如果属于 1NF，那么它一定属于 2NF，因为它不可能存在非主属性对码的部分函数依赖。

上例中的 SC 关系和 SL 关系都属于 2NF。可见，采用投影分解法将一个 1NF 的关系分解为多个 2NF 的关系，可以在一定程度上减轻原 1NF 关系中存在的插入异常、删除异常、数据冗余度大、修改复杂等问题。

但是将一个 1NF 关系分解为多个 2NF 的关系，并不能完全消除关系模式中的各种异常情况和数据冗余。也就是说，属于 2NF 的关系模式并不一定是一个好的关系模式。

例如，2NF 关系模式 SL(Sno, Sdept, Sloc) 中有下列函数依赖：

$$Sno \to Sdept$$
$$Sdept \to Sloc$$
$$Sno \to Sloc$$

可以看到，Sloc 传递函数依赖于 Sno，即 SL 中存在非主属性对码的传递函数依赖。SL 关系中仍然存在插入异常、删除异常、数据冗余度大和修改复杂的问题。

①插入异常。如果某个系由于种种原因(例如，刚刚成立)，目前暂时没有在校学生，把这个系的信息也丢掉了。

②删除异常。如果某个系的学生全部毕业了，在删除该系学生信息的同时，把这个系的信息也丢掉了。

③数据冗余度大。每一个系的学生都住在同一个地方，关于系的住处的信息重复出现，重复次数与该系学生人数相同。

④修改复杂。当学校调整学生住处时，比如信息系的学生全部迁到另一地方住宿，由于关于每个系的住处信息是重复存储的，修改时必须同时更新该系所有学生的 Sloc 属性值。

所以 SL 仍不是一个好的关系模式。

3.3.3 第三范式

关系模式 SL 出现上述问题的原因是 Sloc 传递函数依赖于 Sno。为了消除该传递函数依赖，可以采用投影分解法，把 SL 分解为两个关系模式：

SD(Sno, Sdept)

DL(Sdept, Sloc)

其中，SD 的码为 Sno；DL 的码为 Sdept。

显然，在分解后的关系模式中，既没有非主属性对码的部分函数依赖，也没有非主属性对码的传递函数依赖，在一定程度上解决了上述 4 个问题。

①DL 关系中可以插入没有在校学生的信息。

②某个系的学生全部毕业了，只是删除 SD 关系中的相应元组，DL 关系中关于该系的信息仍存在。

③关于系的住处的信息只在 DL 关系中存储一次。

④当学校调整某个系的学生住处时，只需修改 DL 关系中一个相应元组的 Sloc 属性值。

如果关系模式 R<U,F>中不存在候选码 X、属性组 Y 及非主属性 Z($Z \not\subseteq Y$)，使得 $X \not\rightarrow Y$，$Y \rightarrow Z$ 和 $Y \rightarrow X$ 成立，则 $R \in 3NF$。

由 3NF 的定义可以证明，若 $R \in 3NF$，则 R 中的每一个非主属性既不部分函数依赖于候选码，也不传递函数依赖于候选码。显然，如果 $R \in 3NF$，则 R 也是 2NF。

3NF 就是不允许关系模式的属性之间有这样的非平凡函数依赖 $X \rightarrow Y$，其中 X 不包含码，Y 是非主属性。X 不包含码有两种情况：一种情况 X 是码的真子集，这是 2NF 也不允许的；另一种情况 X 含有非主属性，这是 3NF 进一步限制的。

上例中的 SD 关系和 DL 关系都属于 3NF。可见，采用投影分解法将一个 2NF 的关系分解为多个 3NF 的关系，可以在一定程度上解决原 2NF 关系中存在的插入异常、删除异常、数据冗余度大、修改复杂等问题。

但是将一个 2NF 关系分解为多个 3NF 的关系后，并不能完全消除关系模式中的各种异常情况和数据冗余。也就是说，属于 3NF 的关系模式并不一定是一个好的关系模式。

例如，在关系模式 STJ(S,T,J)中，S 表示学生，T 表示教师，J 表示课程。假设每一教师只教一门课，每门课由若干教师教，某一学生选定某门课，就确定了一个固定的教师。于是，有如下的函数依赖，如图 3-4 所示。

$$(S,J) \rightarrow T,\ (S,T) \rightarrow J,\ T \rightarrow J$$

显然，(S,J)和(S,T)都可以作为候选码。这两个候选码各由两个属性组成，并且是相交的。该关系模式没有任何非主属性对码传递或部分依赖，所以 $STJ \in 3NF$。但 $T \rightarrow J$，即 T 是决定属性集，可是 T 只是主属性，它既不是候选码，也不包含候选码。

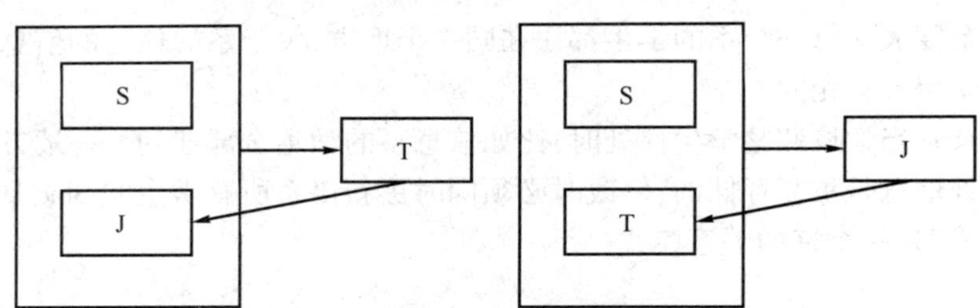

图 3-4　关系 STJ(S,T,J)的函数依赖关系

3NF 和 STJ 关系模式也存在一些问题。

①插入异常。如果某个学生刚刚入校，尚未选修课程，则因受主属性不能为空的限制，有关信息无法存入数据库中。同样原因，如果某个教师开设了某门课程，但尚未有学生选修，则有关信息也无法存入数据库中。

②删除异常。如果选修过某门课程的学生全部毕业了，在删除这些学生元组的同时，相应教师开设该门课程的信息也同时丢掉了。

③数据冗余度大。虽然一个教师只教一门课，但每个选修该教师该门课的学生元组都要记录这一信息。

④修改复杂。某个教师开设的某门课程改名后，所有选修了该教师该门课程的学生元组都要进行相应修改。

因此，虽然 $STJ \in 3NF$，但它仍不是一个理想的关系模式。

3.3.4 BCNF 范式

关系模式 STJ 出现上述问题的原因在于主属性 J 依赖于 T，即主属性 J 部分依赖于码(S，T)。解决这一问题仍然可以采用投影分解法，将 STJ 分解为两个关系模式：

ST(S,T)

TJ(T,J)

其中，ST 的码为 S；TJ 的码为 T。

①ST 关系中可以存储尚未选修课程的学生。TJ 关系中可以存储所开课程尚未有学生选修的教师信息。

②选修过某门课程的学生全部毕业了，只是删除 ST 关系中的相应元组，不会影响 TJ 关系中相应教师开设该门课程的信息。

③关于每个教师开设课程的信息，只在 TJ 关系中存储一次。

④某个教师开设的某门课程改名后，只需修改 TL 关系中的一个相应元组即可。

设关系模式 R<U,F>∈1NF，如果对于 R 的每个函数依赖 X→Y，若 Y⊄X，则 X 必含有候选码，那么 R∈BCNF。

换句话说，在关系模式 R<U,F>中，如果每一个决定属性集都包含候选码，则 R∈BCNF。

BCNF(Boyce Codd Normal Form)是由 Boyce 和 Codd 提出的，比 3NF 更进了一步。通常认为多个 BCNF 的关系可以进一步解决原 3NF 关系中存在的插入异常、删除异常、数据冗余度大、修改复杂等问题。

由 BCNF 的定义可以看到，每个 BCNF 的关系模式都具有如下 3 个性质。

①所有非主属性都完全函数依赖于每个候选码。

②所有主属性都完全函数依赖于每个不包含它的候选码。

③没有任何属性完全函数依赖于非码的任何一组属性。

如果关系模式 R∈BCNF，由定义可知，R 中不存在任何属性传递依赖于或部分依赖于任何候选码，所以必定有 R∈3NF。但是，如果 R∈3NF，R 未必属于 BCNF。例如，前面的关系模式 STJ∈3NF，但不属于 BCNF。如果 R 只有一个候选码，则 R∈3NF，R 必属于 BCNF。

例如，对于 2.5.3 节的学生-课程数据库中的三个关系模式：

Student(Sno,Sname,Ssex,Sage,Sdept)，学生关系，包括学号、姓名、性别、年龄字段。

Course(Cno, Cname, Pcno,Credit)，课程关系，包括课程号、课程名、选修课程号、学分。

SC(Sno, Cno, Grade)，成绩关系，包括学号、课程号、成绩。

在 Student(Sno, Sname, Ssex, Sage, Sdept)中，由于学生有可能重名，因此它只有一个码 Sno，并且 Sno 是唯一的决定属性，所以 Student∈BCNF。

在 Course(Cno, Cname, Credit)中，假设课程名称具有唯一性，则 Cno 和 Cname 均为码，这两个码都由单个属性组成，彼此不相交。在该关系模式中，除 Cno 和 Cname 外，没有其他决定属性组，所以 Course∈BCNF。

在 SC(Sno, Cno, Grade)中，组合属性(Sno,Cno)为码，也是唯一的决定属性组，所以 SC∈BCNF。

例如，在关系模式 SJP(S,J,P)中，S 表示学生，J 表示课程，P 表示名次。每一个学生每门课程都有一个确定的名次，每门课程中每一名次只有一个学生。由这些语义可得到下面的函数依赖。

$$(S,J) \rightarrow P$$
$$(J,P) \rightarrow S$$

所以(S,J)与(J,P)都是候选码。这两个候选码各由两个属性组成，并且相交。这个关系模式中显然没有属性对候选码的传递依赖或部分依赖。并且除(S,J)和(J,P)外，没有其他决定因素，所以 SJP ∈ BCNF。

3NF 和 BCNF 是以函数依赖为基础的关系模式规范化程度的测度。

如果一个关系数据库中的所有关系模式都属于 3NF，则已在很大程度上消除了插入异常和删除异常，但由于可能存在主属性对候选码的部分依赖和传递依赖，因此关系模式的分离仍不够彻底。

如果一个关系数据库中的所有关系模式都属于 BCNF，那么在函数依赖范畴内，它已实现了模式的彻底分解，达到了最高的规范化程度，消除了插入异常和删除异常。

3.3.5 关系模式的规范化

一个关系只要其分量都是不可分的数据项，它就是规范化的关系，但这只是最基本的规范化。规范化程度可以有 5 个不同的级别，即 5 个范式。一个低一级范式的关系模式，通过模式分解可以转换为若干个高一级范式的关系模式集合，这种过程就叫关系模式的规范化。

1. 关系模式规范化时一般应遵循的原则

①关系模式进行无损连接分解。关系模式分解过程中数据不能丢失或增加，必须把全局关系模式中的所有数据无损地分解到各个子关系模式中，以保证数据的完整性。

②合理选择规范化程度。考虑到存取效率，低级模式造成的冗余度很大，既浪费了存储空间，又影响了数据的一致性，因此希望一个子模式的属性越少越好，即取高级范式；若考虑到查询效率，低级范式又比高级范式好，此时连接运算的代价较小，这是一对矛盾，所以应根据情况合理选择规范化程度。

③正确性与可实现性原则。

2. 关系模式规范化的步骤

规范化程度过低的关系不一定能够很好地描述现实世界，可能会存在插入异常、删除异常、修改复杂、数据冗余等问题，解决方法就是对其进行规范化，转换成高级范式。

规范化的基本思想是逐步去除数据依赖中不合适的部分，使模式中的各关系模式达到某种程度的“分离”，即采用“一事一地”的模式设计原则，让一个关系描述一个概念、一个实体或实体间的一种联系。若多于一个概念，就把它“分离”出去。因此，所谓规范化，实质上是概念的单一化。

关系模式规范化的基本步骤如图 3-5 所示。

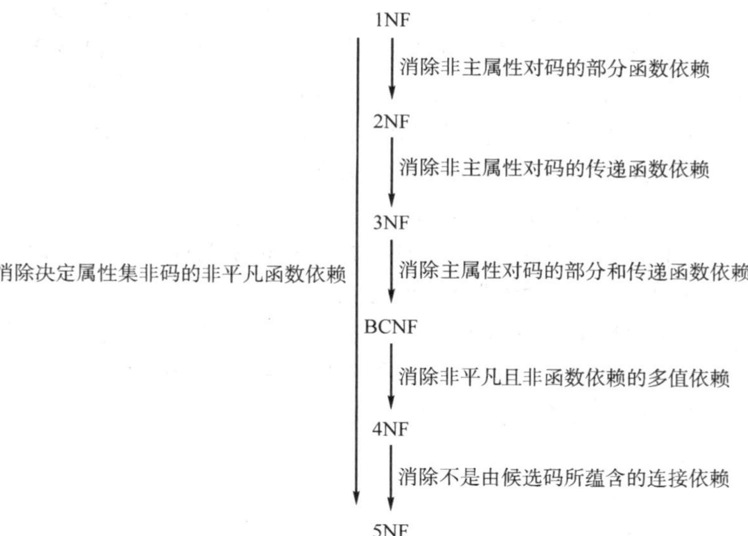

图 3-5 关系模式规范化的基本步骤

①对 1NF 关系进行投影,消除原关系中非主属性对码的部分函数依赖,将 1NF 关系转换为若干个 2NF 关系。

②对 2NF 关系进行投影,消除原关系中非主属性对码的传递函数依赖,从而产生一组 3NF 关系。

③对 3NF 关系进行投影,消除原关系中主属性对码的部分函数依赖和传递函数依赖(也就是说,使决定属性都成为投影的候选码),得到一组 BCNF 关系。

以上三步也可以合并为一步:对原关系进行投影,消除决定属性不是候选码的任何函数依赖。

④对 BCNF 关系进行投影,消除原关系中非平凡且非函数依赖的多值依赖,从而产生一组 4NF 关系。

⑤对 4NF 关系进行投影,消除原关系中不是由候选码所蕴含的连接依赖,即可得到一组 5NF 关系。

5NF 是最终范式。

规范化程度过低的关系可能会存在插入异常、删除异常、修改复杂、数据冗余等问题,需要对其进行规范化,转换成高级范式。但这并不意味着规范化程度越高的关系模式就越好。在设计数据库模式结构时,必须以现实世界的实际情况和用户应用需求做进一步分析,确定一个合适的、能够反映现实世界的模式。即上面的规范化步骤可以在其中任何一步终止。

对于一般的数据库应用来说,设计到第三范式就足够了。因为规范化程度越高,表的个数也就越多,因而有可能降低数据的查询效率。

3.4 关系模式的分解

在设计关系模式的时候,如果设计得不好,可能带来很多问题。为了避免某些弊病的发生，从而得到性能较好的关系模式，有时需要把一个关系模式分解成几个关系模式。

将一个关系模式 R<U，F>分解为若干个关系模式 R1<U1，F1>，R2<U2，F2>，…，Rn<Un，Fn>(其中 $U=U1\cup U2\cup\cdots\cup Un$，且不存在 $Ui\not\subseteq Uj$，Ri 为 F 在 Ui 上的投影)，意味着相应将存储在一个二维表 t 中的数据分散到若干个二维表 t1，t2，…，tn 中去(其中 ti 是 t 在属性集 Ui 上的投影)。则称 p={R1，R2，…，Rk} 为关系模式 R 的一个分解。

注意：定义中并不要求 R1，R2，…，Rk 互不相交。

例如，对于 R(A，B，C)，可以把它分解成 R1(A)，R2(B，C)，也可以把它分解成 R1(A，B)，R2(B，C)，这两种都满足关系模式分解的定义。

关系模式的规范化过程是通过对关系模式的分解来实现的，但是把低一级的关系模式分解为若干个高一级的关系模式的方法并不是唯一的。在这些分解方法中，只有能够保证分解后的关系模式与原关系模式等价的方法才有意义。

关系模式分解的三个定义：

①分解具有“无损连接性”。

②分解要“保持函数依赖”。

③分解既要“保持函数依赖”，又要具有“无损连接性”。

3.4.1 无损连接分解

无损连接分解是指分解后的关系通过自然连接可以恢复成原来的关系，即通过自然连接得到的关系与原来的关系比较，既不多出信息，又不丢失信息。

设 R 是一个关系模式，F 是 R 上的一组函数依赖，则说 R 的一个分解 ρ={R1，R2，…，Rk} 是一种无损连接分解，如果对于 R 的每一个满足 F 的关系 r，都有

$$r=R1(r)\bowtie R2(r)\bowtie\cdots\bowtie Rn(r)$$

成立，即 r 是它在各 Ri 上的投影的自然连接(如果两个投影之间没有相同的属性，则按笛卡尔乘积进行运算)，那么，应如何对关系模式进行分解呢？在不同情况下，同一个关系模式可能有多种分解方案。是不是所有的分解都是无损连接分解，或者说分解具有无损连接性呢？结论是否定的。例如，对于关系模式 SL(Sno，Sdept，Sloc)，SL 中有下列函数依赖：

$$Sno\rightarrow Sdept \qquad Sdept\rightarrow Sloc \qquad Sno\rightarrow Sloc$$

由于 SL∈2NF，该关系模式存在插入异常、删除异常、数据冗余度大和修改复杂的问题。因此需要分解该关系模式，使之成为更高范式的关系模式。分解方法可以有很多种。

假设表 3-1 是该关系模式的一个关系 SL。

表 3-1 关系 SL

Sno	Sdept	Sloc
201909001	计算机系	A
201909002	信息系	B
201909003	数学系	C
201909004	信息系	B
201909005	物理系	B

第一种分解方法是将 SL 分解为下面 3 个关系模式：

SN(Sno)　　SD(Sdept)　　SO(Sloc)

分解后的关系见表 3-2～表 3-4。

表 3-2　关系 SN

Sno
201909001
201909002
201909003
201909004
201909005

表 3-3　关系 SD

Sdept
计算机系
信息系
数学系
物理系

表 3-4　关系 SO

Sloc
A
B
C

SN，SD 和 SO 都是规范化程度很高的关系模式(5NF)，但分解后的数据库丢失了许多信息，例如，无法查询 201909001 学生的所在系或所在宿舍，因此这种分解方法是不可取的。因为分解后如果再重新连接，会产生原先没有的虚假元组。所谓无损，就是不失真。如果分解后的关系可以通过自然连接恢复为原来的关系，那么这种分解就没有丢失信息。

例如，还是关系模式 SL(Sno，Sdept，Sloc)，第二种分解方法是将 SL 分解为以下两个关系模式：

NL(Sno，Sloc)　　DL(Sdept，Sloc)

分解后的关系见表 3-5 和表 3-6。

表 3-5　关系 NL

Sno	Sloc
201909001	A
201909002	B
201909003	C
201909004	B
201909005	B

表 3-6　关系 DL

Sdept	Sloc
计算机系	A
信息系	B
数学系	C
信息系	B

对 NL 和 DL 关系进行自然连接的结果见表 3-7。

表 3-7　NL ⋈ DL

Sno	Sloc	Sdept
201909001	A	计算机系
201909002	B	信息系
201909002	B	物理系
201909003	C	数学系
201909004	A	信息系
201909005	B	信息系
201909005	B	物理系

NL⋈DL 比原来的 SL 关系多了两个元组(201909002,B,物理系)和(201909005,B,信息系),因此也无法知道原来的 SL 关系中究竟有哪些元组。从这个意义上说,此分解方法仍然丢失了信息。

如果直接根据定义来鉴定一个分解的无损连接性是比较困难的,算法 3.1 给出了一个判别的方法,用它来检验一组函数依赖是否具有无损连接分解。

【算法 3.1】检验无损连接性。

输入:关系模式 R(A1,A2,…,An),R 上的函数依赖集 F,分解(ρ={R1,R2,…,Rk})。

输出:判断 F 是否为无损连接的分解。

方法:构造一个 k 行 n 列的表,每一列对应于关系模式 Ri。如果属性 Aj 在 Ri 中,则第 i 行第 j 列交叉处置符号 aj,否则,置符号 bij。

考察 F 中的每一个函数依赖 X→Y,并按下列方法修改表:

对 X→Y∈F,查表看哪些行在 X 属性的那些列上对应相等,如果找到了这些行,则让这些行在对应于 Y 属性的那些列上取相同的符号。符号的取法是:如果其中有一个为某个 aj,则在其他行同一列交叉处也置 aj,否则,使它们变成同一个符号 bmj,m 是这些行的最小行号值。应当注意的是,若某个 bij 被改动,那么表中该列的所有 bij 符号均要做相应的改动。

对 F 中的每个函数依赖逐一进行这样的处理,称为对 F 的一次扫描。比较扫描前后表有无变化。如有变化,则继续下一次扫描,否则,算法终止。因为表中符号有限,因此扫描次数必然有限。

如此扫描函数依赖 F,修改表中符号,在此过程中若发现表内有一行符号变成 a1, a2,…,an,则是无损连接分解,算法自然终止。若经一次扫描后,表无变化,算法终止,表内没有一行符号变成 a1, a2,…,an,则就不是无损连接分解。

例如,还是关系模式 SL(Sno,Sdept,Sloc),第三种分解方法是将 SL 分解为下面两个关系模式:

ND(Sno,Sdept)　　NL(Sno,Sloc)

分解后的关系见表 3-8 和表 3-9。

对 ND 和 NL 关系进行自然连接的结果见表 3-10。

表 3-8　关系 ND

Sno	Sdept
201909001	计算机系
201909002	信息系
201909003	数学系
201909004	信息系
201909005	物理系

表 3-9　关系 NL

Sno	Sloc
201909001	A
201909002	B
201909003	C
201909004	B
201909005	B

表 3-10　ND⋈NL

Sno	Sdept	Sloc
99001	计算机系	A
99002	信息系	B
99003	数学系	C
99004	信息系	A
99005	物理系	B

它与 SL 关系完全一样,因此第三种分解方法没有丢失信息。

设关系模式 R<U,F>被分解为若干个关系模式 R1<U1,F1>,R2<U2,F2>,…,Rn<Un,Fn>(其中 U=U1∪U2∪…∪Un,且不存在 Ui⊆Uj,Fj 为 F 在 Ui 上的投影),若 R 与 R1,R2,…,Rn 自然连接的结果相等,则称关系模式 R 的这个分解具有无损连接性(lossless join)。只有具有无损连接性的分解才能够保证不丢失信息。

第三种分解方法虽然具有无损连接性,保证了不丢失原关系中的信息,但它并没有解决插入异常、删除异常、修改复杂、数据冗余等问题。例如,99001 学生由 CS 系转到 IS 系,ND 关系的(99001,CS)元组和 NL 关系的(99001,A)元组必须同时进行修改,否则会破坏数据库的一致性。之所以出现上述问题,是因为分解得到的两个关系模式不是互相独立的。SL 中的函数依赖 Sdept→Soc 既没有投影到关系模式 ND 上,也没有投影到关系模式 NL 上,而是跨在这两个关系模式上。也就是说,这种分解方法没有保持原关系中的函数依赖。

3.4.2 保持函数依赖分解

我们已经看到,要求分解具有无损连接性质是必要的。因为它保证了任何一个关系能由它的那些投影恢复。模式 R 到 ρ={R1,R2,…,Rk} 的分解还应具有另一个重要性质,即 R 的函数依赖 F 被 F 在这些 Ri (i=1,2,…,k)上的投影所蕴涵。这就是所说的保持函数依赖分解。

保持函数依赖的分解是指在模式的分解过程中函数依赖不能丢失的特性及模式分解不能破坏原来的语义。

例如,还是关系模式 SL(Sno,Sdept,Sloc),第四种分解方法是将 SL 分解为下面两个关系模式:

ND(Sno,Sdept)　　DL(Sdept,Sloc)

这种分解方法保持了函数依赖。

判断对关系模式的一个分解是否与原关系模式等价可以有三种不同的标准:

①分解具有无损连接性。

②分解要保持函数依赖。

③分解既要保持函数依赖,又要具有无损连接性。

如果一个分解具有无损连接性,则它能够保证不丢失信息;如果一个分解保持了函数依赖,则它可以减轻或解决各种异常情况。

分解具有无损连接性和分解保持函数依赖是两个互相独立的标准。具有无损连接的分解不一定能够保持函数依赖。同样,保持函数依赖的分解也不一定具有无损连接性。例如,上面的第一种分解方法既不具有无损连接性,也未保持函数依赖,它不是原关系模式的一个等价分解。第二种分解方法保持了函数依赖,但不具有无损连接性。第三种分解方法具有无损连接性,但未保持函数依赖。第四种分解方法既具有无损连接性,又保持了函数依赖。

规范化理论提供了一套完整的模式分解算法,按照这套算法,可以做到:

- 若要求分解具有无损连接性,那么模式分解一定能够达到 4NF。
- 若要求分解保持函数依赖,那么模式分解一定能够达到 3NF,但不一定能够达到 BCNF。
- 若要求分解既具有无损连接性,又保持函数依赖,则模式分解一定能够达到 3NF,但不一定能够达到 BCNF。

本章小结

关系规范化理论是设计没有操作异常的关系数据库表的基本原则。规范化理论主要研究关系表中各属性之间的依赖关系。根据依赖关系的不同，本章直观地讨论了关系数据库设计中的一些基本缺欠，介绍了不包含子属性的1NF，消除了属性间的部分依赖关系的2NF，消除了属性间的传递依赖关系的3NF，最后到每个决定因子都必须是码的BCNF，以及限制关系模式的属性之间不允许有非平凡且非函数依赖的多值依赖达到4NF。范式的每一次升级都是通过模式分解实现的，在进行模式分解时，应注意保持分解后的关系能够具有无损连接性，并能保持原有的函数依赖关系。

习　题

一、单选题

1. 关系规范化中的删除异常是指(　　)。

A. 应该删除的数据未被删除　　B. 应该插入的数据未被插入

C. 不该删除的数据被删除　　D. 不该插入的数据被插入

2. 规范化过程主要是为了克服数据库逻辑结构中的插入异常、删除异常、修改异常及(　　)的缺陷。

A. 数据丢失　　B. 结构不合理

C. 数据的不一致性　　D. 冗余度大

3. 设计性能较优的关系模式称为规范化，规范化主要的理论依据是(　　)。

A. 关系规范化理论　　B. 关系运算理论

C. 关系代数理论　　D. 数理逻辑

4. 关系模式中，满足2NF的模式(　　)。

A. 可能是1NF　　B. 必定是1NF

C. 必定是3NF　　D. 必定是BCNF

二、填空题

1. 消除了主属性对主码的部分函数依赖和传递函数依赖的范式是＿＿＿＿＿范式。

2. 衡量关系模式的分解是否可取，主要有两个标准：分解是否具有＿＿＿＿＿＿＿＿，分解是否保持了＿＿＿＿＿＿＿＿。

三、简答题

1. 简要说明函数依赖的定义。

2. 完全函数依赖和部分函数依赖有什么区别？

3. 什么是数据的规范化？试说明对关系模式进行规范化的必要性。

4. 为什么要进行关系模式的分解？

第 4 章

关系数据库标准语言 SQL

学习目的

通过本章的学习，使学生对关系数据库标准语言 SQL 能够灵活运用，包括能够熟练运用 SQL 语句进行数据库表结构的建立、修改等各种操作，对数据的增、删、改、查询操作，以及对数据库的维护和控制操作。

本章要点

- 了解 SQL 语言的主要特点
- 掌握 SQL 语言的数据定义功能
- 掌握 SQL 语言的数据查询功能
- 掌握 SQL 语言的数据操纵功能
- 了解 SQL 的数据控制功能

思维导图

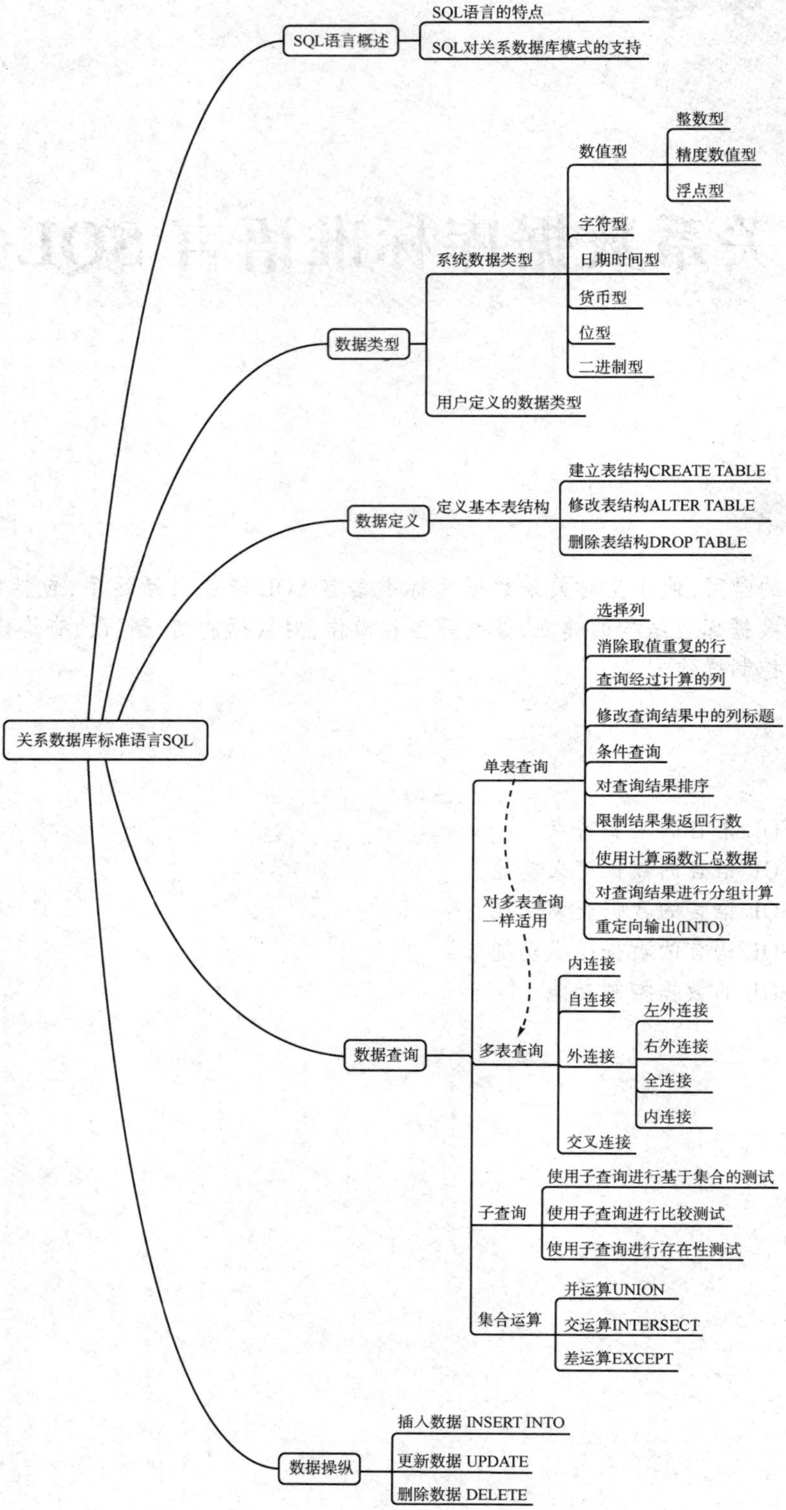

关系数据库标准语言SQL
SQL语言概述
SQL语言的特点
SQL对关系数据库模式的支持
数据类型
系统数据类型
数值型
整数型
精度数值型
浮点型
字符型
日期时间型
货币型
位型
二进制型
用户定义的数据类型
数据定义
定义基本表结构
建立表结构CREATE TABLE
修改表结构ALTER TABLE
删除表结构DROP TABLE
数据查询
单表查询
选择列
消除取值重复的行
查询经过计算的列
修改查询结果中的列标题
条件查询
对查询结果排序
限制结果集返回行数
使用计算函数汇总数据
对查询结果进行分组计算
重定向输出(INTO)
对多表查询一样适用
多表查询
内连接
自连接
外连接
左外连接
右外连接
全连接
内连接
交叉连接
子查询
使用子查询进行基于集合的测试
使用子查询进行比较测试
使用子查询进行存在性测试
集合运算
并运算UNION
交运算INTERSECT
差运算EXCEPT
数据操纵
插入数据 INSERT INTO
更新数据 UPDATE
删除数据 DELETE

4.1 SQL 语言概述

关系数据库标准语言 SQL(Structured Query Language)是一种结构化查询语言,其功能并不仅仅是查询。SQL 是一个通用的、功能极强的关系数据库语言。它是一种特殊目的的编程语言,用于存取数据及查询、更新和管理关系数据库系统。

4.1.1 SQL 语言的特点

SQL 语言集数据查询(data query)、数据操纵(data manipulation)、数据定义(data definition)和数据控制(data control)功能于一身,充分体现了关系数据语言的特点和优点。

其主要特点包括:

(1) 综合统一

SQL 语言的风格统一,可以完成数据库活动中的全部工作,包括创建数据库、定义模式、更改和查询数据及进行安全控制和维护数据库等操作。同时,所有这些操作都统一在一个语言中,这为数据库应用系统的开发提供了良好的环境。

(2) 高度非过程化

非关系数据模型的数据操纵语言是面向过程的,用其完成某项操作请求,必须指定存取路径。而用 SQL 语言进行数据操作,用户只需提出“做什么”,而不必指明“怎么做”,整个操作过程由系统自动完成,这不但大大减轻了用户负担,而且有利于提高数据独立性。

(3) 面向集合的操作方式

非关系数据模型采用的是面向记录的操作方式,任何一个操作,其对象都是一条记录,用户必须说明完成该请求的具体处理过程。SQL 语言采用集合操作方式,操作对象及操作结果都是元组的集合。

(4) 以同一种语法结构提供两种使用方式

SQL 语言既是交互式语言,又是嵌入式语言。

①作为交互式语言:用户通过 DBMS 提供的数据库管理工具或第三方提供的软件工具直接输入 SQL 语句对数据库进行操作,并通过界面返回对数据库的操作结果。这种使用方式的特点是:语句独立执行,非过程性,与上下文环境无关。本书将使用 SQL Server 2012 提供的 SQL Server Management Studio 为工具进行交互式操作。

②作为嵌入式语言:根据应用需要将 SQL 语句嵌入程序设计语言的程序中使用,利用程序设计语言的过程性结构弥补 SQL 语言实现复杂应用的不足。通常将嵌入 SQL 的程序设计语言称为宿主语言。嵌入式使用方式的主要特点是:SQL 语句的应用与宿主语言程序的上下文环境融为一体,编译时,宿主语言编译系统首先对应用程序进行预处理,然后将嵌入式 SQL 语句传递给 DBMS 进行统一处理,并提供给宿主语言程序调用。每种宿主语言支持的嵌入式 SQL 的语法形式可能不完全一样,但其应用模式是一致的。本书通过基于 VB,ASP. NET 开发一个数据库管理系统,介绍 SQL 语言以嵌入式方式使用的方法。

(5) 语言简洁,易学易用

SQL 语言数据控制的核心功能只用了 9 个动词:CREATE, DROP, ALTER, SELECT,

INSERT,UPDATE,DELETE,CRANT,REVOKE,见表 4-1。

表 4-1　SQL 包含的命令动词

SQL 功能	动词
数据查询	SELECT
数据定义	CREATE,DROP,ALTER
数据操纵	INSERT,UPDATE,DELETE
数据控制	GRANT,REVOTE

此外,SQL 的语法也比较简单,接近自然语言的英语,因此比较容易学习和掌握。本章主要介绍数据定义(DDL)、数据查询(DQL)和数据操纵(DML)语言。数据控制(DCL)语言将在后续章节介绍。

4.1.2　SQL 对关系数据库模式的支持

SQL 语言支持关系数据库三级模式结构,如图 4-1 所示。其中,外模式对应于视图(view)和部分基本表(base table),模式对应于基本表,内模式对应于存储文件。

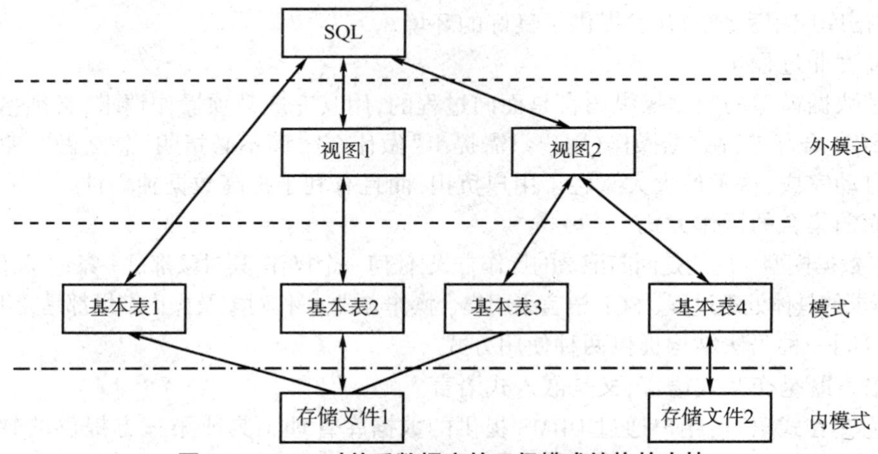

图 4-1　SQL 对关系数据库的三级模式结构的支持

1. 基本表(base table)

基本表是本身独立存在的表,在 SQL 中,一个关系对应一个表。一些基本表对应一个存储文件,一个表可以带若干索引,索引存放在存储文件中。

2. 视图(view)

视图是从基本表或其他视图中导出的表,它本身不独立存储在数据库中,也就是说,数据库中只存放视图的定义而不存放视图对应的数据,这些数据仍存放在导出视图的基本表中,当基本表中的数据发生变化时,从视图中查询出来的数据也随之改变。

3. 存储文件

存储文件的逻辑结构组成了关系数据库的内模式。存储文件的物理文件结构是任意的。数据库的所有信息都保存在存储文件中。数据库是逻辑的,存储文件是物理的。用户对数据库的操作,最终都映射为对存储文件的操作。一个基本表可以用一个或多个文件存储,一个文件也可以存储一个或多个基本表。

此外,存储文件中还包括表的索引文件。表中的记录通常按输入顺序存放,这种顺序称为记录的物理顺序。为了实现对表记录的快速查询,可以对表文件中的记录按某个和某些属性进行排序,这种顺序称为逻辑顺序。索引即根据索引表达式的值进行逻辑排序的一组指针,它可以实现对数据的快速访问。索引的实现技术一般对用户是不可见的。

4.2 数据类型

在关系数据库中,表是由列组成的,列指明了要存储的数据的含义,同时指明了要存储的数据类型。因此,在定义表结构时,必然要指明每列的数据类型。列的数据类型可以是 SQL Server 提供的系统数据类型,也可以是用户定义的数据类型。

4.2.1 系统数据类型

SQL Server 提供的系统数据类型见表 4-2。

表 4-2 系统数据类型

数据类型	符号标识
整数型	int, smallint,tinyin,bigint
精确数值型	decimal,numeric
浮点型	real,float
货币型	money,smallmoney
位型	bit
字符型 Unicode 字符型 文本型	char,varchar, varchar(max) nchar,nvarchar,nvarchar(max) text,ntext
二进制型 图像型	binary[(n)],varbinary[(n)],varbinary(max) image
日期时间型	date,datetime,smalldatetime,datetime2,datetimeoffset,time
时间戳型	timestamp
平面和地理空间数据类型	geometry,geography
其他	sql_variant,uniqueidentifier,xml,hierarchyid

下面分别说明系统数据类型。

(1) 整数类型:int, smallint,tinyin,bigint

整数类型是最常用的数据类型之一,它主要用来存储数值,可以直接进行数据运算。整数类型包括表 4-3 所示的 4 种类型。

表 4-3　整数类型

数据类型	名称	数范围	精度	存储空间/字节
bigint	大整型	$-2^{63}\sim+2^{63}-1$	19	8
int	长整型	$-2^{31}\sim+2^{31}-1$	10	4
smallint	短整型	$-2^{15}\sim+2^{15}-1$	5	2
tinyint	微整型	0~255	3	1

(2) 精确数值型:decimal,numeric

精确数值型数据由整数部分和小数部分构成,其所有的数字都是有效位。decimal 和 numeric 数据类型在功能上完全相同,可以用 2~17 个字节来存储$-10^{38}+1\sim10^{38}-1$之间的固定精度和小数位的数字。

格式:可以写成 numeric|decimal(p,[s])的形式。其中,p 为可供存储的总位数,默认设置为 18;s 表示小数点后的位数,默认设置为 0。例如,decimal(10,5),表示共有 10 位数,其中整数 5 位、小数 5 位。

(3) 浮点型:real,float

浮点型不能精确表示数据的精度,用于处理取值范围非常大且对精度要求不太高的数值,见表 4-4。

表 4-4　浮点型

数据类型	数范围	定义长度(n)	精度	存储空间/字节
real	$-3.40\times10^{-38}\sim3.40\times10^{38}$	大整型	1~24	4
float	$-1.79\times10^{-308}\sim1.79\times10^{308}$	长整型	25~53	8

(4) 货币数据类型:money,smallmoney

用十进制数表示货币值。货币数据库见表 4-5。

表 4-5　货币数据类型

数据类型	数范围	小数位数	精度	存储空间/字节
money	$-2^{63}\sim2^{63}-1$	4	19	8
smallmoney	$-2^{31}\sim2^{31}-1$	4	10	4

说明:①当向表中插入 money 或 smallmoney 类型的值时,必须在数据前面加上表示货币的符号(如 $),并且数据中间不能有逗号;若货币值为负数,则需要在货币符号的后边加上符号(-)。例如,$1500,$-2000.89 都是正确的货币数据表示形式。②money 的数值范围与 bigint 的相同,不同的是 money 有 4 位小数;smallmoney 的数值范围与 int 的相同。

(5) 位数据类型:bit

其数据有 0 和 1 两个取值,长度为 1 个字节。常用来表示“真”“假”“是”“否”或“男”

"女"等逻辑值。

(6) 字符型、Unicode 字符型和文本型数据类型:char/nchar,varchar/nvarchar,text/ntext

字符数据类型也是 SQL Server 中最常用的数据类型之一,它可以用来存储各种字母、数字符号和特殊符号。在使用字符数据类型时,需要在其前后加上英文单引号。如'abc''SQL 语言'。见表 4-6。

表 4-6 字符型

数据类型	注　释
char(n)	长度为 n 的定长字符串,n 在 1~8 000 之间,默认为 1。若实际长度不足 n,则在尾部添加空格以达到 n 的长度;若输入的字符超过 n 个字符,将会截掉其超出的部分
varchar(n)	长度为 n 的变长字符串,n 在 1~8 000 之间,其存储的空间是根据存储在表的每一列值的字符数变化的,不一定是 n
text	用于存储文本数据,存放最大长度为 $2^{31}-1$ 个字节,其数据的存储长度为实际字符个数

注释:当列中字符的长度接近一致时,如姓名,一般最多 5 个汉字的情况,用 char;当列的数据长度显著不同时,则使用 varchar 较好,可以节省存储空间。

Unicode 字符数据类型包括 nchar,nvarchar,ntext 三种,使用 Unicode UCS-2 字符集,该字符集 1 个字符用 2 个字节表示。见表 4-7。

表 4-7 Unicode 字符数据类型

数据类型	注　释
nchar(n)	与 char(n)相似,存放固定长度的 n 个字符数据 1~4 000。用 2 个字节为一个存储单位
nvarchar(n)	与 varchar(n)相似,存放可变长度的 n 个字符数据 1~4 000
ntext	与 text 相似,存放最大长度为 $2^{30}-1$ 的字符数据

(7) 二进制型、图像型数据类型:binary[(n)],varbinary[(n)],varbinary(max),image

二进制数据类型表示的是位数据流,包括 binary(固定长度),varbinary(可变长),varbinary(max)。图像数据类型 image 用于存储图片、照片等。见表 4-8。

表 4-8 二进制、图像数据类型

数据类型	注　释
binary(n)	定长二进制数据。n 为 1~8 000 字节,默认为 1。存储长度为 n+4 字节。若输入的数据长度小于 n,则不足部分用 0 填充;若输入长度大于 0,则多余部分截断
varbinary(n)	变长二进制数据。n 为 1~8 000 字节
image	存放最大长度为 $2^{31}-1$ 的二进制数据(2 GB)
varbinary(max)	最多可存放 $2^{31}-1$ 个字节的数据,推荐用户使用 varbinary(max)数据类型来代替 image 类型

(8) 日期时间型:date,datetime,smalldatetime,datetime2,datetimeoffset,time

日期时间型数据用于存储日期和时信息,用户以字符串形式输入日期时间类型数据,系统也以字符串形式输出日期和时间类型数据。见表 4-9。

表 4-9　日期时间型

数据类型	日期范围	精确度	说明	存储空间/字节	默认的格式
date	1年1月1日~9999年12月31日的日期数据		日期	3	YYYY-MM-DD
datetime	1753年1月1日~9999年12月31日的日期和时间数据	百分之三秒(3.33毫秒)	日期和时间分别给出	8	MM DD YYYY hh:mm A.M./P.M.
smalldatetime	1900年1月1日~2079年6月6日	分钟	日期和时间分别给出	4	YYYY-MM-DD hh:mm:00
datetime2	1年1月1日~9999年12月31日	hh:mm:ss[.nnnnnnn]	定义一个结合了24小时制时间的日期。可将该类型看成是datetime类型的扩展,其数据范围更大,默认的小数精度更高,并具有可选的用户定义的精度	6~8	YYYY-MM-DD hh:mm:ss[.nnnnnnn],n为数字,表示秒的小数位数(最多精确到100 ns),默认精度是7位小数
datatimeoffset	YYYY-MM-DD	hh:mm:ss[.nnnnnnn][{+|-}hh:mm]	定义一个与采用24小时制并与可识别时区的一日内时间相组合的日期,该数据类型使用户存储的日期和时间(24小时制)是时区一致的	8~10	YYYY-MM-DD hh:mm:ss[.nnnnnnn][{+|-}hh1:mm1]。时区偏移量范围为-14:00~+14:00
time		hh:mm:ss[.nnnnnnn]	定义一天中的某个时间,该时间基于24小时制	3~5	Hh:mm:ss[.nnnnnn]范围为00:00:00.0000000~23:59:59.9999999。精确到100 ns

(9)其他数据类型:sql_variant,uniqueidentifier,xml,hierarchyid

①sql_variant:一种存储 SQL Server 支持的各种数据类型(除 text,ntext,timestamp 和 sql_variant 外)值的数据类型。sql_variant 的最大长度可达 8 016 字节。

②uniqueidentifier:唯一标识符类型,系统将为这种类型的数据产生唯一标识值,它是一个16位字长的二进制数。

③xml:用来在数据库中保存 xml 文档和片段的一种类型,但是此种类型的文件大小不能超过 2 GB。

④hierarchyid:可表示层次结构中的位置。

4.2.2　用户定义的数据类型

除了系统提供的数据类型以外,用户还可以根据需要定义自己的数据类型,用户定义的数据类型实际上就是为系统数据类型起了个别名,因此也称为别名类型。当在多个表中存储语义相同的列时(比如主键和外键),一般要求这些列的数据类型和长度完全一致。为避免语义

相同的列在不同的地方定义的不一致,可以使用用户定义的数据类型。例如,可以为“学号”列定义一个数据类型 sno_type,使在不同的表中定义“学号”列时,均使用 sno_type 数据类型。

创建用户定义数据类型可以在 SQL Server 2012 的 SSMS 工具中通过图形化的方法实现,也可以通过 T-SQL 语句命令来实现。

1. 创建用户定义数据类型

①使用 SSMS 工具实现创建用户定义数据类型,以在第 8 章创建的 school 数据库中建立一个名为 sno_type 的数据类型为例,说明创建用户定义数据类型的过程。

4-1

具体操作步骤参见视频 4-1。

②通过 T-SQL 语句的 CREATE TYPE 命令来实现。其语法格式为:

```
CREATE TYPE [架构名.] 用户定义类型名
{
      FROM 基本数据库类型
      [(precision [, scale])]
      [NULL | NOT NULL]
}
```

参数说明:

①架构名:用户定义类型所属的架构名,默认为 dbo。

②用户定义类型名:用户定义类型的名称。

③基本数据类型:用户定义类型所基于的基本数据类型。

【例 4-1】用查询编辑器创建一个名为 TEL 的数据类型,其相应的基本数据类型为 char(11),不允许为空。

```
CREATE TYPE TEL FROM CHAR(11) NOT NULL
```

按下键盘上的 F5 键即可执行 T-SQL 语句。这时在 school 数据库中,展开该数据库下的“可编程性”→“类型”,在“类型”节点下的“用户定义数据类型”项后会看到 TEL 类型。

当在数据库中创建了用户定义的数据类型以后,在创建表时,就可以像使用系统提供的数据类型一样来使用用户定义的数据类型。

2. 删除用户定义数据类型

①在 SSMS 中删除用户定义数据类型的方法为:在要删除的用户定义数据类型上单击鼠标右键,在弹出的快捷菜单中选择“删除”命令即可。

②删除用户定义数据类型还可以使用 T-SQL 语句的 DROP TYPE 命令来完成。其语法格式为:

```
DROP TYPE [schema_name.] type_name [;]
```

其参数含义与 CREATE TYPE 的相同。

【例 4-2】删除 TEL 数据类型。

```
DROP TYPE TEL
```

4.3 数据的定义

表是数据库中非常重要的对象，它用于存储用户的数据，在有了数据类型的基础知识后，就可以创建数据库表了。关系数据库的表是二维表，包括行和列，创建表就是定义表所包含的各列的结构，其中包含列的名称、数据类型、约束等。

4.3.1 定义基本表结构

使用 SQL 语言中的 CREATE TABLE 语句定义基本表，其一般格式如下：

```
CREATE TABLE〈表名〉(〈列名〉〈数据类型〉[列级完整性约束条件]
    {,〈列名〉〈数据类型〉[列级完整性约束条件]…}
    [,〈表级完整性约束条件〉])
```

其中，〈表名〉是所要定义的基本表的名字，它可以由一个或多个属性（列）组成。其中方括号（[ ]）中的内容是可选的。建表的同时通常还可以定义与该表有关的完整性约束条件，这些完整性约束条件被存入系统的数据字典中，当用户操作表中数据时，由 DBMS 自动检查该表是否违背这些完整性约束条件。如果完整性约束条件涉及该表的多个属性，则必须定义在表级上，否则，既可以定义在列级，也可以定义在表级。在[列级完整性约束条件]中可以定义如下约束：

- NOT NULL：限制列取值非空。
- DEFAULT：给定列的默认值。
- UNIQUE：限制列取值不重。
- CHECK：限制列的取值范围。
- PRIMARY KEY：指定本列为主码。
- FOREIGN KEY：定义本列为引用其他表的外码。使用形式为：

```
[FOREIGN KEY(<外码列名>)] REFERENCES <外表名>(<外表列名>)
```

在上述约束中，除了 NOT NULL 和 DEFAULT 不能作为[表级完整性约束条件]外，其他约束均可作为[表级完整性约束条件]，但有以下几点需要注意：

第一，如果 CHECK 约束是定义多列之间的取值约束，则只能在表级完整性约束处定义。

第二，如果表的主码由多个列组成，则也只能在表级完整性约束处定义，并将主码列用括号括起来，即 PRIMARY KEY(列 1{[,列 2] …})。

第三，如果在表级完整性约束处定义外码，则“FOREIGN KEY (<外码列名>)”部分不能省。

注意：在默认情况下，SQL 语言不区分大小写。

【例 4-3】 用 SQL 语句创建如表 4-10~表 4-12 所示表结构的三张表：学生表（Student）、课程表（Course）和学生选课表（SC）。

表 4-10 Student 表结构

列名	说明	数据类型	约束
sno	学号	char(7)	主码
sname	姓名	char(10)	非空
ssex	性别	char(2)	取值为‘男’或‘女’,默认为‘男’
sage	年龄	int	取值为 15~35
sdept	所在系	char(20)	

表 4-11 Course 表结构

列名	说明	数据类型	约束
cno	课程号	char(10)	主码
cname	课程名	char(20)	非空
ccredit	学分	tinyint	>0
semester	学期	tinyint	>=1 并且<=8
period	学时	int	>0

表 4-12 SC 表的结构

列名	说明	数据类型	约束
sno	学号	char(7)	主码,引用 student 的外码
cno	课程号	char(10)	主码,引用 course 的外码
grade	成绩	tinyint	取值 0~100

创建满足以上约束条件的三张表的 SQL 语句如下：

```
  CREATE TABLE student
  (sno      CHAR(7)       PRIMARY  KEY,         --sno 主键约束
  Sname     CHAR(10)      NOT NULL,
  ssex      CHAR(1)       CHECK (ssex='男' or  ssex='女')  DEFAULT'男',
  sage      INT           CHECK(sage>=15 AND sage<=35) ,
  sdept     CHAR(20)
  )

CREATE TABLE  course
(cno        CHAR(10)      PRIMARY KEY,
Cname       CHAR(20)      NOT NULL,
Ccredit     tinyint       CHECK(Ccredit>0),
Semester    tinyint       CHECK(Semester >=1 and  Semester<=8),
Period      int           CHECK(Period >0),
)

CREATE TABLE  sc
(sno        CHAR(7)       NOT NULL,
```

```
cno        CHAR(10)      NOT NULL,
grade      tinyint ,
CHECK      (grade>0  and  grade <100),
PRIMARY    KEY (sno,cno),
FOREIGN    KEY(sno)      REFERENCES Student(sno) ,
FOREIGN    KEY(cno)      REFERENCES Course(cno)
)
```

4.3.2 修改表结构

随着应用环境和应用需求的变化，有时需要修改已建立好的基本表，包括增加新列、增加新的完整性约束条件、修改原有的列定义或删除已有的完整性约束条件等。SQL 语言用 ALTER TABLE 语句修改基本表，其一般格式为：

```
 ALTER TABLE〈表名〉
[ ALTER COLUMN <列名> <新数据类型>]                        --修改列定义
|[ ADD [COLUMN] <列名> <数据类型>                          --添加新列
|[ DROP COLUMN <列名>  ]                                   --删除列
|[ADD PRIMARY KEY(列名 [,…n ] )]                          --添加主码约束
|[ADD FOREIGN KEY(列名)  REFERNECES 表名(列名)]            --添加外码约束
```

【例 4-4】 向 student 表增加“电话”列，其数据类型为可变长字符型。

```
ALTER TABLE  student  ADD  telephone  varchar(13)
```

不论基本表中原来是否已有数据，新增加的列一律为空值。

【例 4-5】 将 student 表年龄的数据类型改为半字长整数。

```
ALTER TABLE  student  ALTER COLUMN  Sage  SMALLINT
```

注意：修改原有的列定义有可能会破坏已有数据。

【例 4-6】 删除新添加的“电话”列。

```
ALTER TABLE  student  DROP  COLUMN  telephone
```

4.3.3 删除表结构

当确信不再需要某个表时，可以将其删除。删除表时，会将与表有关的所有对象一起删掉，包括表中的数据。可以使用 SQL 语句 DROP TABLE 进行删除。其一般格式为：

```
DROP  TABLE〈表名〉
```

【例 4-7】 删除 student 表。

```
DROP  TABLE student
```

注意：表定义一旦删除，无法恢复，因此，执行删除操作时一定要格外小心。

4.4 数据查询

数据库查询是数据库的核心。所以查询功能是 SQL 语言的核心功能。查询语句也是 SQL 语句中比较复杂的一个语句。

SQL 语言提供了 SELECT 语句进行数据库的查询,语句的一般格式是:

```
SELECT [ALL |DISTINCT] <目标列表达式>[,<目标列表达式>]…
FROM 〈基本表(或视图)〉[,〈基本表(或视图)〉] …
 [WHERE <条件表达式> ]
 [GROUP BY <列名 1>[HAVING 内部函数表达式 ]]
 [ORDER BY <列名 2>[ASC | DESC]];
```

整个语句的含义是:根据 WHERE 子句的条件表达,从基本表(或视图)中找出满足条件的元组,按 SELECT 子句中的目标列表达式选出元组中的属性值,形成结果表。如果有 ORDER 子句,则结果表要根据指定的列名 2 按升序或降序排序。GROUP 子句将结果按列名 1 分组,每个组产生结果表中的一个元组。通常在每组中作用集函数,分组的附加条件用 HAVING 短语给出,只有满足内部函数表达式的组才输出。如果没有特殊说明,本节所有的查询均在表 4-13～表 4-15 的三张表 student,course 和 sc 上进行。假设在 SQL Server 2012 中已建立 shool 数据库,并且在此数据库上建立了表 4-13～表 4-15 三张表。

表 4-13 Student 表数据

Sno	Sname	Ssex	Sage	Sdept
0912101	李永	男	19	计算机系
0912102	刘晨	男	20	计算机系
0912103	王敏	女	20	计算机系
0921101	张立	男	21	信息系
0921102	吴斌	女	21	信息系
0921103	张海	男	20	信息系
0931101	钱小平	女	18	数学系
0931102	王大力	男	19	数学系

表 4-14 Course 表数据

Cno	Cname	Ccredit	Semester
C01	大学计算机基础	3	1
C02	VB 程序设计	2	3
C03	计算机网络	4	7
C04	数据库基础	6	6
C05	高等数学	8	2
C06	数据结构	5	4
C07	JAVA 程序设计	4	4

表 4-15　SC 表数据

Sno	Cno	Grade	Xklb
0912101	C01	90	必修
0912101	C02	86	选修
0912101	C06	null	必修
0912102	C02	78	选修
0912102	C04	66	必修
0921102	C01	82	选修
0921102	C02	75	选修
0921102	C04	92	必修
0921102	C05	50	必修
0921103	C02	68	选修
0921103	C06	null	必修
0931101	C01	80	选修
0931101	C05	95	必修
0931102	C05	85	必修

4.4.1　单表的数据查询

单表查询指仅涉及一个表的查询，下面从选择列、选择行、对查询结果排序、使用聚合函数、对查询结果分组、使用 HAVING 子句进行筛选等方面说明对单表的查询操作。

1. 选择列

选择列即为专门关系运算中对表的投影操作，所得到目标列为表中的部分或全部列。

【例 4-8】查询 school 数据库的 Student 表中各个学生的学号、姓名和所在系。

```
SELECT Sno,Sname,Sdept FROM Student
```

【例 4-9】求全体学生的详细信息。

```
SELECT * FROM Student
```

若要查询 FROM 后面指定的表的全部属性，可以用“ * ”来表示，所以上面的查询等价于：

```
SELECT Sno,Sname,Ssex,Sage,Sdept FROM Student
```

2. 消除取值重复的行

在数据库表中，本来不存在取值完全相同的元组，但对列进行了选择以后，就有可能在查询结果中出现取值完全相同的行。取值相同的行在结果中是没有意义的，因此，在查询中应消除这些取值相同的行。

【例 4-10】在 SC 表中查询选修了课程的学生学号。

```
SELECT  Sno  FROM SC
```

其查询结果见表 4-16。

表 4-16 查询结果

Sno
0912101
0912101
0912101
0912102
0912102
0921102
0921102
0921102
0921102
0921103
0921103
0931101
0931101
0931102

在这个结果中有许多重复的行,即一个学生选修了多少门课程,其学号就在结果中重复出现多少次,可以使用 DISTINCT 关键字去掉结果中的关键字。在例 4-10 中去掉重复行的命令为:

```
SELECT DISTINCT Sno  FROM SC
```

执行查询的结果见表 4-17。

表 4-17 查询的结果

Sno
0912101
0912102
0921102
0921103
0931101
0931102

3. 查询经过计算的列

【例 4-11】 求学生姓名及其出生年份。

```
SELECT Sname,2021 - age  FROM  Student
```

查询的执行结果见表 4-18。

表 4-18　查询的执行结果

Sname	(无列名)
李永	2002
刘晨	2001
王敏	2001
张立	2000
吴斌	2000
张海	2001
钱小平	2003
王大力	2002

SELECT 语句后面可以是字段名,可以是字段和常数组成的算术表达式,也可是字符串常数。

【例 4-12】 查询全体学生的姓名和出生年份,并在出生年份前加入一列常量列'出生年份'。

```
SELECT Sname,'出生年份', 2021-Sage  FROM Student
```

查询的执行结果见表 4-19。

表 4-19　查询的执行结果

Sname	(无列名)	(无列名)
李永	出生年份	2002
刘晨	出生年份	2001
王敏	出生年份	2001
张立	出生年份	2000
吴斌	出生年份	2000
张海	出生年份	2001
钱小平	出生年份	2003
王大力	出生年份	2002

4. 修改查询结果中的列标题

【例 4-13】 查询 Student 表中计算机系同学的 Sno,Sname 和 Ssex,结果中各列的标题分别指定为学号、姓名和性别。

```
SELECT Sno  AS 学号, Sname AS 姓名, Ssex  AS 性别
FROM Student
```

例如,例 4-12 还可以写成:

```
SELECT Sname 姓名,'出生年份' 出生年份, 2021 - Sage  年份 FROM Student
```

运行结果见表 4-20。

表 4-20 运行结果

姓名	出生年份	年份
李永	出生年份	2002
刘晨	出生年份	2001
王敏	出生年份	2001
张立	出生年份	2000
吴斌	出生年份	2000
张海	出生年份	2001
钱小平	出生年份	2003
王大力	出生年份	2002

5. 条件查询

所谓条件查询，是专门关系运算中的选择操作，在表中查询满足条件的元组可通过 WHERE 子句来实现。WHERE 子句常用的查询条件见表 4-21。

表 4-21 WHERE 子句常用的查询条件

查询条件	谓词
比较	=,>,<,>=,=<,! =,<>,! >,! <;not
确定范围	BETWEEN AND ,NOT BETWEEN AND
确定集合	IN, NOT IN
字符匹配	LIKE ,NOT LIKE
空值	IS NULL, IS NOT NULL
多重条件	AND ,OR

(1) 比较大小

【例 4-14】求学号为 0912101 的学生的详细情况。

```
SELECT * FROM Student WHERE Sno= '0912101'
```

【例 4-15】查询年龄在 20 岁以下的学生的姓名及年龄。

```
SELECT Sname, Sage  FROM Student  WHERE Sage < 20
```

【例 4-16】查询考试成绩有不及格的学生的学号。

```
SELECT  DISTINCT  Sno  FROM SC WHERE Grade < 60
```

(2) 确定范围

BETWEEN…AND 和 NOT BETWEEN…AND 可以用来查找属性值在或不在指定范围内的元组，其中 BETWEEN 后面指定范围的下限，AND 后面指定范围的上限。

BETWEEN…AND…的格式为：

```
列名 |表达式 [ NOT ] BETWEEN 下限值 AND 上限值
```

如果列或表达式的值在下限值和上限值范围内，则结果为 True，表明此记录符合查询条件。

【例 4-17】查询年龄在 20~23 岁之间的学生的姓名、所在系和年龄。

```
SELECT Sname, Sdept, Sage  FROM Student WHERE Sage BETWEEN 20 AND 23
```

（3）确定集合

使用 IN 运算符。用来查找属性值属于指定集合的元组。其格式为：

```
列名 [ NOT ] IN (常量1, 常量2, …,常量n)
```

当列中的值与 IN 中的某个常量值相等时，则结果为 True，表明此记录为符合查询条件的记录；当列中的值与 NOT IN 中的某个常量值相同时，则结果为 False，表明此记录为不符合查询条件的记录。

【例 4-18】查询信息系、数学系和计算机系学生的姓名和性别。

```
SELECT Sname, Ssex  FROM Student
WHERE Sdept IN ('信息系','数学系','计算机系')
```

（4）字符匹配

使用 LIKE 运算符。一般形式为：

```
列名  [NOT ]  LIKE  <匹配串>
```

匹配串中可包含如下四种通配符：

_：匹配任意一个字符；

%：匹配 0 个或多个字符；

[ ]：匹配[ ]中的任意一个字符；

[^]：不匹配[^]中的任意一个字符。

【例 4-19】查询姓“张”的学生的详细信息。

```
SELECT * FROM Student  WHERE Sname LIKE '张%'
```

【例 4-20】查询名字中第 2 个字为“小”或“大”的学生的姓名和学号。

```
SELECT Sname, Sno FROM Student  WHERE Sname LIKE '_[小大]%'
```

【例 4-21】查询学号的最后一位是 2,3,5 的学生情况。

```
SELECT * FROM Student  WHERE Sno LIKE '%[235]'
```

查询学号的最后一位不是 2,3,5 的学生情况。

```
SELECT * FROM Student  WHERE Sno  NOT  LIKE '%[235]'
```

（5）涉及空值的查询

前面已经介绍过，空值（NULL）在数据库中表示不确定的值。例如，学生选修课程后还没有考试时，这些学生有选课记录，但没有考试成绩，因此考试成绩为空值。判断某个值是否为 NULL 值，不能使用普通的比较运算符。

判断取值为空的语句格式为：

```
列名 IS NULL
```

判断取值不为空的语句格式为：

```
列名 IS NOT NULL
```

【例 4-22】 求缺少学习成绩的学生学号和课程号。

```
SELECT Sno,Cno  FROM  SC  WHERE  Grade  IS  NULL
```

（6）多重条件查询

在 WHERE 子句中，可以使用逻辑运算符 AND 和 OR 来组成多条件查询。用 AND 连接的条件，表示必须全部所有的条件时，结果才为 True；用 OR 连接的条件，表示只要满足其中一个条件，结果即为 True。

【例 4-23】 查询计算机系年龄在 20 岁以下的学生的姓名。

```
SELECT Sname FROM Student  WHERE Sdept = '计算机系' AND Sage < 20
```

6. 对查询结果排序

有时希望查询的结果按一定的顺序显示，在 SQL 中可以对查询结果进行排序。排序子句为：

```
ORDER BY <列名> [ASC | DESC ] [,<列名> …]
```

说明：按<列名>进行升序（ASC）或降序（DESC）排序。其中升序为默认设置，降序排序必须写明 DESC。

【例 4-24】 将学生按年龄升序排序。

```
SELECT * FROM Student ORDER BY Sage
```

【例 4-25】 查询全体学生情况，查询结果按所在系升序排列，同一系中的学生按年龄升序排列。

```
SELECT * FROM Student ORDER BY Sdept,Sage DESC
```

7. 限制结果集返回行数

如果查询的结果集行数很多，那么可以使用 TOP 选项限制其返回的行数。

【例 4-26】 查询学生表中年龄最大的前 5 人。

```
SELECT TOP 5 * FROM Student ORDER BY Sage DESC
```

8. 使用计算函数汇总数据

计算函数也称为集合函数或聚合函数、聚集函数，其作用是对一组值进行计算并返回一个单值。SQL 提供的计算函数有：

COUNT(*)：统计表中元组个数。

COUNT([DISTINCT] <列名>)：统计本列列值个数。

SUM([DISTINCT] <列名>)：计算列值总和。

AVG([DISTINCT] <列名>)：计算列值平均值。

MAX([DISTINCT] <列名>)：求列值最大值。

MIN([DISTINCT] <列名>)：求列值最小值。

上述函数中除 COUNT(*)外，其他函数在计算过程中均忽略 NULL 值。

【例 4-27】统计学生总人数。

```
SELECT COUNT(*)  FROM  Student
```

【例 4-28】统计选修了课程的学生的人数。

```
SELECT COUNT (DISTINCT Sno) FROM SC
```

【例 4-29】计算 0912101 号学生的考试总成绩之和及平均分。

```
SELECT SUM(Grade) ,AVG(Grade)  FROM SC  WHERE Sno = '0912101'
```

【例 4-30】查询选修了"C01"号课程的学生的最高分和最低分。

```
SELECT  MAX(Grade) ,MIN(Grade)  FROM SC WHERE Cno='C01'
```

注意：计算函数不能出现在 WHERE 子句中。

9. 对查询结果进行分组计算

有时需要先将数据分组，然后再对每组进行计算。在 SQL Server 中常常使用聚合函数对一组值进行计算，然后再与 GROUP BY 子句一起使用。

GROUP BY 语句的一般形式：

```
[GROUP BY <分组条件>]
[HAVING <组过滤条件>]
```

【例 4-31】统计每门课程的选课人数，列出课程号和人数。

```
SELECT Cno as 课程号,  COUNT(Sno) as 选课人数  FROM SC
GROUP BY Cno
```

对查询结果按 Cno 的值进行分组，所有具有相同 Cno 值的元组为一组，然后再对每一组使用 COUNT 计算，求得每组的学生人数。查询的结果见表 4-22。

表 4-22 查询的结果

课程号	人数
C01	3
C02	4
C04	2
C05	3
C06	2

【例 4-32】查询每名学生的选课门数和平均成绩。

```
SELECT Sno as 学号, COUNT(*) as 选课门数, AVG(Grade) as 平均成绩
FROM SC
GROUP BY Sno
```

运行结果见表 4-23。

表 4-23 运行结果

学号	选课门数	平均成绩
0912101	3	88
0912102	2	72
0921102	4	74
0921103	2	68
0931101	2	87
0931102	1	85

HAVING 子句用于对分组自身进行限制,它有点像 WHERE 子句,但它用于组而不是单个记录。

【例 4-33】查询修了 3 门以上课程的学生的学号。

```
SELECT Sno FROM SC   GROUP BY Sno HAVING COUNT( * ) > 3
```

【例 4-34】查询修课门数等于或大于 4 门的学生的平均成绩和选课门数。

```
SELECT Sno, AVG(Grade) 平均成绩, COUNT( * ) 修课门数 FROM SC
GROUP BY Sno
HAVING COUNT( * ) >= 4
```

10. 重定向输出(INTO)

可以使用 INTO 子句把查询的结果存放到一个新表中,其语法格式为:

```
INTO  new_table
```

参数 new_table 指定了新建表的名称,新表的列由 SELECT 子句中指定的列构成。新表中的每列与选择列表中相应表达式具有相同的名称、数据类型和值。当选择列表中包含计算列时,新表中的相应列不是计算列,新列中的值是在执行 SELECT…INTO 时计算出来的。

【例 4-35】查询全体男同学的学号、姓名、年龄和所在系,并将结果保存到新表 men_students 表中。

```
SELECT Sno,Sname,Sage,Sdept INTO men_students  From Student;
SELECT * FROM men_students   ---查询 men_students 表中的数据
```

4.4.2 多表的数据查询

前面介绍的查询都是针对一个表进行的,但有时需要从多个表中获取信息,这样就会涉及多张表。若一个查询涉及两个或两个以上的表,则称为连接查询。连接查询是数据库中最主要的查询,连接查询包括内连接、外连接和交叉连接等。

1. 内连接

内连接是一种最常用的连接类型。使用内连接时,如果两个表的相关字段满足连接条件,则从这两个表中提取数据并组合成新的记录。

在 ANSI SQL-92 中，连接是在 JOIN 子句中执行的。连接的格式为：

```
SELECT …
    FROM 表名    [INNER] JOIN
      被连接表    ON  连接条件
```

在非 ANSI 标准的实现中，连接操作是在 where 子句中指定连接的条件，连接的一般格式为：

```
[<表名1.>][<列名1>] <比较运算符> [<表名2.>][<列名2>]
```

注意：*表名 1 的列名 1 与表名 2 的列名 2 必须是可比较的项，即必须是语义相同的列。*

当比较运算符为等号时，称为等值连接，使用其他运算符的连接为非等值连接。从概念上讲，DBMS 执行连接操作的过程是：

首先取表 1 中的第 1 个元组，然后从头开始扫描表 2，逐一查找满足连接条件的元组，找到后就将表 1 中的第 1 个元组与该元组拼接起来，形成结果表中的一个元组。

表 2 全部查找完毕后，再取表 1 中的第 2 个元组，然后再从头开始扫描表 2……重复这个过程，直到表 1 中的全部元组都处理完毕为止。

【例 4-36】查询计算机系学生的修课情况，要求列出学生的名字、所修课的课程号和成绩。

```
SELECT Sname, Cno, Grade  FROM Student JOIN SC
  ON Student.Sno = SC.Sno
  WHERE Sdept = '计算机系'
```

查询结果见表 4-24。

表 4-24　查询结果

Sname	Cno	Grade
李勇	C01	90
李勇	C02	86
李勇	C06	NULL
刘晨	C02	78
刘晨	C04	66

【例 4-37】查询信息系选修了“VB 程序设计”课程的学生的修课成绩，要求列出学生姓名、课程名和成绩。

```
SELECT Sname, Cname, Grade  FROM  Student  s  JOIN  SC
  ON s.Sno = SC.Sno  JOIN  Course c ON c.Cno = SC.Cno
  WHERE Sdept = '信息系'  AND Cname = 'VB 程序设计'
```

查询的结果见表 4-25。

表 4-25　查询的结果

Sname	Cname	Grade
吴宾	VB 程序设计	75
张海	VB 程序设计	68

2. 自连接

自连接为特殊的内连接,它是指相互连接的表物理上为同一张表。即必须为两个表取别名,使之在逻辑上成为两个表。

【例 4-38】查询与刘晨在同一个系学习的学生的姓名和所在的系。

```
SELECT S2.Sname, S2.Sdept
  FROM Student S1 JOIN Student S2
  ON S1.Sdept = S2.Sdept
  WHERE S1.Sname = '刘晨'
  AND S2.Sname ! = '刘晨'
```

3. 外连接

在内连接操作中,只有满足连接条件的元组才能作为结果输出,但有时也希望输出那些不满足连接条件的元组的信息,外连接是只限制一张表中的数据必须满足连接条件,而另一张表中数据可以不满足连接条件。外连接分为以下四种情况:

(1) 左外连接

限制表 2 中的数据必须满足连接条件,而不管表 1 中的数据是否满足连接条件,均输出表 1 的内容。

ANSI 方式的外连接的语法格式为:

```
FROM  表1  LEFT |RIGHT  [OUTER]   JOIN  表2  ON  <连接条件>
```

theta 方式的外连接的语法格式为:

```
FROM  表1,表2  WHERE [表1.]列名(+) = [表2.]列名
```

SQL Server 支持 ANSI 方式的外连接,Oracle 支持 theta 方式的外连接。

(2)右外连接

限制表 1 中的数据必须满足连接条件,而不管表 2 中的数据是否满足连接条件,均输出表 2 的内容。

右外连接的语法格式为:

```
FROM  表1,表2  WHERE [表1.]列名 = [表2.]列名(+)
```

(3) 全连接

把左外连接和右外连接的功能集一身,在结果表中保留了表 1 和表 2 中不匹配的行。

(4) 内连接

限制表 1 和表 2 中的数据都必须满足连接条件,在结果表中剔除了那些不匹配的行。

【例 4-39】查询学生的修课情况,包括修了课程的学生和没有修课的学生。

```
SELECT Student.Sno, Sname, Cno, Grade
FROM Student LEFT OUTER JOIN SC
ON Student.Sno = SC.Sno
```

查询结果见表 4-26。

表 4-26 查询结果

Sno	Sname	Cno	Grade
0912101	李勇	C01	90
0912101	李勇	C02	86
0912101	李勇	C06	NULL
0912102	刘晨	C02	78
0912102	刘晨	C04	66
0912103	王敏	NULL	NULL
0921101	张立	NULL	NULL
0921102	吴宾	C01	82
0921102	吴宾	C02	75
0921102	吴宾	C04	92
0921102	吴宾	C05	50
0921103	张海	C02	68
0921103	张海	C06	NULL
0931101	钱小平	C01	80
0931101	钱小平	C05	95
0931102	王大力	C05	85

从结果可以看出，“0912103”和“0921101”的两行数据的 Cno 和 Grade 的值都为 NULL，也就是说，这两个学生没有选课，即他们不满足连接条件，但进行左外连接时，也将他们显示出来。

4. 交叉连接

交叉连接(cross join)没有 WHERE 子句，它返回连接表中所有数据行的笛卡尔积。笛卡尔积的结果集的大小为第一个表的行数乘以第二个表的行数。交叉连接使用关键字 CROSS JOIN 进行连接。

【例 4-40】 将 Student 表和 Course 表进行交叉连接。

```
SELECT Student.Sname,Course.* FROM Student CROSS JOIN course
```

以上语句等价于：

```
SELECT Student.Sname,Course.* FROM Student ,Course
```

因为 Student 表中有 8 行数据，Course 表中有 7 行数据，所以最后的结果表中的行数是 8×7=56(行)。

4.4.3 子查询

在 SQL 语言中，一个 SELECT-FROM-WHERE 语句称为一个查询块。如果一个 SELECT 语句嵌套在 SELECT，INSERT，UPDATE，DELETE 语句中，则称这样的查询为子查询或内层查询，而包含子查询的语句则称为主查询或外层查询。为了与外层查询有所区别，子查询的

SELECT 查询总是使用圆括号括起来。与外层查询类似,子查询语句中也必须至少包含 SELECT 子句和 FROM 子句,并根据需要选择使用 WHERE 子句、GROUP BY 子句和 HAVING 子句。

1. 使用子查询进行基于集合的测试

使用子查询进行基于集合的测试时,通过使用运算符 IN 或 NOT IN,将一个表达式的值与子查询返回的结果集进行比较。这和前边在 WHERE 子句中使用的 IN 的作用完全相同。使用 IN 运算符时,如果该表达式的值与集合中的某个值相等,则此测试的结果为 Ture;如果该表达式的值与集合中所有值均不相等,则返回 False。

例如,例 4-38 中查询与刘晨在同一个系学习的学生的姓名和所在的系,还可以用子查询的方法完成。

```
SELECT Sno, Sname, Sdept
      FROM Student
       WHERE Sdept IN
      (SELECT Sdept FROM Student
            WHERE Sname = '刘晨' )
         AND Sname ! = '刘晨'
```

该查询的执行过程为:

①首先确定刘晨所在的系,则执行:SELECT Sdept FROM Student WHERE Sname = '刘晨',得到的结果是“计算机系”。

②在该子查询的结果中查找所有在此系学习的学生:

```
SELECT Sno, Sname, Sdept  FROM Student WHERE Sdept in‘计算机系’
```

得到的结果见表 4-27。

表 4-27　查询结果

Sno	Sname	Sdept
0912101	李勇	计算机系
0912103	王敏	计算机系

通过这个例子,得知查询可以用不止一种方法来实现。

【例 4-41】 查询成绩大于 90 分的学生的学号、姓名。

```
SELECT Sno, Sname FROM Student
    WHERE Sno IN
       (SELECT Sno FROM SC
           WHERE Grade > 90)
```

此查询也可以用多表连接的方式实现:

```
SELECT Sno, Sname FROM Student join SC
 On Student.Sno=SC.Sno  where  Grade>90
```

【例 4-42】 查询选修了“数据库基础”课程的学生的学号、姓名。

```
SELECT Sno, Sname FROM Student
   WHERE Sno IN
     ( SELECT Sno FROM SC
         WHERE Cno IN
         (SELECT Cno FROM Course
           WHERE Cname = '数据库基础') )
```

此查询也可以用多表连接的方式实现：

```
SELECT Sno, Sname FROM Student join SC on Student.Sno = SC.Sno join Course on Course.Cno = SC.Cno where Cname = '数据库基础'
```

2. 使用子查询进行比较测试

带比较运算符的子查询是指父查询与子查询之间用比较运算符连接，当用户能确切知道内层查询返回的是单值时，可用>、<、=、>=、<=、<>运算符。如果比较运算的结果为 Ture，则比较测试返回 Ture。

【例 4-43】 查询修了"C02"课程且成绩高于此课程平均成绩的学生的学号和成绩。

```
SELECT Sno , Grade FROM SC
    WHERE Cno = 'C02'
      and Grade > ( SELECT AVG(Grade) from SC WHERE Cno = 'C02')
```

和基于集合的子查询一样，用子查询进行比较测试时，也是先执行子查询，然后再根据子查询的结果执行外层查询。

3. 使用子查询进行存在性测试

使用子查询进行存在性测试时，一般使用 EXISTS 谓词。带 EXISTS 谓词的子查询不返回查询的数据，只产生逻辑真值（有数据）和假值（没有数据）。它一般用在 where 子句中，其后紧跟一个 SQL 子查询，从而构成一个条件。

【例 4-44】 查询选修了"C01"号课程的学生姓名。

```
SELECT Sname FROM Student
   WHERE EXISTS
   (SELECT * FROM SC
      WHERE Sno = Student.Sno
         AND Cno = 'C01')
```

上句的处理过程：

①先找外层表 Student 表的第一行，根据其 Sno 值处理内层查询。

②再将外层的值与内层的结果比较，由此决定外层条件的真、假。

③顺序处理外层表 Student 表中的第 2,3,…行。

注意：带 EXISTS 谓词的处理过程为先外后内；由外层的值决定内层的结果；内层执行次数由外层结果数决定。此外，由于 EXISTS 的子查询只能返回真或假值，因此，在这里给出列名无意义。所以，在有 EXISTS 的子查询中，其目标列表达式通常都用 *。

【例 4-45】 例 4-44 的查询也可以用多表连接实现。

```
SELECT Sname FROM Student  join  SC on SC.Sno=Student.Sno where Cno='C01'
```

【例 4-46】查询没有选修"C01"号课程的学生的姓名和所在系。

```
SELECT Sname, Sdept FROM Student
    WHERE NOT EXISTS
      (SELECT * FROM SC
      WHERE Sno = Student.Sno  AND Cno = 'C01')
```

4.4.4 集合查询

SELECT 语句支持集合的并运算(UNION)、交运算(INTERSECT)及差运算(EXCEPT)。

1. 并运算

集合的并运算又叫作合并查询,就是使用 UNION 操作符将来自不同的查询数据组合起来,形成一个具有综合信息的查询结果。UNION 操作会自动将重复的数据行剔除。但必须注意的是,参加合并查询的各子查询使用的表结构应该相同,即各子查询中的数据数目和对应的数据类型必须相同。

其语法结构为:

```
[UNION [ALL] <SELECT  语句>]
```

参数说明:

ALL:表示结果全部合并,若没有 ALL,则重复的记录将被自动去掉。合并的规则是:①不能合并子查询的结果;②两个 SELECT 语句必须输出同样的列数;③两个表各相应列的数据类型必须相同,数字和字符不能合并;④仅最后一个 SELECT 语句中可以用 ORDER BY 子句,并且排序选项必须依据第一个 SELECT 列表中的列。

【例 4-47】对 course,列出课程编号为"C01"和"C03"的课程名称和学分。

```
SELECT Cname,Ccredit from Course WHERE Cno='C01'
UNION
SELECT Cname,Ccredit from Course WHERE Cno='C03'
```

2. 交运算

在 T_SQL 语句中,可以将两个 SELECT 语句的查询结果通过交运算合并成一个查询结果。为了进行交运算(intersect),要求这样的两个查询结果具有同样的字段个数,并且对应的值要出自同一个值域,即具有相同的数据类型和取值范围。

【例 4-48】对于 SC 表,查出既修了 C04 又修了 C05 号课程的学生学号。

```
SELECT Sno  from SC  WHERE CNO='C04'
Intersect
SELECT Sno  from SC  WHERE CNO='C05'
```

【例 4-49】查询李勇和刘晨所选的相同的课程,列出课程名和学分。

分析:该查询是查找李勇所选课程和刘晨所选课程的交集。

```
SELECT Cname, Credit   FROM Course C   JOIN SC ON C.Cno=SC.Cno
JOIN student S ON S.Sno=SC.Sno
WHERE Sname='李勇'
INTERSECT
SELECT Cname,Credit FROM Course C   JOIN SC ON C.Cno=SC.Cno
JOIN Student S ON S.Sno=SC.sno
WHERE Sname='刘晨'
```

该查询也可以用 IN 形式的嵌套子查询来实现，代码如下：

```
SELECT Cname, Credit   FROM course WHERE CNO IN(
SELECT cno FROM SC JOIN Student   S
 ON S.Sno=SC.Sno
WHERE Sname='李勇')
And cno IN (SELECT Cno   FROM SC   JOIN Student ON C.Sno=SC.Sno
WHERE Sname='刘晨')
```

3. 差运算

差运算是指返回在一个集合中有但在另一个集合中没有的记录。实现差运算的 SQL 运算符是 EXCEPT，其语法格式为：

```
SELECT   语句 1
EXCEPT
SELECT   语句 2
EXCEPT
…
SELECT   语句 n
```

使用 EXCEPT 的注意事项同 UNION 运算。

【例 4-50】查询李勇选了但是刘晨没有选的课程的课程名和开课学期。

分析：该查询是从李勇所选的课程中去掉刘晨所选的课程，可用差运算。

```
SELECT C.CNO,Cname,Semester FROM Course C   JOIN SC ON C.Cno=SC.Cno
JOIN Student S ON S.Sno=SC.sno
WHERE Sname='李勇'
EXCEPT
SELECT C.CNO,Cname,Semester FROM Course C   JOIN SC ON C.Cno=SC.Cno
JOIN Student S ON S.Sno=SC.sno
WHERE Sname='刘晨'
```

该查询也可以用 NOT IN 子查询的形式实现：

```
SELECT C.CNO,Cname,Semester FROM Course C   JOIN SC ON C.Cno=SC.Cno
JOIN Student S ON S.Sno=SC.sno
WHERE Sname='李勇'
AND c.cno NOT IN (
```

```
SELECT C.CNO,Cname,Semester FROM Course C  JOIN SC ON C.Cno=SC.Cno
JOIN Student S ON S.Sno=SC.Sno
WHERE Sname='刘晨')
```

4.5 数据的操纵

SQL 数据操纵功能包括数据的插入 INSERT、数据的更新 UPDATE 及数据的删除 DELETE 等语句，分别介绍如下。

4.5.1 插入数据

在创建完表之后，就可以使用 INSERT 语句向表中插入记录。插入语句的一般格式有两种：

(1) 插入一个元组

```
INSERT INTO 表名[(列名[,列名]…)]VALUES(值[,值]…)
```

说明：表名后面的列名一定要与 VALUES 后面的值按位置顺序对应，它们的数据类型必须一致。

如果<表名>后边没有指明列名，则新插入记录的值的顺序必须与表中列的定义顺序一致，并且每一个列均有值(可以为空)。

【例 4-51】将新生记录(090120，陈冬，男，19，信息系)插入 Student 表中。

```
INSERT INTO Student
VALUES ('090120','陈冬','男',19,'信息系')
```

【例 4-52】在 SC 表中插入一条新记录，成绩暂缺。

```
INSERT INTO SC(Sno, Cno, XKLB)
VALUES('0931102','C01','必修')
```

实际插入的值为：

('0931102', 'C01' ,NULL ,'必修')

(2) 插入子查询结果

```
INSERT INTO 表名[(列名[,列名]…)] 子查询
```

第一种格式把一个新记录插入指定的表中，第二种格式则把子查询的结果插入表中，若表中有些字段在插入语句中没有出现，则这些字段上的值取空值 NULL。当然，在表定义中说明了 NOT NULL 的字段在插入时不能取 NULL。若插入语句中没有指出字段名，则新记录必须在每个字段上均有值。

【例 4-53】多记录插入。对每一个系，求学生的平均年龄，并把结果存入数据库中生成 deptage 表。

```
CREATE TABLE deptage
(sdept CHAR(15),
avgage SMALLINT
)
INSERT INTO deptage (sdept,avgage)
SELECT Sdept,AVG(sage)
FROM Student
GROUP BY sdept
```

执行后，打开 deptage 表，其结果见表 4-28。

表 4-28　运行结果

sdept	avgage
计算机系	19
数学系	18
信息系	21

4.5.2　更新数据

如果对表中的数据进行修改，可以使用 UPDATE 语句来实现。该语句的语法格式：

```
UPDATE <表名>
SET <列名=表达式>[,…n]
[WHERE <更新条件>]
```

【例 4-54】将所有学生的年龄加 1。

```
UPDATE Student  SET Sage = Sage + 1
```

【例 4-55】将选修“C01”课程的学生成绩都加 5 分。

```
UPDATE SC SET Grade= Grade+5  WHERE Cno = 'C01'
```

除了以上基于单个表的更新以外，UPDATE 命令还可以基于其他表条件的更新。

【例 4-56】将计算机系全体学生的成绩加 5 分。

该问题可以用以下两种方法实现：

(1) 用子查询实现

```
UPDATE SC SET Grade = Grade + 5
  WHERE Sno IN
    (SELECT Sno FROM Student
      WHERE Sdept = '计算机系' )
```

(2) 用多表连接实现

```
UPDATE SC SET Grade = Grade + 5
   FROM SC JOIN Student ON SC.Sno = Student.Sno
      WHERE Sdept = '计算机系'
```

4.5.3 删除数据

当确定不需要某些记录时，就可以使用 DELETE 语句将这些记录删除，删除语句的一般格式为：

```
DELETE FROM 表名 [WHERE<删除条件>]
```

该命令是从指定表中删除满足删除条件的那些记录。没有 WHERE 子句时，表示删去此表中的全部记录，但此表的定义仍在数据字典中。DELETE 语句删除的是表中的数据，而不是关于表的定义。

【例 4-57】 单记录删除。把学生学号为“0912101”的记录删除。

```
DELETE FROM Student WHERE no='0912101';
```

执行删除操作可能产生破坏完整性的情况，如本例，所以一定慎重执行删除记录。

【例 4-58】 多记录删除。删除所有的学生选课记录。

```
DELETE  FROM  SC
```

执行以上删除操作后，SC 就成为一个空表。

除了以上单个表的删除以外，还可以执行基于其他表条件的删除。

【例 4-59】 删除计算机系不及格学生的修课记录。该删除操作可以用子查询和多表连接的方法来实现。

（1）用子查询实现

```
DELETE FROM SC
    WHERE Grade < 60 AND Sno IN (
       SELECT Sno FROM Student
          WHERE Sdept = '计算机系' )
```

（2）用多表连接实现

```
DELETE FROM SC
      FROM SC JOIN Student ON SC.Sno = Student.Sno
       WHERE Sdept = '计算机系'AND Grade < 60
```

插入、删除与更新操作一样，都会引起完整性被破坏的问题。支持关系模型的系统会自动地检查，对破坏完整性的插入、删除和更新操作将拒绝执行。

本章小结

本章主要讲述 SQL 语言。SQL 语言是通用的关系数据库语言，它具有数据定义、数据查询，以及对记录进行插入、删除和修改及数据控制等功能，同时，具有使用方式灵活方便、语言简洁易学等优点。此外，介绍了索引的概念和建立使用方法。

习　题

一、单选题

1. 在 SELECT 语句中,需要显示的内容使用“ * ”表示(　　)。

A. 选择任何属性　B. 选择所有属性
C. 选择所有元组　D. 选择主键

2. 查询时要去掉重复的元组,则在 SELECT 语句中使用(　　)。

A. ALL　B. UNION　C. LIKE　D. DISTINCT

3. 在 SELECT 语句中使用 GROUP BY Cno 时,Cno 必须(　　)。

A. 在 WHERE 子句中出现　B. 在 FROM 子句中出现
C. 在 SELECT 子句中出现　D. 在 HAVING 子句中出现

4.使用 SELECT 语句进行分组查询时,为了去掉不满足条件的分组,应当(　　)。

A. 使用 WHERE 子句
B. 在 GROUP BY 后面使用 HAVING 子句
C. 先使用 WHERE 子句,再使用 HAVING 子句
D. 先使用 HAVING 子句,再使用 WHERE 子句

5. SQL 中,下列涉及空值的操作,不正确的是(　　)。

A. AGE IS NULL　B. AGE IS NOT NULL
C. AGE = NULL　D. NOT (AGE IS NULL)

6. SQL 语言一次查询的结果是一个(　　)。

A. 数据项　B. 记录　C. 元组　D. 表

7. 为数据表创建索引的目的是(　　)。

A. 提高查询的检索性能　B. 节省存储空间
C. 便于管理　D. 归类

8. 索引是对数据库表中(　　)字段的值进行排序。

A. 一个　B. 多个　C. 一个或多个　D. 零个

9. 下列(　　)类数据不适合创建索引。

A. 经常被查询搜索的列　B. 主键的行
C. 包含太多 NULL 值的列　D. 表很大

10. 下面关于索引的描述,不正确的是(　　)。

A. 索引是一个指向表中数据的指针
B. 索引是在元组上建立的一种数据库对象
C. 索引的建立和删除对表中的数据毫无影响
D. 表被删除时将同时删除在其上建立的索引

二、填空题

1. SQL 支持数据库的三级模式结构,其中________对应于基本表。

2. 在 SQL SELECT 语句查询中,要去掉查询结果中的重复记录,应该使用__________关键字。

3. 相关子查询的执行次数是由父查询表的________决定的。

4. 给数据表的某个字段设置 PRIMARY KEY 约束时，在该字段上会自动创建________索引。

5. SQL 的功能包括数据查询、数据定义、数据操纵和________四个部分。

三、简答题

1. LIKE 匹配字符有哪几种？如果要检索的字符中包含匹配字符，那么该如何处理？

2. 在 SQL 的查询语句 SELECT 中，使用什么选项实现关系的投影运算？使用什么选项实现关系的选择运算？使用什么选项实现关系的连接运算？

四、上机实训

1. 用 SQL 定义数据表。

在图书管理数据库 TSGL 中创建三个表：图书信息表 Books、读者信息表 Readers 和借阅信息表 Lending，表中各列的内容及要求见表 4-29～表 4-31。

表 4-29　图书信息表 Books

字段名称	类型	长度	约束	说明
BookID	char	20	主键	图书编号
Bname	char	50	唯一	图书名
Author	varchar	30		作者
Press	varchar	30		出版社
Price	money			定价

表 4-30　读者信息表 Readers

字段名称	类型	长度	约束	说明
ReaderID	char	10	主键	读者编号
Rname	char	20	非空	读者姓名
Rsex	char	2	取值为‘男’或‘女’	读者性别
Department	varchar	30		读者所在部门
Phone	char	20		读者电话

表 4-31　借阅信息表 Lending

字段名称	类型	长度	约束	说明
ReaderID	char	10	读者信息表外键	读者编号
BookID	char	20	图书信息表外键	图书编号
Borrowdate	date		默认当前日期	借出日期
Returndate	date		晚于借出日期	归还日期
主键(ReaderID，BookID)				

2. 用 SQL 增加、修改和删除字段。

- 给 books 表增加一个 ISBN 字段，数据类型为 char(10)。
- 将 ISBN 字段的数据类型修改为 varchar(20)。
- 为 ISBN 字段设置 default 约束，约束名为 df_ISBN，默认值为“7111085949”。
- 删除 ISBN 字段上设置的 default 约束。
- 删除 Books 表中增加的 ISBN 字段。

3. 使用 INSERT 语句向 Books、Readers 和 Lending 三个表中分别添加若干记录，并验证约束。各表中的测试数据见表 4-32～表 4-34。

表 4-32　图书信息表 Books

BookID	Bname	Author	Press	Price
TP311. 138DFG	网络数据库实用教程	石大鑫	机械工业出版社	23
TP311. 138SQ	SQL Server2008 实用教程	董建斌	机械工业出版社	25
TP311. 138SQZA	SQL Server 实训	郑启芬	清华大学出版社	18
TP311. 138WJ	数据库程序设计	刘韵华	电子工业出版社	38
TP311. 138XZQ	SQL Server2008 数据库系统管理	赵志清	人民邮电出版社	45
TP393. 41ZX	ASP. NET 案例开发	陈正熙	机械工业出版社	45

表 4-33　读者信息表 Readers

ReaderID	Rname	Rsex	Department	Phone
R20101001	王皓	男	计算机系	66098765
R20101002	张丽萍	女	计算机系	66098766
R20101003	王军	男	计算机系	
R20101004	李建伟	男	信息系	
R20101005	程爽	女	信息系	66098764
R20101006	李纹	女	信息系	

表 4-34　借阅信息表 Lending

ReaderID	BookID	Borrowdate	Returndate
R20101001	TP311. 138SQ	2014-9-6	2014-10-20
R20101001	TP311. 138SQZA	2014-9-15	2014-11-9
R20101001	TP393. 41ZX	2014-9-6	2014-12-3
R20101002	TP311. 138WJ	2014-7-5	2014-9-20
R20101005	TP311. 138SQ	2014-7-8	2014-9-8
R20101005	TP311. 138XZQ	2015-3-18	

4. 输入完毕后，用查询语句“SELECT * FROM 表名”查看已建立的 3 个表的内容。

5. 查询 Books 表中书名的第三个字中包含“数”的书号和书名。

6. 用 SQL 语言查询比“数据库程序设计”价格高的“书号”和“书名”。

7. 用 SQL 语言查询有未还书记录的读者姓名。

8. 查询借了“数据库程序设计”书的读者信息。

9. 统计借了 2 本以上图书的读者姓名。

10. 统计计算机系的借书量。

11. 将所有图书价格大于等于 45 元的书单价打 9 折。

12. 在 Books 表的 Bname 列上建立唯一的非聚簇索引。

第5章 数据库保护

学习目的

通过本章的学习，学生应了解事务的概念及特征，理解完整性约束条件和控制机制，理解并发控制的原则和方法，了解数据备份和恢复的原理及实现技术。

本章要点

- 事务的概念及特征
- 完整性控制
- 并发与封锁
- 数据库的备份和恢复

思维导图

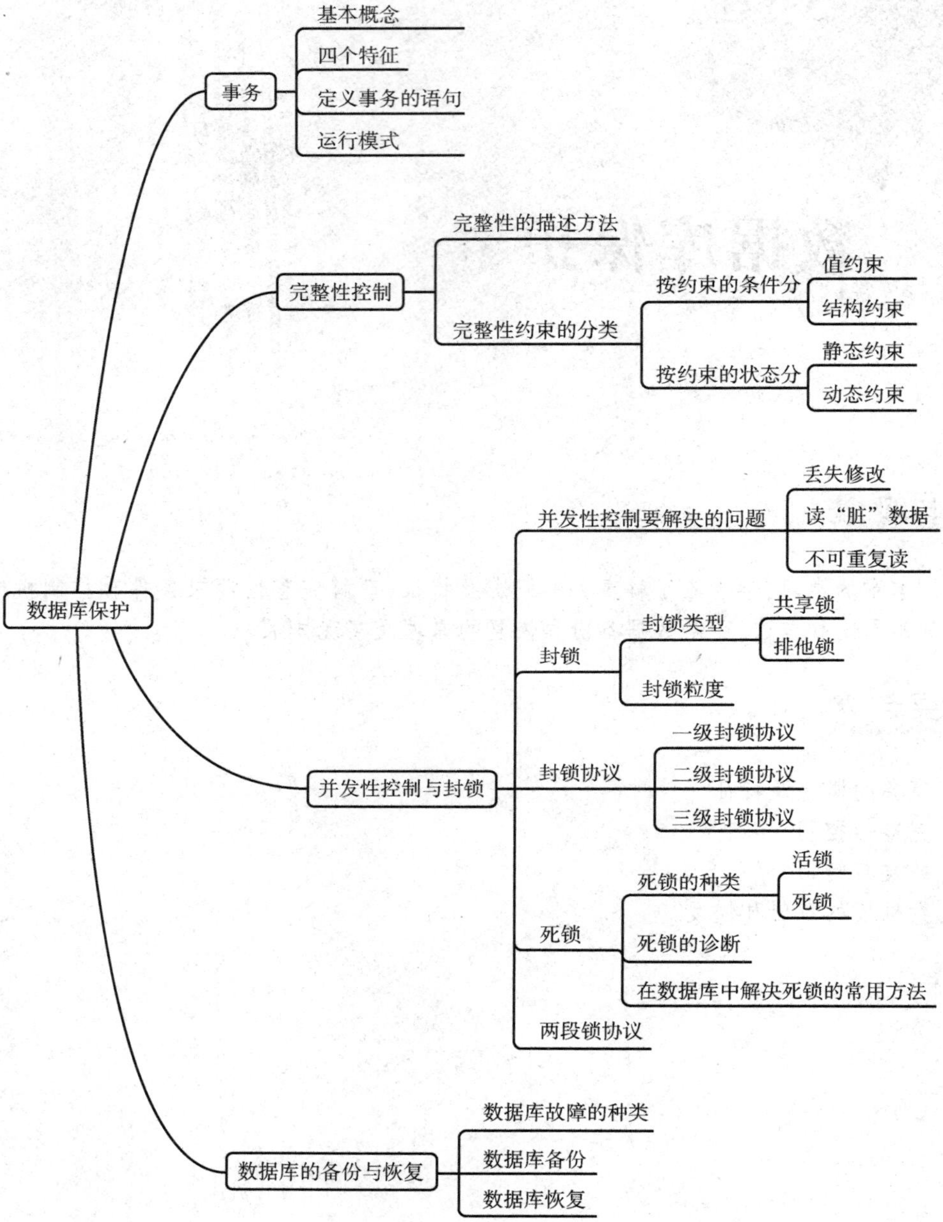

- 数据库保护
  - 事务
    - 基本概念
    - 四个特征
    - 定义事务的语句
    - 运行模式
  - 完整性控制
    - 完整性的描述方法
    - 完整性约束的分类
      - 按约束的条件分
        - 值约束
        - 结构约束
      - 按约束的状态分
        - 静态约束
        - 动态约束
  - 并发性控制与封锁
    - 并发性控制要解决的问题
      - 丢失修改
      - 读“脏”数据
      - 不可重复读
    - 封锁
      - 封锁类型
        - 共享锁
        - 排他锁
      - 封锁粒度
    - 封锁协议
      - 一级封锁协议
      - 二级封锁协议
      - 三级封锁协议
    - 死锁
      - 死锁的种类
        - 活锁
        - 死锁
      - 死锁的诊断
      - 在数据库中解决死锁的常用方法
    - 两段锁协议
  - 数据库的备份与恢复
    - 数据库故障的种类
    - 数据库备份
    - 数据库恢复

5.1 事　　务

数据库中的数据是共享的资源,因此允许多个用户同时访问相同的数据。当多个用户同时操作相同的数据时,若不采取任何措施,则会造成数据异常。事务是为防止这种异常情况的发生而产生的概念。

5.1.1 事务的基本概念

事务(Transaction)是用户定义的操作系列,这些操作可作为一个完整的工作单元,一个事务内的所有语句被作为一个整体,要么全部执行,要么全部不执行。

事务是一个不可分割的工作逻辑单元,在数据库系统上执行并发操作时,事务是作为最小的控制单元来使用的。这特别适用于多用户同时操作的数据通信系统。例如,订票、银行、保险公司及证券交易系统等。

例如,A 账户转账给 B 账户 n 元钱,这个活动包含两个动作:①A 账户-n;②B 账户+n。

假设第一个动作成功了,但第二个动作由于某种原因没有成功(如停电等),那么,在系统恢复运行后,A 账户的金额是减 n 之前的值还是减 n 之后的值呢?如果 B 账户上没有加上 n,则正确的情况是 A 账户的金额也没有做减 n 操作。如何保证在系统恢复之后,A 账户的金额是减 n 之前的值呢?这就需要用到事务的概念。事务可以保证在一个事务的全部操作或者全部成功,或者全部失败,也就是说,当第二个动作没有成功时,系统自动将第一个动作也撤销掉,使第一个动作不成功。这样,当系统恢复正常时,A 账户和 B 账户中的数值就是正确的。

要让系统知道哪几个动作属于一个事务,必须要显式地告诉系统,这可以通过标记事务的开始和结束来实现,不同的事务处理模型中,事务的开始标记不完全一样,但不管是哪种事务模型,事务的结束标记都是一样的。事务的结束标记有两个:一个是正常结束,用 COMMIT(提交)表示,即事务中的所有操作都会物理地保存到数据库中,成为永久的操作;另一个是异常结束,用 ROLLBACK(回滚)表示,即事务中的全部操作被全部撤销,数据库回到事务开始之前的状态。

5.1.2 事务的特征

事务具有四个特征:原子性(Atomicity)、一致性(Consistency)、隔离性(Isolation)、持久性(Durability)。这四个特征也简称为事务的 ACID 特征。

(1) 原子性(Atomicity)

事务是数据库的逻辑工作单位,事务中包括的所有操作作为一个整体提交或回滚,要么全做,要么全不做。事务的各元素是一个完整操作,不可分割。

(2) 一致性(Consistency)

一致性与原子性是密切相关的。事务执行的结果必须是使数据库从一个一致性状态变到另一个一致性状态。事务完成时,数据必须是一致的,即和事务开始之前数据存储中的数据处于一致状态,保证数据的无损性。

如前面所举的例子,若由于某种原因在事务尚未完成时就出现了故障,那么就会出现事务中的一部分操作已经完成,而另一部分操作还没有做,这样就有可能使数据库产生不一致状态,这时系统会自动将事务中已完成的操作撤销,使数据库回到事务开始之前的状态。

(3) 隔离性(Isolation)

是指数据库中的一个事务的执行不能被其他事务干扰。修改数据的所有并发事务是彼此隔离的。事务也必须是独立的,不应该以任何方式影响其他事务。

(4) 持久性(Durability)

也称为永久性,指事务一旦提交完成之后,其对于数据库中数据的改变是永久的,即使出现系统故障,该修改也将一直保留,真实地修改了数据库。

5.1.3 事务的定义语句与运行模式

定义事务的语句有三条,分别是开始事务、提交事务和回滚的事务。

开始事务的命令:

```
BEGIN  TRANSACTION
```

提交事务表示事务正确完成。提交事务的命令:

```
COMMIT
```

回滚事务表示撤销事务,即未完成该事务。回滚事务的命令:

```
ROLLBACK
```

事务有三种运行模式:显式事务、隐式事务、自动事务。

1. 显式事务

也称用户定义或用户指定的事务,是指由用户执行 T-SQL 事务语句而定义的事务,即可以显式地定义启动和结束的事务。每个事务均以 BEGIN TRANSACTION 语句显式开始,以 COMMIT 或 ROLLBACK 语句显式结束。

如前面的 A 账户转账给 B 账户 n 元钱的事务,用 T-SQL 显式事务处理模式可描述为:

```
BEGIN  TRANSACTION
   UPDATE 支付表 SET 账户总额=账户总额-n
     Where 账户名='A'
   UPDATE 支付表 SET 账户总额=账户总额+n
     Where 账户名='B'
COMMIT
```

2. 隐式事务

当连接进入此模式进行操作时,SQL Server 将在提交或回滚当前事务后自动启动新事务。所以,隐式事务不需要使用 BEGIN TRANSACTION 描述事务的开始,而只需要用户使用

ROLLBACK TRANSACTION、ROLLBACK WORK、COMMIT TRANSACTION、COMMIT WORK 等语句提交或回滚事务。它生成连续的事务链。在前一个事务完成时,新事务隐式启动,但每个事务仍以 COMMIT 或 ROLLBACK 语句显式完成。在将隐式事务模式设置为打开后,当 SQL Server 首次执行指定的语句时,都会自动启动一个事务,这些语句包括 CREATE 语句、ALTER TABLE、DROP 语句、TRUNCATE TABLE、GRANT、REVOKE、INSERT、UPDATE、DELETE、SELECT、OPEN、FETCH。需要关闭隐式事务模式时,调用 SET 语句关闭 IMPLICIT_TRANSACTIONS OFF 连接选项即可。

如前面的转账例子用隐式事务处理模式可描述为:

```
UPDATE 支付表 SET 账户总额=账户总额-n
    Where 账户名='A'
  UPDATE 支付表 SET 账户总额=账户总额+n
    Where 账户名='B'
COMMIT
```

3. 自动事务

当连接以此模式进行操作时,一个语句被成功执行后,它被自动提交,而当它执行过程中产生错误时,被自动回滚。每条单独的语句都是一个事务,无须描述事务的开始,只需提交或回滚每个事务。自动事务模式是 SQL Server 的默认事务管理模式,当与 SQL Server 建立连接后,直接进入自动事务模式,生成连续的事务链。在前一个事务完成时,新事务隐式启动,直到使用 BEGIN TRANSACTION 语句开始一个显式事务,或者打开 IMPLICIT_TRANSACTIONS 连接选项进入隐式事务模式为止。而当显式事务被提交或 IMPLICIT_TRANSACTIONS 被关闭后,SQL Server 又进入自动事务管理模式。

5.2 完整性控制

数据的完整性是为了防止数据库中存在不符合语义的数据。这些加在数据库数据之上的语义约束条件就是数据完整性约束条件。这些约束条件作为表定义的一部分存储在数据库中。DBMS 检查数据是否满足完整性条件的机制称为完整性检查。数据完整性可确保数据库中的数据的正确性、有效性和相容性。

5.2.1 数据库完整性的描述方法

描述数据库完整性包括 3 个部分:

①触发条件:规定系统什么时候使用规则来检查数据。

②约束条件:规定系统检查用户发出的操作请求违背了什么样的完整性约束条件。

③违约响应:规定系统如果发现用户发出了操作请求违背了完整性约束条件,应该采取一定的动作来保证数据的完整性,即违约时要做的事情。

其中触发条件指的是规则的执行时间，包括立即执行和延迟执行。

立即执行：是在执行多个语句构成的事务时，执行完用户事务的一条语句后，系统立即对数据进行完整性条件检查。

延迟执行：是执行完事务的所有语句后，系统才对数据进行完整性条件检查。

完整性可以用一个五元组（D，O，A，C，P）来形式化地表示。其中：

D（Data）：代表约束作用的数据对象。可以是关系、元组和列三种对象。

O（Operation）：代表触发完整性检查的数据库操作，即当用户发出什么操作请求时需要检查该完整性规则，是立即执行还是延迟执行。

A（Assertion）：代表数据对象必须满足的语义约束，这是规则的主体。

C（Condition）：代表选择 A 作用的数据对象值的谓词。

P（Procedure）：代表违反完整性规则时触发执行的操作过程。

例如，对于"学号 Sno 不能为空"的完整性约束中，D、O、A、C、P 的含义分别如下：

D：代表约束作用的数据对象为 Sno 属相。

O：当用户插入或修改数据时，需要检查该完整性规则。

A：Sno 不能为空。

C：A 可作用于所有记录的 Sno 属性。

P：拒绝执行用户请求。

5.2.2 数据库完整性约束的分类

根据约束条件，数据库完整性约束分为值的约束和结构的约束两种类型。

（1）值的约束

即对数据类型、数据格式、取值范围和空值等进行规定

①对数据类型的约束，包括数据类型、长度、单位和精度等。例如，规定学生的姓名数据类型为字符型，长度为 8。

②对数据格式的约束。例如，规定出生日期的格式为 YY. MM. DD。

③对取值范围的约束。例如，成绩为百分数，所以其取值范围为 1～100。

④对空值的约束。空值表示未定义或者未知数值。例如，在 SC 关系中，学号 Sno 和课程号 Cno 不可以为空。

（2）结构的约束

即对数据之间联系的约束。

①函数依赖约束。例如，2NF，3NF 和 BCNF 需要满足的函数依赖。

②实体完整性约束。例如，在学生关系 Student 中，主码学号不能为空。

③参照完整性约束。例如，在成绩关系 SC 中，外码 Cno 的约束。

④统计约束。例如，规定某一个数值不得高于这一列的平均值等。

根据约束的状态，数据库完整性又分为静态约束和动态约束两种。

（1）静态约束

静态约束是指对数据库每一个确定状态所应满足的约束条件，是反映数据库状态合理性的约束，这是最重要的一类完整性约束。值的约束和结构的约束均属于静态约束。

（2）动态约束

动态约束是指数据库从一种状态转变为另一种状态时，新旧值之间所应满足的约束条件。动态约束反映的是数据库状态变迁的约束。例如，学生年龄在更改时只能增长，职工工资在调整时不得低于其原来的工资。

5.3 并发控制与封锁

5.3.1 并发控制

数据库是一个共享资源，可以由多个用户使用。允许多个用户同时使用的数据库系统称为多用户数据库系统。这些用户程序可以一个一个地串行执行，每个时刻只有一个用户程序运行，执行对数据库的存取。其他用户程序必须等到这个用户程序结束以后方能对数据库进行存取。如果一个用户程序涉及大量数据的输入/输出交换，则数据库系统的大部分时间将处于休闲状态。为了充分利用数据库资源，应该允许用户程序并行地存取数据库。如飞机订票系统、银行系统数据库等，都是多用户共享的数据库系统。

所谓并发控制，就是要用正确的方式调度并发操作，避免造成数据的不一致性，使一个用户事务的执行不受其他事务的干扰。当多个用户并发地存取数据库时，就会产生多个事务同时存取同一数据的情况。若对并发操作不加控制，就可能会存取和存储不正确的数据，破坏数据库的一致性。所以，数据库管理系统必须提供并发控制机制。并发控制机制是衡量数据库管理系统性能的重要标志之一。

下面看一下并发事务之间可能发生的相互干扰的示例。

假设有两个飞机订票点A和B，如果A，B两个订票点恰巧同时办理同一架航班的飞机订票业务。其操作过程及顺序如下：

①A订票点（事务A）读出航班目前的机票余额数为10张票。

②B订票点（事务B）读出航班目前的机票余额数，假设也为10张票。

③A订票点卖出6张机票，修改机票余额为10-6=4，并将4写回到数据库中。

④B订票点卖出5张机票，修改机票余额为10-5=5，并将5写回到数据库中。

可以看到这两个事务不能反映出飞机票数不够的情况，而且B事务覆盖了A事务对数据库的修改，使数据库中的事务不可信，这种情况就称为数据的不一致。这种不一致是由并发操作引起的。在并发操作的情况下，会产生数据的不一致，这是因为系统对A，B两个事务操作序列的调度是随机的。这种情况在现实当中是不允许发生的。因此，数据库管理系统必须想办法避免出现这种情况，这就是数据库管理系统在并发控制中要解决的问题。

并发操作所带来的数据不一致情况可分为丢失修改、不可重复读、读“脏”数据和产生“幽灵”数据四种情况。以下分别介绍：

（1）丢失数据修改

丢失数据修改是指两个事务 T1 和 T2 读入同一数据并进行修改，T2 提交的结果破坏了 T1 提交的结果，导致 T1 的修改被 T2 覆盖掉，如图 5-1 所示。

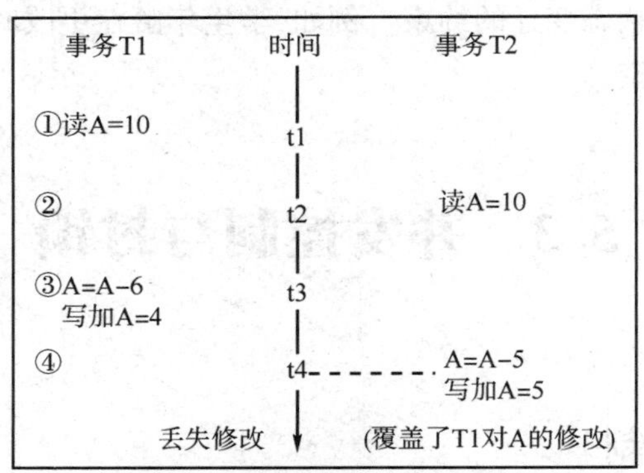

图 5-1　丢失数据修改示例

（2）读“脏”数据

读“脏”数据是指一个事务读取了某个失败事务运行过程中的数据。也就是说，事务 T1 修改了某一数据，并将修改结果写回到磁盘，然后事务 T2 读取了同一数据（是 T1 修改后的结果），但 T1 后来由于某种原因撤销了它所有的操作，这样被 T1 修改过的数据又恢复为原来的值，因此 T2 读到的值就与数据库中实际的数据值不一致了。这时就说 T2 读的数据为 T1 的“脏”数据，或不正确的数据。读“脏”数据的过程如图 5-2 所示。

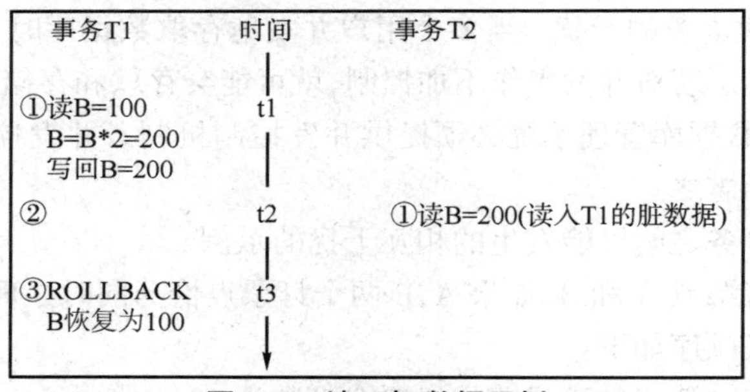

图 5-2　读“脏”数据示例

（3）不可重复读

不可重复读是指事务 T1 读取数据后，事务 T2 执行了更新操作，修改了 T1 读取的数据，T1 操作完数据后，又重新读取了同样的数据，但此次读完后，当 T1 再对这些数据进行相同操作时，所得的结果与前一次不一样，如图 5-3 所示。

（4）产生“幽灵”数据

产生“幽灵”数据属于不可重复读的范畴。是指当事务 T1 按一定条件从数据库中读取了某些数据记录后，事务 T2 删除了其中的部分记录，或者在其中添加了部分记录，则当 T1 再次按相同条件读取数据时，发现其中莫名其妙地少了（对删除）或多了（对插入）一些记录。这样

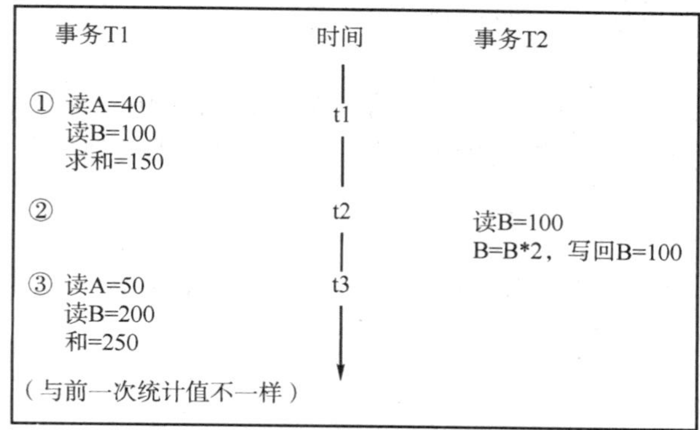

图 5-3 不可重复读示例

的数据对 T1 来说就是“幽灵”数据或称“幻影”数据。

总之,产生这四种数据不一致现象的主要原因是并发操作破坏了事务的隔离性。并发控制是用正确的方法来调度并发操作,使一个事务的执行不受其他事务的干扰,避免造成数据的不一致情况。

5.3.2 封锁

实现并发控制的方法有封锁(Lock)技术和时标(Timestamping)技术,重点介绍封锁技术。封锁就是当一个事务在对某个数据对象(可以是数据项、记录、数据集以至整个数据库,最常用的是记录)进行操作之前,必须获得相应的锁(Locking),以保证数据操作的正确性和一致性。

还是以前面的飞机订票系统为例。若 A 事务要修改订票数,在读出订票数之前先封锁此数据,然后再对数据进行读取和修改操作。这时其他事务就不能读取和修改订票数,直到事务 A 修改完成并将数据写回到数据库,并且解除对此数据的封锁之后,才能由其他事务使用这些数据。

1. 封锁类型

基本的封锁类型有以下四种。

(1) 排他(X)锁

若事务 T 对数据 R 加上 X 锁,则只允许 T 读取和修改 R。其他一切事务对 R 的任何封锁请求都不能成功,直至 T 释放 R 上的 X 锁。这就保证了其他事务不能再读取和修改 R,直至 T 释放 X 锁。也就是说,一旦事务获得了对某一数据的排他锁,任何其他事务均不能对该数据进行排他封锁,即其他事务只能进入等待状态,直到第一个事务撤销了对该数据的封锁为止。

(2) 共享(S)锁

若事务 T 对数据 R 加上 S 锁,则其他事务对 R 的 X 锁请求不能成功,而对 R 的 S 锁请求可以得到。这就保证了其他事务可以读取 R 但不能修改 R 的值,直至 T 释放 S 锁。

共享锁的操作基于如下事实:检索操作(Select)并不破坏数据的完整性,而修改操作(Insert, Delete, Update)才会破坏数据的完整性。加锁的目的在于防止更新所带来的失控操作破坏数据的一致性，而可以放心地进行检索操作。

(3) 更新(U)锁

当一个事务 T 对数据对象 A 加更新锁，首先对数据对象做更新锁锁定，这样数据将不能被修改，但可以读取，等到执行数据更新操作时，自动将更新锁转换为独占锁，但当对象上有其他锁存在时，无法对其做更新锁锁定。

(4) 意向锁

对于数据库中的数据对象，可用如图 5-4 所示的层次树表示。

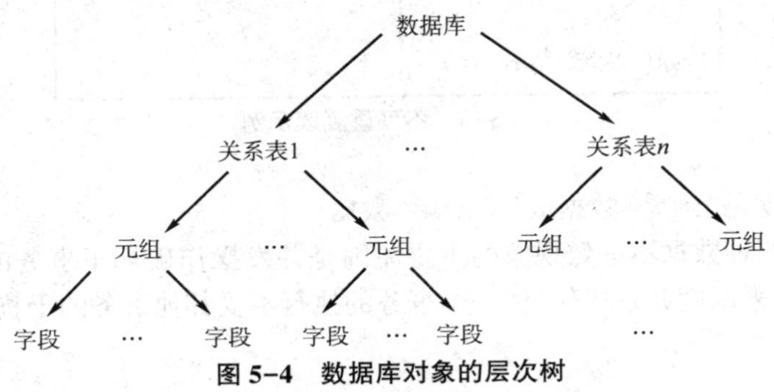

图 5-4　数据库对象的层次树

意向锁表示一个事务为了访问数据库对象层次结构中的某些底层资源(如表中的元组)而加共享锁或排他锁的意向。意向锁可以提高系统性能，因为 DBMS 仅在表级检查意向锁就可确定事务是否可以安全地获取该表上的锁，而无须检查表中每个元组的锁来确定事务是否可以锁定整个表。意向锁包括意向共享(IS)锁、意向排他(IX)锁及意向排他共享(SIX)锁。

①共享(IS)锁：如果对一个数据对象加 IS 锁，表示拟对它的后裔节点加 S 锁，读取底层的数据。例如，若要对某个元组加 S 锁，则首先应对元组所在的关系或数据库加 IS 锁。

②意向排他(IX)锁：如果对一个数据对象加 IX 锁，表示拟对它的后裔节点加 X 锁，更新底层的数据。例如，若要对某个关系加 X 锁，以便插入一个元组，则首先应对数据库加 IX 锁。

③意向排他共享(SIX)锁：如果对一个数据对象加 SIX 锁，表示对它加 S 锁，再加 IX 锁，即 SIX=S+IX。例如，对某个表加 SIX 锁，则表示该事务要读整个表(所以要对该表加 S 锁)，同时会更新个别元组(所以要对该表加 IX 锁)。

表 5-1 给出了上述锁类型及其作用。

表 5-1　锁类型及其作用

锁模式	描述
共享(S)	用于只读操作，如 SELECT 语句
更新(U)	用于可更新的资源中，防止当多个会话在读取、锁定及随后可能进行的资源更新时发生常见形式的死锁
排他(X)	用于数据修改操作，如 INSERT，UPDATE 或 DELETE，确保不会同时对同一资源进行多重更新
意向	用于建立锁的层次结构，意向锁的类型为意向共享 (IS)锁、意向排他(IX)锁及意向排他共享(SIX)锁

有些锁之间是相容的，如共享锁和更新锁；有些锁之间是不相容的，如共享锁和排他锁。表 5-2 列出了各种锁之间的相容性。其中最左边一列表示事务 T1 已经获得的数据对象上的锁的类型，最上面一行表示另一个事务 T2 对同一数据对象发生的加锁请求。

表 5-2 加锁类型的相容矩阵

锁模式	意向共享(IS)	共享(S)	更新(U)	意向排他(IX)	意向排他共享(SIX)	排他(X)
意向共享(IS)	相容	相容	相容	相容	相容	不相容
共享(S)	相容	相容	相容	不相容	不相容	不相容
更新(U)	相容	相容	不相容	不相容	不相容	不相容
意向排他(IX)	相容	不相容	不相容	相容	不相容	不相容
意向排他共享(SIX)	相容	不相容	不相容	不相容	不相容	不相容
排他(X)	不相容	不相容	不相容	不相容	不相容	不相容

不同的 DBMS 支持的锁类型可能不同。例如,对于 SQL Server,共有 6 种锁类型,分别是共享、更新、排他、意向、架构和大容量更新,所以,针对具体的 DBMS,应参考其使用手册。

2. 封锁粒度

被锁定的对象的数据量称为封锁粒度。封锁对象可以是逻辑单元,也可以是物理单元。以关系数据库为例,封锁对象可以是行、列、索引项、页、扩展盘区、表和数据库等。封锁粒度不同,系统的开销将不同,并且锁定粒度与数据库访问并发度是矛盾的,锁定粒度大,系统开销小,但并发度会降低,并且对 DBMS 来说内部管理更简单;锁定粒度小,系统开销大,但可提高并发度。选择封锁粒度时,必须同时考虑开销和并发度两个因素进行权衡,以求得最优的效果。一般原则为:

- 需要处理大量元组的用户事务,以关系为封锁单元。
- 需要处理多个关系的大量元组的用户事务,以数据库为封锁单元。
- 只处理少量元组的用户事务,以元组为封锁单元。

5.3.3 封锁协议

在运用 X 锁和 S 锁对数据对象进行加锁时,还需要约定一些规则,例如何时申请 X 锁或 S 锁、持锁时间、何时释放锁等。这些规则称为封锁协议或加锁协议(Locking Protocol)。对封锁方式规定不同的规则,就形成了各种不同级别的封锁协议。不同级别的封锁协议达到的系统一致性级别是不同的。

1. 一级封锁协议

一级封锁协议是对事务 T 要修改的数据加 X 锁,直到事务结束(包括正常结束和非正常结束)时才释放。

一级封锁协议可以防止丢失修改,并保证事务 T 是可恢复的,但不能保证可重复读和不读"脏"数据,如图 5-5 所示。事务 T1 要对 A 进行修改,在它读 A 之前先对 A 加了 X 锁。当 T2 要对 A 进行修改时,它也申请给 A 加 X 锁,但由于 A 已经加了 X 锁,因此 T2 的请求被拒绝,T2 只能等待,直到 T1 释放掉对 A 加的 X 锁为止。

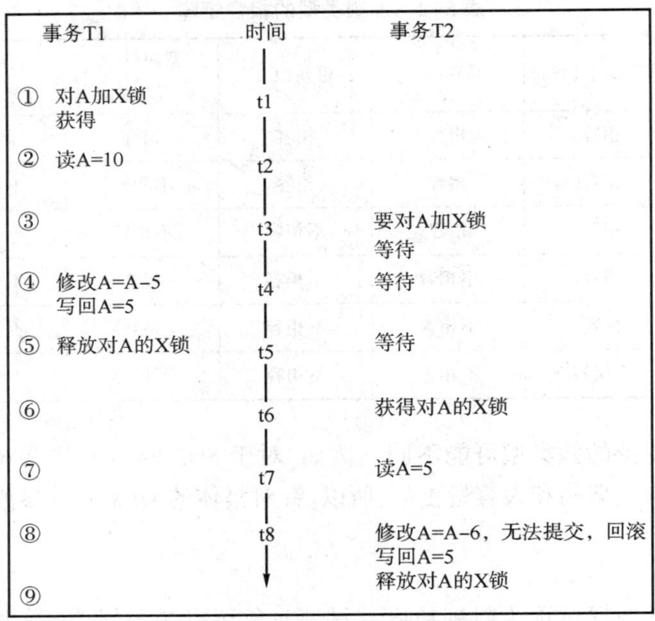

图 5-5　一级封锁协议示例

2. 二级封锁协议

二级封锁协议是在一级封锁协议的基础加上事务 T 对要读取的数据加 S 锁，读完后即释放 S 锁。二级封锁协议除了可以防止丢失修改外，还可以防止读“脏”数据。但不能保证可重复读数据。

如图 5-6 所示，事务 T1 要对 C 进行修改，则先对 C 加 X 锁，修改完成后，将值写回数据库。这时 T2 要读 C 的值，因此申请对 C 加 S 锁，由于 T1 已在 C 上加了 X 锁，因此 T2 只能等待，当 T1 由于某种原因撤销了它所做的操作时，C 恢复为原来的值 50，然后 T1 释放对 C 加的 X 锁，因而 T2 获得了对 C 的 S 锁。当 T2 能够读 C 时，C 的值仍然是原来的值，即 T2 读到的是 50，这样就避免了读“脏”数据。

3. 三级封锁协议

三级封锁协议是在一级封锁协议的基础上加上事务 T 对要读取的数据加 S 锁，并直到事务结束才释放。除了可以防止丢失修改和不读“脏”数据之外，还进一步防止了不可重复读。

如图 5-7 所示，事务 T1 要读取 A、B 的值，因此先对 A、B 加了 S 锁，这样其他事务只能再对 A、B 加 S 锁，而不能加 X 锁，即其他事务只能对 A、B 进行读取操作，而不能进行修改操作。因此，当 T2 为修改 B 而申请对 B 加 X 锁时，被拒绝，T2 只能等待。T1 为了验算，再读 A、B 的值，这时读出的值仍然是 A、B 原来的值，因此求和的结果也不会变，即可重复读。直到 T1 释放了在 A、B 上加的锁，T2 才能获得对 B 的 X 锁。

由以上可知，三个封锁协议的主要区别在于哪些操作需要申请封锁，以及何时释放锁。不同级别的封锁协议总结见表 5-3。

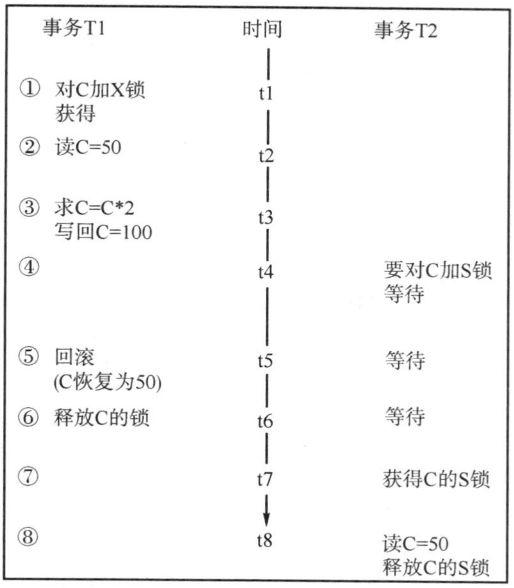

事务T1	时间	事务T2
① 对C加X锁 获得	t1	
② 读C=50	t2	
③ 求C=C*2 写回C=100	t3	
④	t4	要对C加S锁 等待
⑤ 回滚 (C恢复为50)	t5	等待
⑥ 释放C的锁	t6	等待
⑦	t7	获得C的S锁
⑧	t8	读C=50 释放C的S锁

图 5-6　二级封锁协议示例

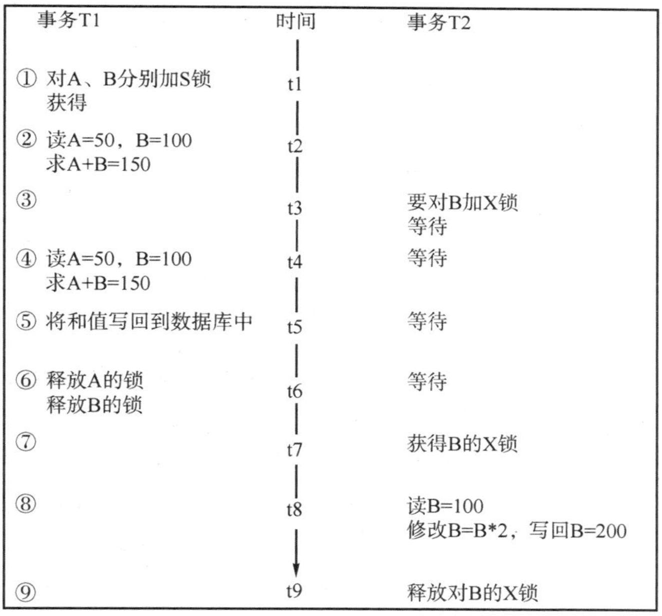

事务T1	时间	事务T2
① 对A、B分别加S锁 获得	t1	
② 读A=50，B=100 求A+B=150	t2	
③	t3	要对B加X锁 等待
④ 读A=50，B=100 求A+B=150	t4	等待
⑤ 将和值写回到数据库中	t5	等待
⑥ 释放A的锁 释放B的锁	t6	等待
⑦	t7	获得B的X锁
⑧	t8	读B=100 修改B=B*2，写回B=200
⑨	t9	释放对B的X锁

图 5-7　三级封锁协议

表 5-3　不同级别的封锁协议总结

封锁协议	X 锁(对写数据)	S 锁(对只读数据)	不丢失修改(写)	不读脏数据(读)	可重复读(读)
一级	事务全程加锁	不加	√		
二级	事务全程加锁	事务开始加锁，读完即释放锁	√	√	
三级	事务全程加锁	事务全程加锁	√	√	√

5.3.4 死锁

1. 死锁的种类

和操作系统一样,封锁的方法可能引起活锁和死锁。

(1) 活锁

活锁是指当若干事务要对同一数据项加锁时,造成一些事务的永远等待,得不到控制权的现象。假设 T1、T2、T3、T4 都要读取 R 的值,则它们依次对 R 加锁,如图 5-8 所示,这时 T2 可能永远处于等待状态。

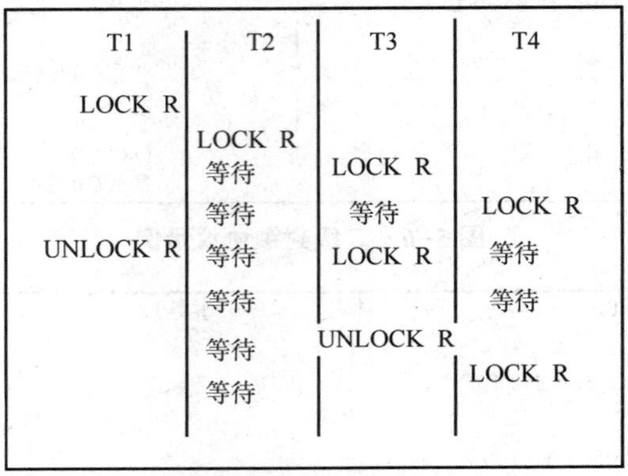

T1	T2	T3	T4
LOCK R			
	LOCK R		
	等待	LOCK R	
	等待	等待	LOCK R
UNLOCK R	等待	LOCK R	等待
	等待		等待
		UNLOCK R	
	等待		LOCK R
	等待		

图 5-8　活锁示例

避免活锁的简单方法是采用先来先服务,即让封锁子系统按照请求的次序排队,释放才获得的锁。

(2) 死锁

死锁是指两个以上事务集合中的每个事务都在等待加锁当前已被另一事务加锁的数据项,从而造成相互等待的现象。如图 5-9 所示,事务 T1 封锁了数据 R1,T2 封锁了数据 R2,然后 T1 又请求封锁 R2,由于 T1 已经封锁了 R1,因此 T2 也只能等待 T1 释放 R1 上的锁。这样就会出现 T1 等待 T2 先释放 R2 上的锁,而 T2 又等待 T1 释放 R1 上的锁的局面,此时 T1 和 T2 都在等待对方先释放锁,事务的执行进入一种僵持状态,因而形成死锁。

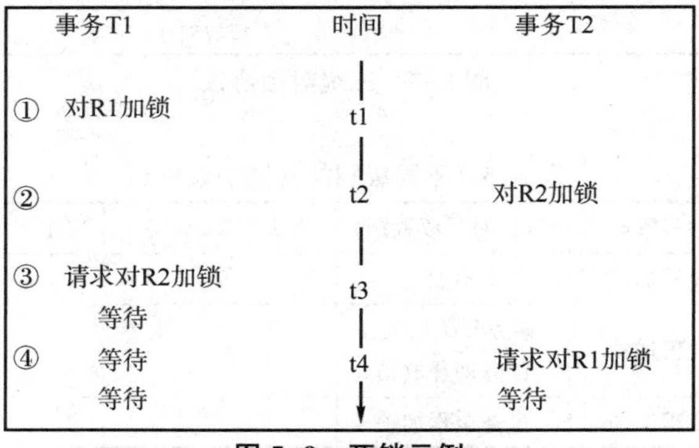

	事务T1	时间	事务T2
①	对R1加锁	t1	
②		t2	对R2加锁
③	请求对R2加锁	t3	
	等待		
④	等待	t4	请求对R1加锁
	等待	↓	等待

图 5-9　死锁示例

2. 死锁的诊断

DBMS 的并发控制子系统定期检测系统中是否存在死锁,一旦检测到死锁,就设法解除。并发控制子系统检测死锁的方法主要有:

(1) 超时法

如果一个事务的等待时间超过了规定的时限,就认为发生了死锁。这种方法实现简单,但存在两个问题:一是可能误判死锁,如果事务是由于其他原因而使等待时间长,系统会认为是发生了死锁;二是时限的设置问题,若时限设置得太长,可能导致死锁发生后不能及时发现。

(2) 等待图法

等待图法是动态地根据并发事务之间的资源等待关系构造一个有向图,并发控制子系统周期性地检测该有向图是否出现环路,若有,则说明出现了死锁。等待图 G=(T,U),其中,T 为节点的集合,U 为有向边的集合,一个节点表示并发执行的一个事务,如果事务 T1 等待事务 T2 释放锁,则从事务 T1 的节点引一有向边至事务 T2 的节点。

3. 在数据库中解决死锁的常用方法

(1) 采用一次封锁法

该方法是指每个事务一次就将所有要使用的数据全部加锁,否则就不能执行。这种方法的问题是封锁范围过大,降低了系统的并发性。

(2) 采用按序加锁法

此种方法预先规定一个封锁顺序,所有的事务都必须按这个顺序对数据执行封锁。这种方法的问题是若封锁对象较多,则随着插入、删除等操作的不断变化,维护这些资源的封锁顺序就很困难。另外,事务的封锁请求可随事务的执行而动态变化,因此很难事先确定每个事务的封锁数据及其封锁顺序。

上述预防死锁的策略并不很适合并发控制的实际应用,因此,DBMS 在解决死锁问题上大多采用的是诊断并解除死锁的方法。采取诊断的方式是构造一些算法,选择代价较小的撤销让路,释放该事务持有的所有的锁,使其他事务能继续运行。

5.3.5 两段锁协议

在并发执行事务时,由于事务交叉执行顺序不同,可能会得到不同的结果,即并发执行的事务具有不可再现性。不同的调度会产生不同的结果。那么哪个结果是正确的,哪个是不正确呢?为了保证在并发执行事务时仍能得到正确结果,特引入两段锁协议。

两段锁协议是指所有事务必须分两个阶段对数据库项加锁和解锁。两段锁协议规定所有的事务应遵守下列规则:

在对任何数据进行读、写操作之前,事务首先要获得对该数据的封锁,并且在释放一个封锁之后,事务再获得任何其他封锁。

所谓两段锁,含义是:事务分为两个阶段。第一阶段是获得封锁,也称为扩展阶段。在该阶段,事务可以申请获得任何数据项上的任何类型的锁,但是不能释放任何锁。第二阶段是释放封锁,也称为收缩阶段。在该阶段,事务可以释放任何数据项上的任何类型的锁,但是不能再申请任何锁，如图 5-10 所示。

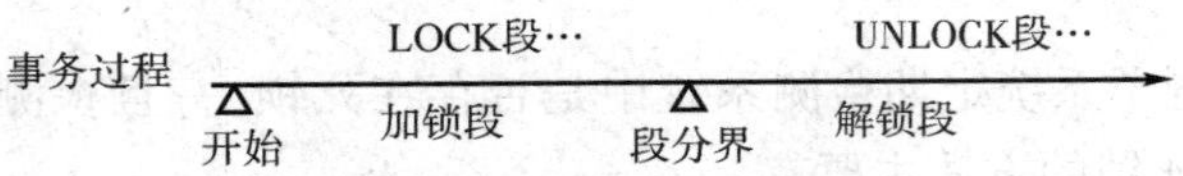

事务过程 —— LOCK段… —— UNLOCK段… →
开始 加锁段 段分界 解锁段

图 5-10 两段锁协议

若所有事务均遵守两段锁协议，则这些事务的所有交叉调度都是可串行化的。按照这个定理，所有遵守两段锁协议的事务，其并行执行的结果一定是正确的。

为了确保事务并行执行的正确性，许多系统采用两段锁协议。同时，系统设有死锁检测机制，出现死锁后按一定的算法解除死锁。

5.4 数据库的备份与恢复

备份数据库的主要目的是防止数据丢失。造成数据丢失的原因包括如下几种情况：由于不准确的更新而造成的数据的不正确；由于病毒的侵害而造成的数据的丢失或损坏；存放数据的物理磁盘或机器的损害；由于自然灾害而造成的损坏。

一旦数据库出现问题，可以根据备份对数据库进行恢复。

5.4.1 数据库故障的种类

由于以下几类原因可能导致数据库中的数据丢失或被破坏：系统故障、事务故障、介质故障、计算机病毒、误操作，以及自然灾害和盗窃等。

①系统故障，指造成系统停止运行的任何事件，使得系统需要重新启动，常称作软故障，如硬件错误、操作系统错误、突然停电等。

②事务故障，由于事务非正常终止而引起数据破坏。

③介质故障，指外存故障，如磁盘损坏、磁头碰撞等，常称作硬故障。

④计算机病毒，破坏性病毒会破坏系统软件、硬件和数据。

⑤误操作，如用户误使用了诸如 DELETE，UPDATE 等命令而引起数据丢失或被破坏。

⑥自然灾害，如火灾、洪水或地震等，它们会造成极大的破坏，会毁坏计算机系统及其数据。

⑦盗窃，一些重要数据可能会遭窃。

因此，必须制作数据库的副本，即进行数据库备份，以便在数据库遭到破坏时能够对其进行恢复，即把数据库从错误状态恢复到某一正确状态。

5.4.2 数据库备份

备份是一项重要的数据库管理工作，必须确定何时备份、备份到何处、由谁来做备份、备份哪些内容及备份策略。

设计备份策略的指导思想是:以最小的代价恢复数据库。备份与恢复是互相联系的,备份策略与恢复技术应结合起来考虑。

1. 备份内容

数据库中数据的重要程度决定了数据恢复的必要性与重要性,也就决定了数据是否及如何备份。数据库需备份的内容可分为系统数据库和用户数据库两部分,系统数据库记录了重要的系统信息,用户数据库则记录了用户的数据。

2. 备份方法

备份操作十分费时并且需要消耗大量资源,因此不能频繁进行。DBA 可根据数据库实际情况选择备份方式。按备份的时机,可分为静态备份与动态备份;按备份的范围,可分为海量(全量)备份与增量备份。

(1) 静态转储与动态转储

静态转储是当系统中没有事务运行时进行转储操作,即在转储操作开始前必须先停止所有对数据库的存取与更新操作,并且在转储期间也不能对数据库进行存取操作。动态转储指转储期间允许对数据库进行存取与更新操作。

静态备份简单,但转储必须停止所有数据库的存取与更新操作,这会降低数据库的可用性。动态备份可以克服静态转储的缺点,提高数据库的可用性,但转储结束后,保存的数据副本可能并不是正确有效的。这个问题可采用如下技术解决:记录转储期间各事务对数据库的修改活动,建立日志文件,在恢复时采用数据副本加日志文件的方式,将数据库恢复到某一时刻的正确状态。

(2) 海量转储和增量转储

海量转储指每次转储全部数据库,也称为全量转储。增量转储则指每次只转储自上次转储后被更新过的数据。

使用海量转储得到的后备副本进行数据恢复时会更加方便一些,但是,如果数据库很大且事务处理十分频繁,则采用增量转储更有效。

3. 性能考虑

在备份数据库时,考虑对 DBMS 性能的影响,主要有:

①备份一个数据库所需的时间主要取决于物理设备的速度,如磁盘设备的速度通常比磁带设备快。

②通常备份到多个物理设备比备份到一个物理设备要快。

③系统的并发活动对数据库的备份有影响,因此,在备份数据库时,应减少并发活动,以减少数据库备份所需的时间。

④尽可能同时向多个备份设备写入数据,即进行并行的备份。并行备份将需备份的数据分别备份在多个设备上,这多个备份设备构成了备份集。图 5-11 显示了在多个备份设备上进行备份,以及由备份的各组成部分形成的备份集。

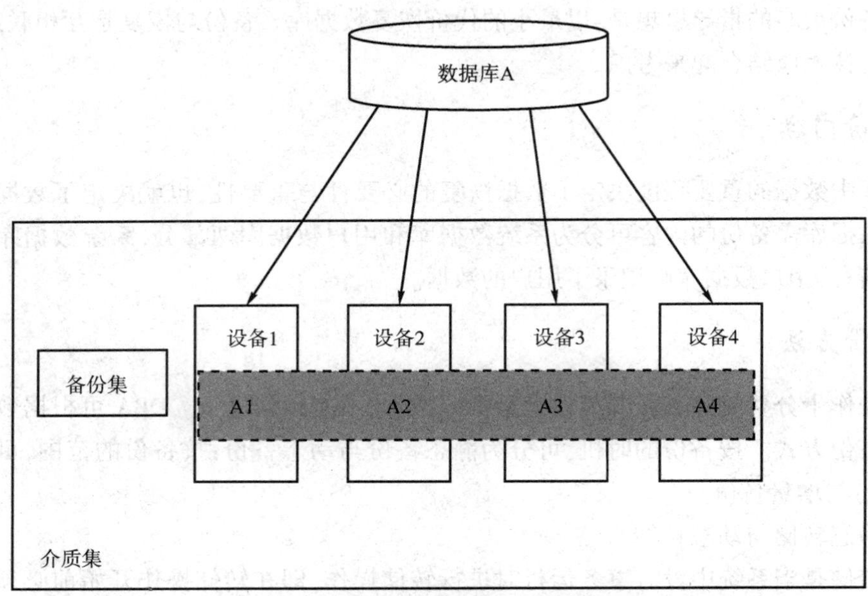

图 5-11　使用多个备份设备及备份集

5.4.3　数据库恢复

数据库恢复就是当数据库出现故障时，将备份的数据库加载到系统，从而使数据库恢复到备份时的正确状态。

恢复是与备份相对应的系统维护和管理操作，系统进行恢复操作时，先执行一些系统安全性的检查，包括检查所要恢复的数据库是否存在、数据库是否变化，以及数据库文件是否兼容等，然后根据所采用的数据库备份类型及发生的故障类型，采用相应的恢复策略。

1. 系统故障的恢复

当发生系统故障时，可能出现如下两种情况。

①未完成事务对数据库的更新可能已写入数据库。

②已提交事务对数据库的更新可能还留在缓冲区没来得及写入数据库，因此，系统故障的恢复操作主要是撤销故障发生时未完成的事务，重做已完成的事务，恢复由系统在重启时自动完成，步骤如下：

建立重做(REDO)队列和撤销(UNDO)队列。从头开始扫描日志文件，找出故障发生前已提交的事务（这些事务既有开始事务(BEGIN TRANSACTION)记录，又有提交事务(COMMIT TRANSACTION 记录)，将其事务标识记入重做队列，同时找出故障发生时尚未完成的事务（这些事务只有开始事务记录，而没有相应的提交事务记录），将其记入撤销队列。

2. 事务故障的恢复

事务故障指的是事务在运行至正常结束点(COMMIT 或 ROLLBACK)前被终止，这时 DBMS 的恢复子系统利用日志文件撤销该事务对数据库的修改。事务故障的恢复由 DBMS 自

动完成,步骤如下:

①从尾部开始反向扫描日志文件,查找该事务对数据的更新操作。

②对该事务的更新操作执行撤销操作,即将日志记录中"更新前的值"写入数据库。

③继续反向扫描日志文件,查找该事务的其他更新操作,并做同样处理,重复这一过程,直至扫描到该事务的开始标记。

3. 介质故障的恢复

介质故障是最严重的一类故障,此时磁盘上的数据和日志文件可能被破坏。介质故障的恢复方法是重装数据库,然后重做已完成的事务,步骤如下:

①装入最新的数据库后备副本,使数据库恢复到最近一次备份的一致性状态;对于动态备份的数据库副本,还要装入备份开始时刻的日志文件副本,利用恢复系统故障的方法(REDO+UNDO)将数据库恢复到一致性状态。

②装入备份结束时日志文件的副本,重做已完成的事务。

这样可将数据库恢复至故障前某个时刻的一致状态。

对于由于误操作、计算机病毒、自然灾害,或者是介质被盗造成的数据丢失,也可以采用这种方法进行恢复。

介质故障的恢复需要 DBA 介入,DBA 重装最近备份的数据库副本和有关的日志文件副本,然后执行恢复命令。

本书将在第 11 章结合 SQL Server 2012 的具体环境介绍如何实现数据库的备份与恢复。

本章小结

本章介绍了事务、并发控制和数据库的完整性,以及数据库的备份和恢复等概念。事务是数据库中非常重要的概念,它是保证数据并发性的重要方面;并发控制是指当同时执行多个事务时,为了保证一个事务的执行不受其他事务的干扰所采取的措施,其主要方法是加锁。

数据库的安全性和完整性是数据库保护的重要手段,数据库的备份和恢复是保证数据库出现故障时能够将数据库尽可能地恢复到正确状态的技术。备份数据库时不仅要备份数据,还要备份与数据库有关的所有对象、用户和权限。对于大型数据库来说,数据库备份是一项必不可少的任务。

习　题

一、单选题

1. 完整性控制的防范对象是(　　)。

A. 非法用户　　B. 不合语义的数据

C. 非法操作　　D. 错误的操作

2. 一个事务执行,应该遵守"要么不做、要么全做"的原则,这是事务的(　　)。

A. 原子性　　B. 一致性　　C. 隔离性　　D. 持久性

二、填空题

1. 解决并发控制带来的数据不一致问题普遍采用的技术是__________。
2. 在事务依赖图中，如果两个事务的依赖关系形成循环，那么就会__________。
3. 并发操作带来的异常包括丢失更新、读污和__________。
4. 一级封锁协议能够解决的并发性问题为__________。

三、简答题

1. 简述事务的概念。
2. 事务具有哪些特性？
3. 并发控制需解决哪些问题？
4. 并发操作所带来的数据不一致情况有哪些？
5. 什么是死锁？如何防止死锁？
6. 数据库故障大致分为几类？
7. 数据库备份的作用是什么？

第6章 数据库设计

学习目的

通过本章的学习，使学生了解数据库设计的步骤，理解并掌握需求分析、概念结构设计、逻辑结构设计、数据库物理设计及数据库实施的方法，了解数据库运行与维护的内容。

本章要点

- 数据库系统设计分析
- 系统的需求分析
- 概念设计、逻辑设计与物理设计方法

思维导图

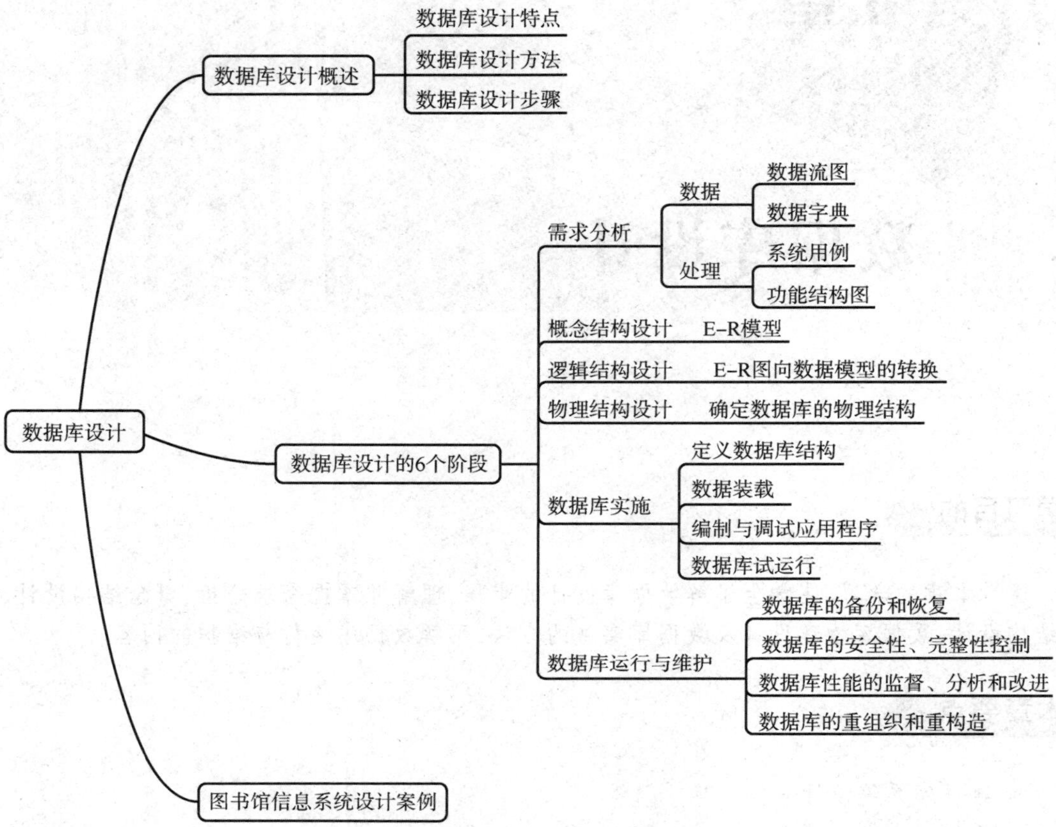

数据库设计
数据库设计概述
数据库设计特点
数据库设计方法
数据库设计步骤
数据库设计的6个阶段
需求分析
数据
数据流图
数据字典
处理
系统用例
功能结构图
概念结构设计
E-R模型
逻辑结构设计
E-R图向数据模型的转换
物理结构设计
确定数据库的物理结构
数据库实施
定义数据库结构
数据装载
编制与调试应用程序
数据库试运行
数据库运行与维护
数据库的备份和恢复
数据库的安全性、完整性控制
数据库性能的监督、分析和改进
数据库的重组织和重构造
图书馆信息系统设计案例

6.1 数据库设计概述

数据库设计是指利用现有的数据库管理系统为具有的应用对象构造合适的数据库模式，建立数据库及应用系统，使之能有效地收集、存储、操作和管理数据，满足企业中各种用户的应用需求（信息需求和处理需求）。

从本质上讲，数据库设计的过程是将数据库系统与现实世界密切、有机、协调一致地结合起来的过程。数据库设计经常面临的主要困难和问题是：

①懂得计算机与数据库的人一般都缺乏应用业务知识和实际经验，而熟悉应用业务的人又往往不懂计算机和数据库，同时具备这两方面知识的人很少。

②数据库设计人员在开始时往往不能明确应用业务的数据库系统目标。

③数据库设计缺乏很完善的设计工具和方法。

④用户的要求往往不是一开始就明确的，而是在设计过程中不断地提出新的要求，甚至在数据库建立后还会要求修改数据库结构和增加新的应用。

⑤应用业务系统千差万别，很难找到一种适合所有应用业务的工具和方法。

一个成功的数据库系统应具备以下特点：

①功能强大。

②能准确地表示业务数据。

③使用方便，易于维护。

④对最终用户操作的响应时间合理。

⑤便于数据库结构的改进。

⑥便于数据库的检索和修改。

⑦有效的安全机制。

⑧冗余数据最少或不存在。

⑨便于数据的备份和恢复。

6.1.1 数据库设计的特点

数据库设计的工作量大且复杂，是一项数据库工程，也是一项软件工程，数据库设计的很多阶段都可对应于软件工程的各阶段，软件工程的一些方法和工具也适用于数据库工程设计。但由于数据库设计是与用户的业务需求密切相关，所以数据库设计还应包括两个方面的内容：结构（数据）设计；行为（处理）设计。也就是说，整个设计过程中要把结构（数据）设计和行为（处理）设计密切结合起来。数据库设计的主要有以下特点：

（1）综合性

数据库设计的范围很广，包含了计算机专业知识及业务系统的专业知识。所以数据库设计者一般都要花费相当多的时间去熟悉应用系统的知识，这一过程虽然烦琐，但是会影响系统最后的成功。

（2）数据库的结构设计与行为设计相分离

数据库的结构设计是指根据给定的应用环境，进行数据库的模式或子模式的设计，并且具有较小的冗余、能满足不同用户的需求、能实现数据的共享等特点。它包括数据库的概念设计、逻辑设计和物理设计。数据库模式是各应用程序共享的结构,是静态的、稳定的,一经形成,通常情况下是不容易改变的,所以结构设计又称为静态模型设计。数据库结构设计是否合理,直接影响到系统中各个处理过程的性能和质量。

数据库的行为设计是指确定数据库用户的行为和动作。在数据库系统中,用户的行为和动作指用户对数据库的操作,这些要通过应用程序来实现,所以数据库的行为设计就是应用程序的设计。用户的行为总是使数据库的内容发生变化,所以行为设计又称为动态模型设计。

数据库的结构设计与行为设计互相分离,如图 6-1 所示。传统的软件工程中,比较注重处理过程的设计,不太重视数据结构的设计;而数据库设计与传统的软件工程的做法相反,数据库设计的主要精力首先放在数据结构的设计上。

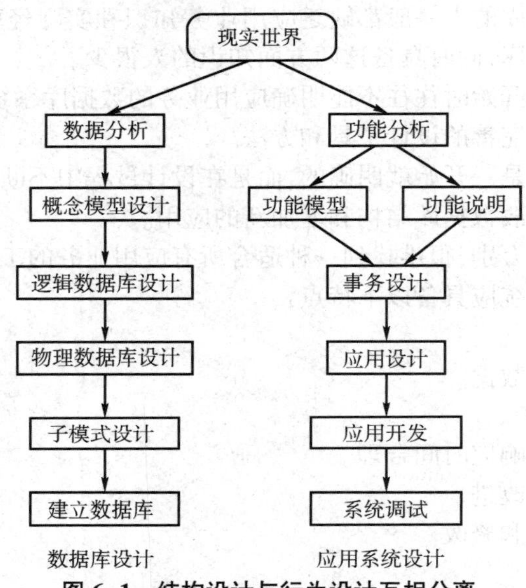

图 6-1　结构设计与行为设计互相分离

6.1.2　数据库设计方法

早期数据库设计方法缺乏科学理论和工程方法的支持,设计质量难以保证。为了使数据库设计更合理、更有效,需要有效的指导原则,这种原则称为数据库设计方法。

(1) 新奥尔良(New Orleans)方法

将数据库设计分为 4 个阶段:需求分析、概念结构设计、逻辑结构设计和物理结构设计。

(2) 基于 E-R 模型的数据库设计方法

1976 年,P. P. S. Chen 提出了基于 E-R 模型的数据库设计方法,其基本思想是在需求分析的基础上,用 E-R 图构造一个反映现实世界实体之间联系的企业模式,确定后再将此模式转换成基于某一特定的 DBMS 的概念模式。

(3) 3NF(第三范式)的设计方法

其基本思想是在分析的基础上,确定数据库模式中的全部属性和属性间的依赖关系,将它们组织在一个关系模式中,然后再分析模式中不符合 3NF 的约束条件,将其进行投影分解,规范成 3NF 关系模式的集合。

(4) ODL(Object Definition Language)方法

对象定义语言是用面向对象的术语来说明数据库结构的一种标准语言,主要用途是书写面向对象数据库的设计,进而将其直接转换成面向对象数据库管理系统(object-oriented DBMS,OODBMS)的说明。DBMS 的基本语言一般是 C++或者 Smalltalk,所以必须把 ODL 转换成其中一种语言的说明。

(5) 统一建模语言(UML)方法

统一建模语言能为软件开发的所有阶段提供模型化和可视化支持,并且融入了软件工程领域的新思想、新方法和新技术,使软件设计人员沟通更简明,进一步缩短了设计时间,减少开发成本。它的应用领域很宽,不仅适用于一般系统的开发,而且适用于并行与分布式系统的建模。UML 从目标系统的不同角度出发,定义了用例图、类图、对象图、状态图、活动图、时序图、协作图、构件图、部署图等 9 种图。

上面这些方法都是在数据库设计的不同阶段上支持实现的具体技术和方法,进行数据库设计时需综合运用。

6.1.3 数据库设计的基本步骤

按照规范设计的方法,考虑数据库及其应用系统开发全过程,将数据库设计分为以下六个阶段:需求分析、概念结构设计、逻辑设计、物理设计、数据库实施、数据库运行和维护。数据库设计的全过程如图 6-2 所示。

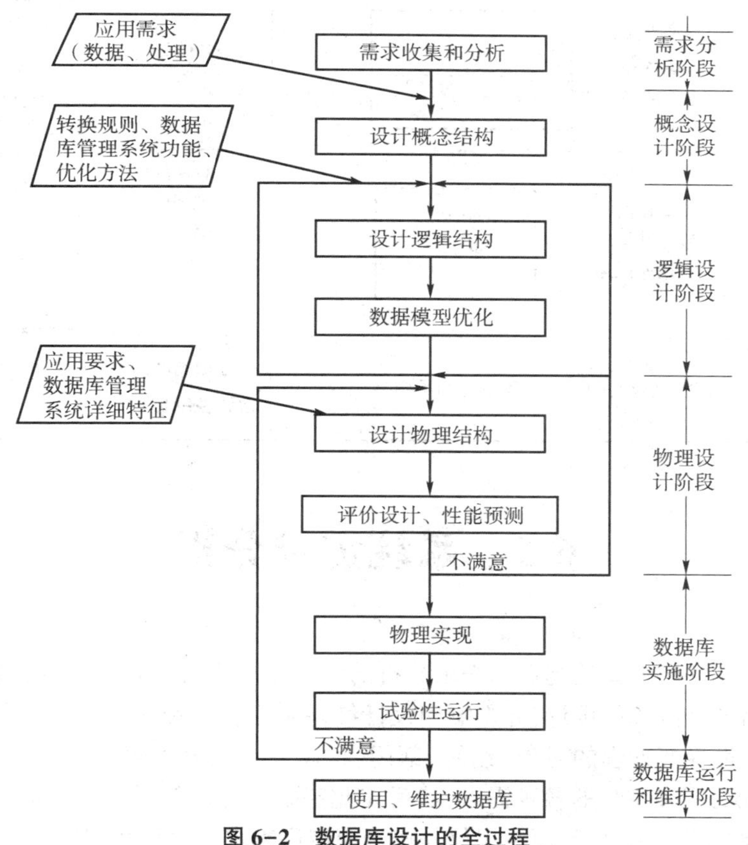

图 6-2 数据库设计的全过程

其中的需求分析阶段与概念设计阶段是独立于任何数据库管理系统的，逻辑设计阶段与物理设计阶段是与所选用的数据库管理系统密切相关的。数据库设计过程各个阶段的数据与处理描述见表6-1。

表6-1　设计各阶段描述

设计阶段	设计描述	
	数据	处理
需求分析	数据字典、全系统中数据项、数据流、数据存储的描述	数据流图和判定表（判定树）、数据字典中处理过程的描述
概念设计	概念模型（E-R图） 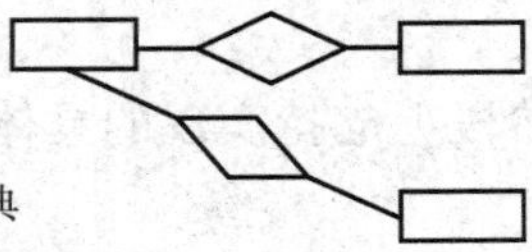 数据字典	系统说明书包括： ①新系统要求、方案和概图 ②反映新系统信息流的数据流图 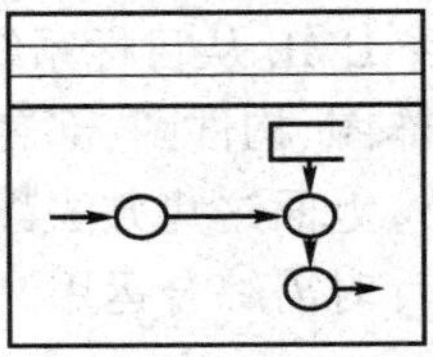
逻辑设计	某种数据模型 关系　非关系 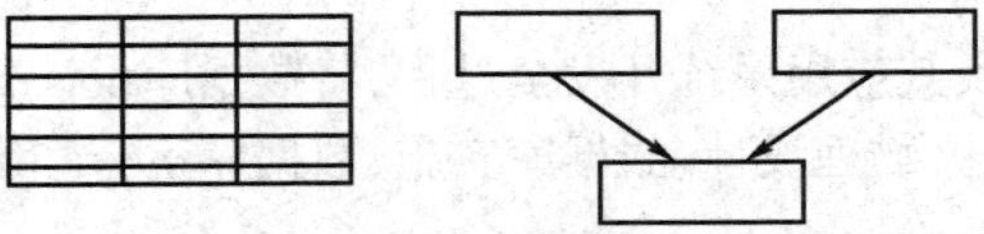	系统结构图 （模块结构） 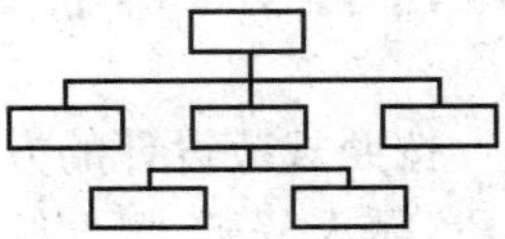
物理设计	存储安排 方法选择 存取路径建立 分区1 分区2 ⋮	模块设计 IPO表 IPO表... 输入： 输出： 处理：
数据库实施	编写模式 装入数据 数据库试运行 Creat… Load …	程序编码、 编译联结、 测试 main() ... if... then ... end
数据库运行和维护	性能监测、转储/恢复、数据库重组和重构	新旧系统转换、运行、维护（修正性、适应性、改善性维护）

6.2　系统需求分析

需求分析是设计数据库的起点。需求分析的结果是否准确地反映了用户的实际要求，将直接影响到后面各个阶段的设计，并影响到设计结果是否合理和实用。需求分析的任务是通过详细调查现实世界要处理的对象（组织、部门、企业等），充分了解原系统（手工系统或计算机系统）工作概况，明确用户的各种需求，然后在此基础上确定新系统的功能。新系统必须充分考虑今后可能的扩充和改变，而不仅仅是按当前应用需求来设计数据库。

调查的重点是"数据"和"处理",通过调查、收集与分析,获得用户对数据库的要求有:一是信息要求,指用户需要从数据库中获得信息的内容与性质,由信息要求可以导出数据要求,即在数据库中需要存储哪些数据。二是处理要求,指用户要完成什么处理功能,对处理的响应时间有什么要求,处理方式是批处理还是联机处理。三是安全性与完整性要求,进行需求分析首先是调查清楚用户的实际要求,与用户达成共识,然后分析与表达这些需求。

需求分析的方法有多种,结构化分析(Structured Analysis,简称 SA 方法)是最简单实用的方法。它是面向数据流进行需求分析的方法。它采用自顶向下逐层分解的分析策略,画出相应系统的数据流图(data flow diagram,DFD)。

数据流图是一种从"数据"和"对数据的加工"两方面表达系统工作过程的图形表示方法。它有四个基本成分:

①数据流:用→(箭头)表示。它是数据在系统内传播的路径,因此由一组固定的数据项组成。如学生由学号、姓名、性别、出生日期、院(系)等数据项组成。由于数据项是流动中的数据,所以必须有流向,在加工之间、加工与源终点之间、加工与数据存储之间流动。除了与数据存储之间的数据流不用命名外,数据流应该用名词或名词短语命名。

②数据文件:用━(单杠)表示。它又称为数据存储,指系统对数据的保存。它一般是数据文件。流向数据文件的数据流通常可理解为写入文件或查询文件,从数据文件流出的数据可理解为从文件读取或得到查询结果。

③加工:用○(圆或椭圆)表示。它又称为数据处理,指对数据流进行操作或变换。每个加工也要有名字,通常是动词短语,简明地描述完成什么加工。

④数据的源点或终点:用□表示。本系统外部环境中的实体(包括人员、组织或其他软件系统)通称为外部实体。它们是为了帮助理解系统接口界面而引入的,一般只出现在数据流图的顶层图中。

例如,图 6-3 所示是学生选课关系的数据流图。

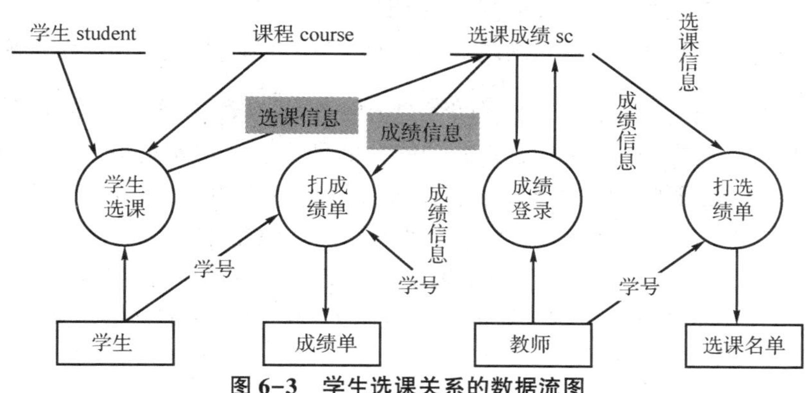

图 6-3 学生选课关系的数据流图

数据流图表达了数据和处理的关系,并没有对各个数据流、加工、数据文件进行详细说明,如数据流、数据文件的名字并不能反映其中的数据成分、数据项和数据特性,在加工中不能反映处理过程等。

数据字典是用来定义数据流中各个成分的具体含义的,它以一种准确的、无二义性的说明方式为系统的分析、设计及维护提供了有关元素的一致的定义和详细的描述。它是进行详细的数据收集和数据分析所获得的主要成果。通常包括以下五个部分：

①数据项：是数据流图中数据块的数据结构中的数据项说明。数据项是不可再分的数据单位。

数据项描述={数据项名，数据项含义说明，别名，数据类型，长度，取值范围，取值含义，与其他数据项的逻辑关系}

其中，“取值范围”“与其他数据项的逻辑关系”定义了数据的完整性约束条件，是设计数据检验功能的依据。

②数据结构：指数据流图中数据块的数据结构说明。它反映了数据之间的组合关系。一个数据结构可以由若干个数据项组成，也可以由若干个数据结构组成，或者由若干个数据项和数据结构组成。

数据结构描述={数据结构名，含义说明，组成：{数据项或数据结构}}

③数据流：指数据流图中流线的说明。它是数据结构在系统内传输的路径。

数据流描述={数据流名，说明，数据流来源，数据流去向，组成：{数据结构}，平均流量，高峰期流量}

其中，“数据流来源”是说明该数据流来自哪个过程；“数据流去向”是说明该数据流将到哪个过程去；“平均流量”是指在单位时间（每天、每周、每月等）里的传输次数；“高峰期流量”是指在高峰时期的数据流量。

④数据存储：指数据流图中数据块的存储特性说明。它是数据结构停留或保存的地方，也是数据流的来源和去向之一。

数据存储描述={数据存储名，说明，编号，流入的数据流，流出的数据流，组成：{数据结构}，数据量，存取方式}

其中，“数据量”是指每次存取多少数据、每天（或每小时、每周等）存取几次等信息；“存取方法”包括是批处理还是联机处理，是检索还是更新，是顺序检索还是随机检索等。此外，“流入的数据流”要指出其来源，“流出的数据流”要指出其去向。

⑤处理过程：指数据流图中功能块的说明。数据字典中只需要描述处理过程的说明性信息。

处理过程描述={处理过程名，说明，输入：{数据流}，输出：{数据流}，处理：{简要说明}}

其中，“简要说明”中主要说明该处理过程的功能及处理要求。功能是指该处理过程用来做什么（而不是怎么做）；处理要求包括处理频度要求，如单位时间里处理多少事务、多少数据量、响应时间要求等，这些处理要求是后面物理设计的输入及性能评价的标准。

可见数据字典是关于数据库中数据的描述，即元数据，而不是数据本身。

例如以图6-3所示的学生选课关系的数据流图为例简要说明如何来定义数据字典。

①数据项：以“学号”为例。

数据项名：学号

数据项含义：唯一标识每一个学生

别名：学生编号

数据类型：字符型

长度：9

取值范围：000 000 000~999 999 999

取值含义：前4位为入学年号，5~6位为院系号，后3位为顺序号

与其他数据项的逻辑关系:无

②数据结构:以“学生”为例。

数据结构名:学生

含义说明:是学生管理子系统的主体数据结构,定义了一个学生的有关信息

组成:学号、姓名、性别、年龄、院(系)

③数据流:以“选课信息”为例。

数据流名:选课信息

说明:学生所选课程信息

数据流来源:“学生选课”处理

数据流去向:“学生选课”存储

组成:学号,课程号

平均流量:每天 10 个

高峰期流量:每天 1 000 个

④数据存储:以“学生选课”为例。

数据存储名:学生选课

说明:记录学生所选课程的成绩

编号:无

流入的数据流:选课信息,成绩信息

流出的数据流:选课信息,成绩信息

组成:学号,课程号,成绩

数据量:5 000 个记录

存取方式:随机存取

⑤处理过程:以“学生选课”为例。

处理过程名:学生选课

说明:学生从可选修的课程中选取课程

输入数据流:学生,课程

输出数据流:学生选课

处理:每学期学生都可以从公布的选修课程中选修自己想学的课程。选课时,有些选修课有先修课程的要求;保证选修课的上课时间不能与该生必修课时间相冲突;每个学生四年内的选修课门数不能超过 8 门。

明确地把需求收集和分析作为数据库设计的第一阶段是十分重要的。这一阶段收集到的基础数据和一组数据流程图是下一步进行概念设计的基础。如果把整个数据库设计看作是一个系统工程,那么需求分析就是为这个系统工程输入最原始的信息。如果这一步做得不好,即使后面的各步设计得再好,也是徒劳的。

6.3 概念结构设计

概念结构的设计就是将由需求分析得到的用户需求抽象为信息结构概念模型的过程,它

是整个数据库设计的关键。概念结构的主要特点是：

①能真实、充分地反映现实世界，包括事物和事物之间的联系，能满足用户对数据的处理要求；是对现实世界的一个真实模型。

②易于理解，从而可以用它和不熟悉计算机的用户交换意见。用户的积极参与是数据库设计成功的关键。

③易于更改。当应用环境和应用要求改变时，容易对概念模型修改和扩充。

④易于向关系、网状、层次等各种数据模型转换。

概念结构是各种数据模型的共同基础，它比数据模型更独立于机器、更抽象，从而更加稳定。数据库设计中概念结构设计是至关重要的，它是后续各阶段设计的基础。

描述概念模型的主要工具是 E-R 模型。概念结构设计的方法通常有四类：

①自顶向下。即首先定义全局概念结构的框架，然后逐步细化。

②自底向上。即首先定义各局部应用的概念结构，然后将它们集成起来，得到全局概念结构。

③逐步扩张。首先定义最重要的核心概念结构，然后向外扩充，以滚雪球的方式逐步生成其他概念结构，直至总体概念结构。

④混合策略。即将自顶向下和自底向上相结合，用自顶向下策略设计一个全局概念结构的框架，以它为骨架集成由自底向上策略中设计的各局部概念结构。

其中最经常采用的策略是自底向上方法。即自顶向下地进行需求分析，然后再自底向上地设计概念结构，如图 6-4 所示。

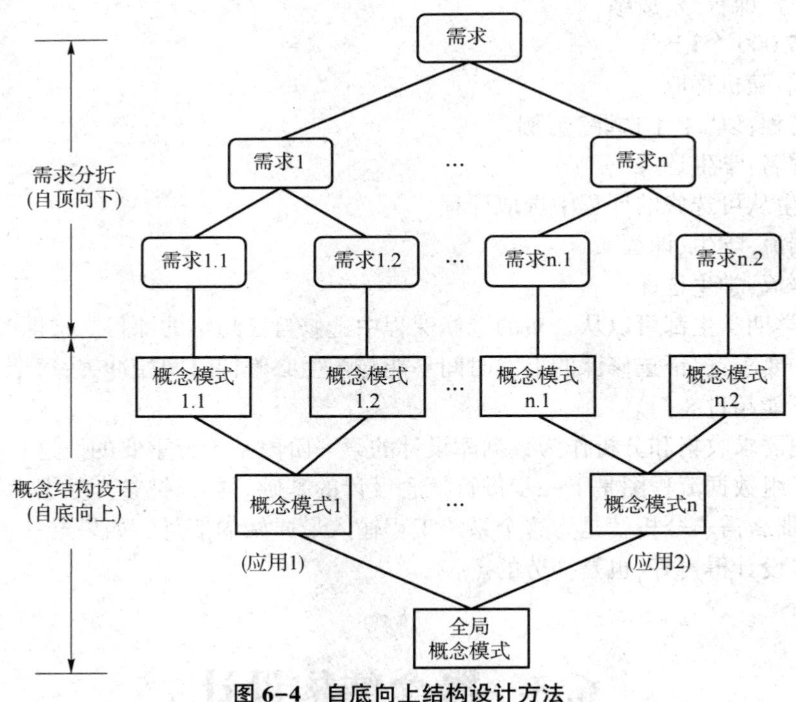

图 6-4　自底向上结构设计方法

这里只介绍自底向上设计概念结构的方法。它通常分为两步：第一步是抽象数据并设计局部视图；第二步是集成局部视图，得到全局的概念结构。如图 6-5 所示。

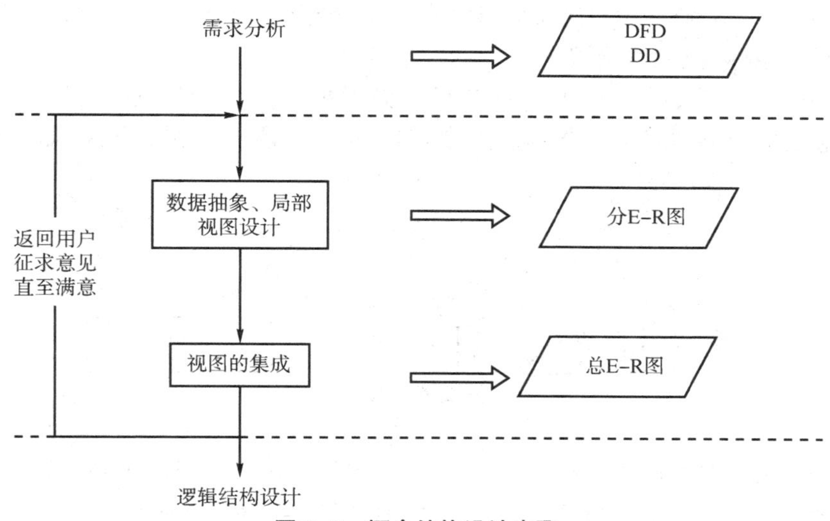

图 6-5 概念结构设计步骤

概念结构是对现实世界的一种抽象。所谓抽象，是对实际的人、物、事和概念进行人为处理，它抽取所关心的共同特性，忽略非本质的细节，并把这些特性用各种概念精确地加以描述，这些概念组成了某种模型。概念结构设计首先要根据需求分析得到的结果（DFD、DD 等）对现实世界进行抽象，设计各局部 E-R 模型。这种抽象机制主要有以下几种方法：

（1）数据抽象

在系统需求分析阶段，最后得到了多层数据流图、数据字典和系统分析报告。建立局部 E-R 模型，就是根据系统的具体情况，在多层的数据流图中选择一个适当层次的数据流图，作为设计 E-R 图的出发点，让这些图中每一部分对应一个局部应用。在前面选定的某一层次的数据流图中，每个局部应用都对应一组数据流图，局部应用所设计的数据存储在数据字典中。将这些数据从数据字典中抽取出来，参照数据流图，确定每个局部应用包含哪些实体，这些实体又包含哪些属性，以及实体之间的联系及其类型。

设计局部 E-R 模型的关键就是正确划分实体和属性。实体和属性之间在形式上并无可以明显区分的界限，通常是按照现实世界中事物的自然划分来定义实体和属性，将现实世界中的事物进行数据抽象，得到实体和属性。

（2）分类

定义某一类概念作为现实世界中一组对象的类型。这些对象具有某些共同的特性和行为。它抽象了对象值和型之间的“is member of”的语义。在 E-R 模型中，实体型就是这种抽象。例如，在学生管理中，“本科生”是一种学生，表示“本科生”是学生中的一员，它具有学生共同的特性和行为。

（3）聚集

定义某一类型的组成成分。它抽象了对象内部类型和成分之间的语义。在 E-R 模型中，若干属性的聚集组成了实体型，就是这种抽象。例如，把实体集“学生”的“学号”“姓名”“性别”“出生日期”等属性聚集成实体型“学生”。

（4）概括

定义类型之间的一种子集联系。它抽象了类型之间的“is subset of”的语义。例如，学生是一个实体型,本科生、研究生也是实体型。本科生、研究生均是学生的子集。把学生称为超类,本科生、研究生称为学生的子类。

原 E-R 模型不具有概括,本书对 E-R 模型做了扩充,允许定义超类实体型和子类实体型。并用双竖边的矩形框表示子类,用直线加小圆圈表示超类-子类的联系,如图 6-6 所示。

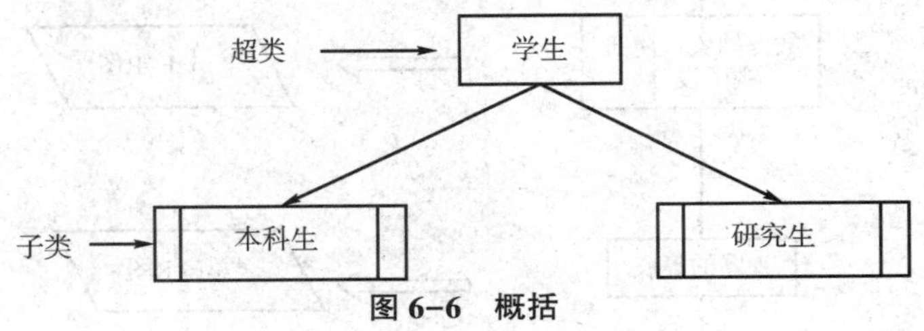

图 6-6　概括

概括有一个很重要的性质:继承性。子类继承超类上定义的所有抽象。这样,本科生、研究生继承了学生类型的属性。当然,子类可以增加自己的某些特殊属性。

概念结构设计的第一步就是利用上面介绍的抽象机制对需求分析阶段收集到的数据进行分类、组织(聚集),形成实体、实体的属性,标识实体的码,确定实体之间的联系类型(1:1,1:n,m:n),设计分 E-R 图。具体做法是:

(1) 选择局部应用

根据某个系统的具体情况,在多层的数据流图中选择一个适当层次的数据流图,作为设计分 E-R 图的出发点。让这组图中每一部分对应一个局部应用,即可以这一层次的数据流图为出发点,设计分 E-R 图。

由于高层的数据流图只能反映系统的概貌,而中层的数据流图能较好地反映系统中各局部应用的子系统组成,因此人们往往以中层数据流图作为设计分 E-R 图的依据。

(2) 逐一设计局部 E-R 图

选择好局部应用之后,就要对每个局部应用逐一设计局部 E-R 图。

在前面选好的某一层次的数据流图中,每个局部应用都对应了一组数据流图,局部应用涉及的数据都已经收集在数据字典中了。现在就是要将这些数据从数据字典中抽取出来,参照数据流图,标定局部应用中的实体、实体的属性、标识实体的码,确定实体之间的联系及其类型(1:1,1:n,m:n)。

事实上,在现实世界中,具体的应用环境常常对实体和属性已经做了大体的自然的划分。在数据字典中,"数据结构""数据流"和"数据存储"都是若干属性有意义的聚合,就体现了这种划分。可以先从这些内容出发定义 E-R 图,然后再进行必要的调整。在调整中遵循的一条原则是:为了简化 E-R 图的处置,现实世界的事物能作为属性对待的,尽量作为属性对待。

设计局部 E-R 模型的关键是标识实体和实体之间的联系。所以要决定如何将数据分析阶段收集到的数据项划分成实体和属性。实际上,实体与属性是相对而言的,实体与属性之间并没有形式上可以截然划分的界限,但可以给出两条准则:

①作为"属性",不能再具有需要描述的性质。"属性"必须是不可分的数据项,不能包含其他属性。

②"属性"不能与其他实体具有联系,即 E-R 图中所表示的联系是实体之间的联系,而不能有属性与实体之间发生的联系。

凡满足上述两条准则的事物,一般均可作为属性对待。但有时根据实际情况,同一数据项,可能由于环境和要求的不同,有时作为属性,有时则作为实体。一般情况下,凡能作为属性对待的,应尽量作为属性,以简化 E-R 图的处理。

【例 6-1】在简单的生产管理系统中有下列联系,请画出生产部门和供应部门的局部 E-R图。

①一件产品可以由多个零件组成,一个零件可以组装多件不同的产品,因此产品和零件是多对多联系。

②一件产品可以使用多种材料,一种材料可以用于多件不同的产品,因此产品和材料是多对多联系。

③一个仓库可以存放多种材料,一种材料只存放于一个仓库中,因此仓库和材料是一对多联系。

根据上述约定,可得到图 6-7 所示的生产部门的局部 E-R 图和图 6-8 所示的供应部门的局部 E-R 图。

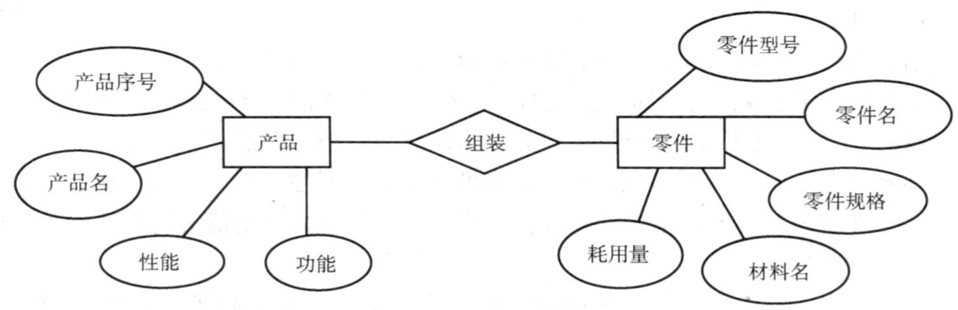

图 6-7 生产部门的局部 E-R 图

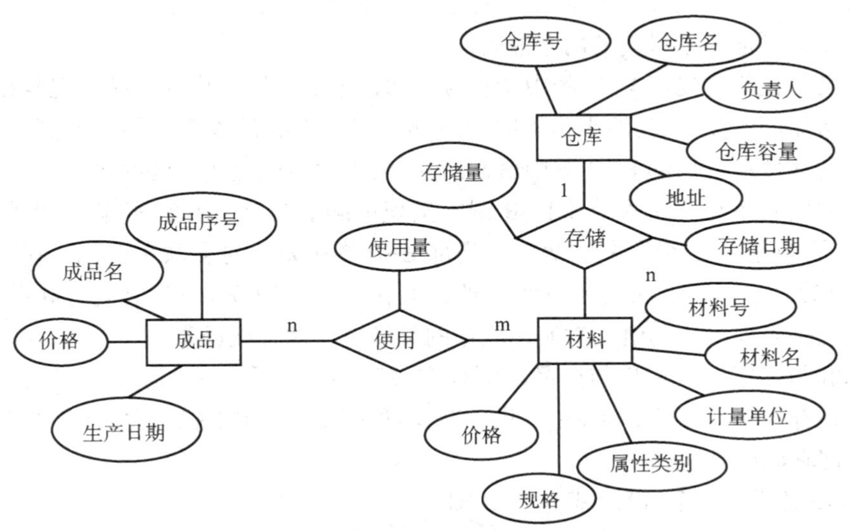

图 6-8 供应部门的局部 E-R 图

各子局部视图即分 E-R 图设计好以后,需要对它们进行合并,集成为一个整体的数据概念结构,即将所有的分 E-R 图综合成一个系统的总 E-R 图。

• 合并局部 E-R 图，生成初步 E-R 图

各个局部应用所面向的问题不同，并且通常由不同的设计人员进行局部视图设计，这就导致各个局部 E-R 图之间必定会存在许多不一致的地方，称之为冲突。因此，合并局部 E-R 图时并不能简单地将各个局部 E-R 图画到一起，而是必须着力消除各个局部 E-R 图中的不一致，以形成一个能为全系统中所有用户共同理解和接受的统一的概念模型。合理消除各局部 E-R 图的冲突是合并局部 E-R 图的主要工作与关键所在。

各局部 E-R 图之间的冲突主要有三类：属性冲突、命名冲突和结构冲突。

(1) 属性冲突

①属性域冲突，即属性值的类型、取值范围或取值集合不同。例如学号，有的部门把它定义为整数，有的部门把它定义为字符型。不同的部门对应学号的编码也不同。又如年龄，某些部门以出生日期形式表示学生的年龄，而另一些部门用整数表示学生的年龄。

②属性取值单位冲突。例如学生的体重，有的以公斤[①]为单位，有的以斤为单位。

属性冲突理论上好解决，但实际上需要各部门讨论协商，解决起来并非易事。

(2) 命名冲突

①同名异义，即不同意义的对象在不同的局部应用中具有相同的名字。

②异名同义（一义多名），即同一意义的对象在不同的局部应用中具有不同的名字。

如对科研项目，财务科称为项目，科研处称为课题，生产管理处称为工程。

命名冲突可能发生在实体、联系一级上，也可能发生在属性一级上。其中属性的命名冲突更为常见。处理命名冲突通常也像处理属性冲突一样，通过讨论、协商等行政手段加以解决。

(3) 结构冲突

①同一对象在不同应用中具有不同的抽象。例如，职工在某一局部应用中被当作实体，而在另一局部应用中则被当作属性。

解决方法通常是把属性变换为实体或把实体变换为属性，使同一对象具有相同的抽象。但变换时仍要遵循前节中讲述的两个准则。

②同一实体在不同局部 E-R 图中所包含的属性个数和属性排列次序不完全相同。

这是很常见的一类冲突，原因是不同的局部应用关心的是该实体的不同侧面。解决方法是使该实体的属性取各局部 E-R 图中属性的并集，再适当调整属性的次序。

③实体间的联系在不同的局部 E-R 图中呈现不同的类型，例如，实体 E-R 图与 E2 在一个局部 E-R 图中是多对多联系，在另一个局部 E-R 图中是一对多联系；又如，在一个局部 E-R 图中 E1 与 E2 发生联系，而在另一个局部 E-R 图中 E1、E2、E3 三者之间有联系。

解决方法是根据应用的语义对实体联系的类型进行综合或调整。

例如，如图 6-9 所示，零件与产品之间存在多对多的联系——“构成”，产品、零件与供应商三者之间还存在多对多的联系——“供应”，这两个联系互相不能包含，在合并两个局部 E-R 图时就应把它们综合起来。

• 消除不必要的冗余，设计基本 E-R 图

局部 E-R 图经过合并生成的是初步 E-R 图，在初步 E-R 图中，可能存在一些冗余的数据和实体间冗余的联系。所谓冗余的数据，是指可由基本数据导出的数据，冗余的联系是指可由

① 1 公斤=1 千克。

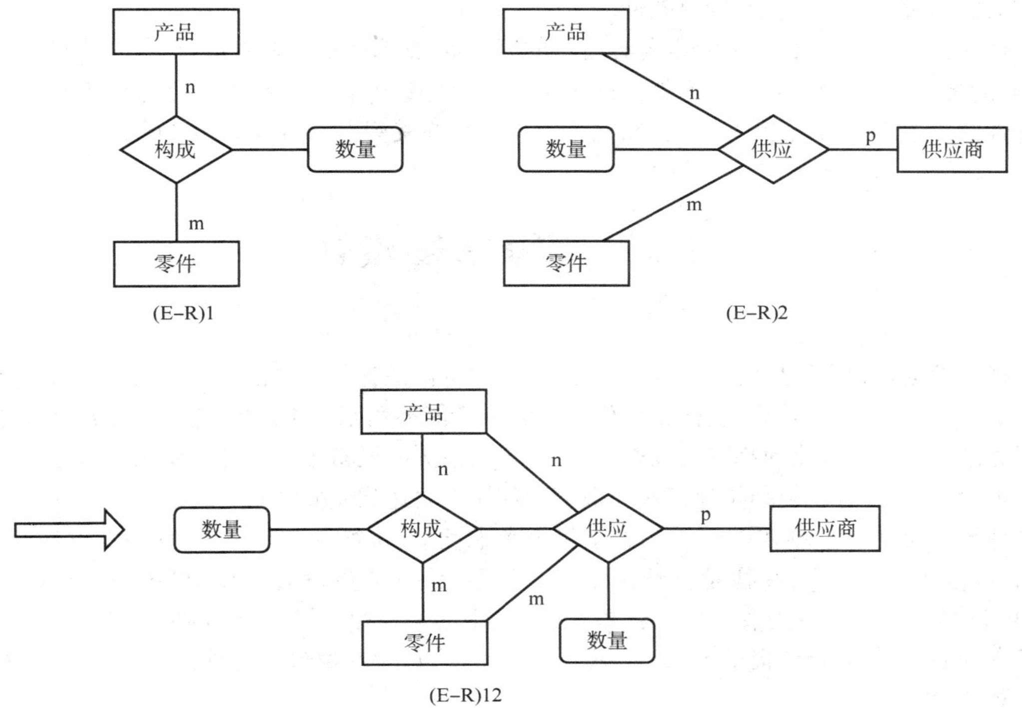

图 6-9　零件与产品之间的联系

其他联系导出的联系。冗余数据和冗余联系容易破坏数据库的完整性,给数据库的维护增加困难,应当予以消除。消除了冗余后的初步 E-R 图称为基本 E-R 图。

消除冗余主要采用分析方法,即以数据字典和数据流图为依据,根据数据字典中关于数据项之间逻辑关系的说明来消除冗余。如图 6-10 中,$Q3=Q1\times Q2$,$Q4=\sum Q5$。所以 Q3 和 Q4 是冗余数据,可以消去。并且由于 Q3 消去,产品与材料间 m:n 的冗余联系也应消去。

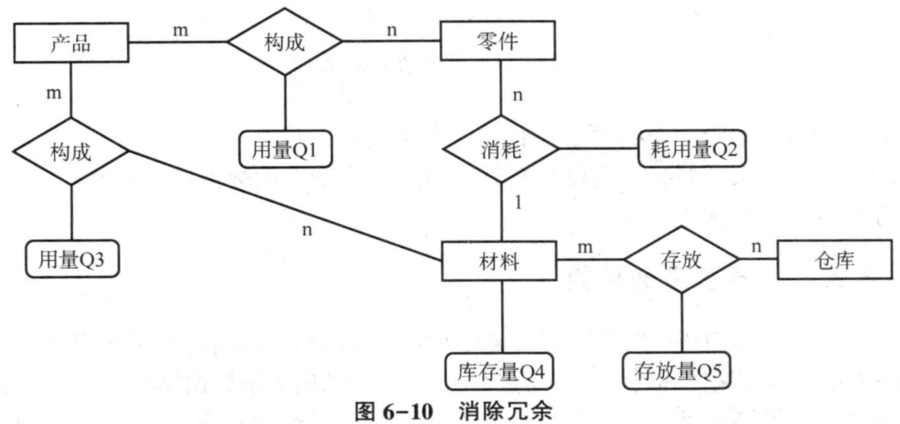

图 6-10　消除冗余

但并不是所有的冗余数据与冗余联系都必须加以消除,有时为了提高效率,不得不以冗余信息作为代价。因此,在设计数据库概念结构时,哪些冗余信息必须消除,哪些冗余信息允许存在,需要根据用户的整体需求来确定。如果人为地保留了一些冗余数据,则应把数据字典中数据关联的说明作为完整性约束条件。

例如，若各个部门经常要查询各种材料的库存量，如果每次都要查询每个仓库中此种材料的库存，再对它们求和，查询效率就太低了。所以应保留 Q4，同时把 Q4 = ∑Q5 定义为 Q4 的完整性约束条件。每当 Q5 修改后，就触发该完整性检查例程，对 Q4 做相应的修改。

6.4 逻辑结构设计

概念结构是独立于任何一种数据模型的信息结构，是各种数据模型的共同基础，它比数据模型更独立于机器、更抽象，从而更加稳定。但为了能够用某一 DBMS 实现用户需求，还必须将概念结构进一步转化为相应的数据模型，这正是数据库逻辑结构设计所要完成的任务。

理论上说，设计逻辑结构应该选择最适于描述与表达相应概念结构的数据模型，然后对支持这种数据模型的各种 DBMS 进行比较，综合考虑性能、价格等各种因素，从中选出最合适的 DBMS。但在实际当中，往往是已给定了某台机器，设计人员没有选择 DBMS 的余地。目前 DBMS 产品一般只支持关系、网状、层次三种模型中的某一种，对某一种数据模型，各个机器系统又有许多不同的限制，提供不同的环境与工具。所以，设计逻辑结构时，一般要分三步进行，如图 6-11 所示。

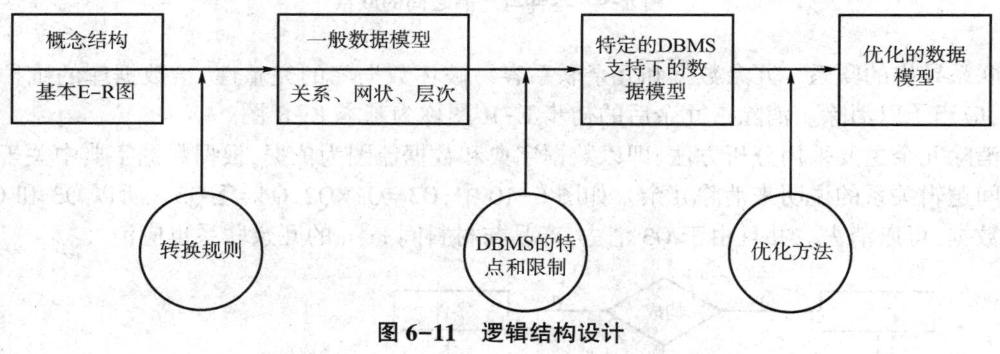

图 6-11　逻辑结构设计

①将概念结构转化为一般的关系、网状、层次模型。

②将转化来的关系、网状、层次模型向特定 DBMS 支持下的数据模型转换。

③对数据模型进行优化。

1. E-R 图向数据模型的转换

E-R 图向关系模式的转换要解决的问题是如何将实体和实体间的联系转换为关系模式，如何确定这些关系模式的属性和码。所以这里只介绍 E-R 图向关系数据模型的转换原则与方法。

关系模型的逻辑结构是一组关系模式的集合，而 E-R 图则是由实体、实体的属性和实体之间的联系三个要素组成的。所以将 E-R 图转换为关系模型实际上就是要将实体、实体的属性和实体之间的联系转化为关系模式，这种转换一般遵循如下原则。

①一个实体型转换为一个关系模式。实体的属性就是关系的属性，实体的码就是关系的码。

②一个 m:n 联系转换为一个关系模式。与该联系相连的各实体的码及联系本身的属性

均转换为关系的属性。而关系的码为各实体码的组合。

③一个 1:n 联系可以转换为一个独立的关系模式,也可以与 n 端对应的关系模式合并。如果转换为一个独立的关系模式,则与该联系相连的各实体的码及联系本身的属性均换为关系的属性,而关系的码为 n 端实体的码。

④一个 1:1 联系可以转换为一个独立的关系模式,也可以与任意一端对应的关系模合并。如果转换为一个独立的关系模式,则与该联系相连的各实体的码及联系本身的属均转换为关系的属性,每个实体的码均是该关系的候选码;如果与某一端对应的关系模式合并,则需要在该关系模式的属性中加入另一个关系模式的码和联系本身的属性。

从理论上讲,1:1 联系可以与任意一端对应的关系模式合并。但在一些情况下,与不同的关系模式合并效率会大不一样。因此,究竟应该与哪端的关系模式合并,需要依应用的具体情况而定。由于连接操作是最费时的操作,所以一般应以尽量减少连接操作为目标。

⑤3 个或 3 个以上实体间的一个多元联系转换为一个关系模式。与该多元联系相连的各实体的码及联系本身的属性均转换为关系的属性,而关系的码为各实体码的组合。

⑥同一实体集的实体间的联系,即自连接,也可按上述 1:1、1:n 和 m:n 三种情况分别处理。

⑦具有相同码的关系模式可合并。

为了减少系统中的关系个数,如果两个关系模式具有相同的主码,可以考虑将它们合并为一个关系模式。合并方法是将其中一个关系模式的全部属性加入另一个关系模式中,然后去掉其中的同义属性(可能同名也可能不同名),并适当调整属性的次序。

形成了一般的数据模型后,下一步就是向特定 DBMS 规定的模型进行转换。这一步转换是依赖于机器的,没有一个普遍的规则,转换的主要依据是所选用的 DBMS 的功能及限制。对于关系模型来说,这种转换通常都比较简单,不会有太多的困难。

2. 数据模型的优化

数据库逻辑设计的结果不是唯一的。为了进一步提高数据库应用系统的性能,还应该适当地修改、调整数据模型的结构,这就是数据模型的优化。关系数据模型的优化通常以规范化理论为指导,方法如下。

①确定数据依赖。即按需求分析阶段所得到的语义,分别写出每个关系模式内部各属性之间的数据依赖及不同关系模式属性之间的数据依赖。

②对各个关系模式之间的数据依赖进行极小化处理,消除冗余的联系。

③按照数据依赖的理论对关系模式逐一进行分析,考察是否存在部分函数依赖、传递函数依赖、多值依赖等,确定各关系模式分别属于第几范式。

④按照需求分析阶段得到的各种应用对数据处理的要求,分析这些模式对于这样的应用环境是否合适,确定是否要对它们进行合并或分解。

必须注意的是,并不是规范化程度越高的关系就越优。当一个应用的查询中经常涉及两个或多个关系模式的属性时,系统必须经常地进行连接运算,而连接运算的代价是相当高的,可以说关系模型低效的主要原因就是做连接运算引起的,因此,在这种情况下,第二范式甚至第一范式也许是最好的。又如,非 BCNF 的关系模式虽然从理论上分析会存在不同程度的更新异常或冗余,但如果在实际应用中对此关系模式只是查询,并不执行更新操作,则就不会产生实际影响。所以，对于一个具体应用来说，到底规范化进行到什么程度，需要权衡响应时间和潜在问题两者的利弊才能决定。不过通常情况下，第三范式也就足够了。

⑤对关系模式进行必要的分解或合并，提高数据操作的效率和存储空间的利用率。常用的两种方法是水平分解和垂直分解。水平分解是把（基本）关系的元组分为若干子集合，定义每个子集合为一个子关系，以提高系统的效率。根据“80/20”原则，一个大关系中，经常被使用的只是关系的一部分，约20%，可以把经常使用的数据分解出来，形成一个子关系。

垂直分解是把关系的属性分解为若干子集合，形成若干子关系模式。垂直分解的原则是，经常在一起使用的属性从关系中分解出来，形成一个子关系模式。垂直分解可以提高某些事务的效率，但也可能使另一些事务不得不进行连接操作，从而降低了效率。

规范化理论为数据库设计人员判断关系模式优劣提供了理论标准，可用来预测模式可能出现的问题，使数据库设计工作有了严格的理论基础。

3. 设计用户子模式

根据用户需求设计了局部应用视图，这种局部应用视图只是概念模型，用 E-R 图表示。在将概念模型转换为逻辑模型后，即生成了整个应用系统的模式后，还应该根据局部应用需求，结合具体 DBMS 的特点，设计用户的外模式。

目前关系数据库管理系统一般都提供了视图概念，可以利用这一功能设计更符合局部用户需要的用户外模式。

定义数据库模式主要是从系统的时间效率、空间效率、易维护等角度出发。由于用户外模式与模式是独立的，因此，在定义用户外模式时，应该更注重考虑用户的习惯与方便。包括：

①使用更符合用户习惯的别名。

在合并各分 E-R 图时，曾做了消除命名冲突的工作，以使数据库系统中同一关系和属性具有唯一的名字。这在设计数据库整体结构时是非常必要的。

②针对不同级别的用户定义不同的外模式，以满足系统对安全性的要求。

③简化用户对系统的使用。

如果某些局部应用中经常要使用一些很复杂的查询，为了方便用户，可以将这些复杂查询定义为视图，用户每次只对定义好的视图进行查询，以使用户使用系统时感到简单直观，易于理解。

6.5 物理结构设计

数据库在物理设备上的存储结构与存取方法称为数据库的物理结构，它依赖于给定的计算机系统。为一个给定的逻辑数据模型选取一个最适合应用环境的物理结构的过程，就是数据库的物理设计。数据库的物理设计通常分为两步：

（1）确定数据库的物理结构

设计数据库物理结构要求设计人员首先必须充分了解所用 DBMS 的内部特征，特别是存储结构和存取方法；充分了解应用环境，特别是应用的处理频率和响应时间要求；充分了解外存设备的特性。

通常关系数据库物理设计的内容主要包括:确定数据的存取方法和确定数据的物理存储结构。数据库的物理结构依赖于所选用的 DBMS 和计算机硬件环境,设计人员进行设计时,主要需要考虑以下几个方面:确定数据的存储结构、设计数据的存取路径、确定数据的存放位置、确定系统配置。确定数据库的物理结构包括:关系模式存取方法的设计;索引存取方法的设计;聚簇存取方法的设计;哈希存取方法的设计;数据存储位置的设计及系统配置的设计。

(2) 评价物理结构

数据库物理设计过程中需要对时间效率、空间效率、维护代价和各种用户要求进行权衡,其结果可以产生多种方案,数据库设计人员必须对这些方案进行细致的评价,从中选择一个较优的方案作为数据库的物理结构。评价物理数据库的方法完全依赖于所选用的 DBMS ,主要考虑:查询和响应时间;更新事务的开销;生成报告的开销;存储空间的开销;辅助存储空间的开销。

评价物理数据库的方法完全依赖于所选用的 DBMS,主要是从定量估算各种方案的存储空间、存取时间和维护代价入手,对估算结果进行权衡、比较,选择出一个较优的合理的物理结构。如果该结构不符合用户需求,则需要修改设计。

6.6 数据库实施

对数据库的物理设计初步评价完成后,就可以建立数据库了。数据库实施主要包括以下工作:

1. 定义数据库结构

确定了数据库的逻辑结构与物理结构后,就可以用所选用的 DBMS 提供的数据定义语言(DDL)来严格描述数据库结构。如果需要使用聚簇,在建立基本表之前,应先用 CREATE CLUSTER语句定义聚簇。

2. 数据装载

数据库结构建立好后,就可以向数据库中装载数据了。组织数据入库是数据库实施阶段最主要的工作。对于数据量不是很大的小型系统,可以用人工方法完成数据的入库,其步骤如下:

①筛选数据。需要装入数据库中的数据通常都分散在各个部门的数据文件或原始凭证中,所以首先必须把需要入库的数据筛选出来。

②转换数据格式。筛选出来的需要入库的数据,其格式往往不符合数据库要求,还需要进行转换。这种转换有时可能很复杂。

③输入数据。将转换好的数据输入计算机中。

④校验数据。检查输入的数据是否有误。

对于中大型系统,由于数据量极大,用人工方式组织数据入库将会耗费大量人力物力,并

且很难保证数据的正确性。因此,应该设计一个数据输入子系统,由计算机辅助数据的入库工作。其步骤如下:

①筛选数据。

②输入数据。由录入员将原始数据直接输入计算机中。数据输入子系统应提供输入界面。

③校验数据。数据输入子系统采用多种检验技术检查输入数据的正确性。

④转换数据。数据输入子系统根据数据库系统的要求,从录入的数据中抽取有用成分,对其进行分类,然后转换数据格式。抽取、分类和转换数据是数据输入子系统的主要工作,也是数据输入子系统的复杂性所在。

⑤综合数据。对转换好的数据,数据输入子系统根据系统的要求进一步综合成最终数据。如果数据库是在老的文件系统或数据库系统的基础上设计的,则数据输入子系统只需要完成转换数据、综合数据两项工作,直接将老系统中的数据转换成新系统中需要的数据格式。

为了保证数据能够及时入库,应在数据库物理设计的同时编制数据输入子系统。

3. 编制与调试应用程序

数据库应用程序的设计应该与数据设计并行进行。在数据库实施阶段,当数据库结构建立好后,就可以开始编制与调试数据库的应用程序,也就是说,编制与调试应用程序是与组织数据入库同步进行的。调试应用程序时,由于数据入库尚未完成,可先使用模拟数据。

4. 数据库试运行

应用程序调试完成,并且已有一小部分数据入库后,就可以开始数据库的试运行了。数据库试运行也称为联合调试,其主要工作包括:

①功能测试。即实际运行应用程序,执行对数据库的各种操作,测试应用程序的各种功能。

②性能测试。即测量系统的性能指标,分析是否符合设计目标。

数据库物理设计阶段在评价数据库结构估算时间、空间指标时,做了许多简化和假设,忽略了许多次要因素,因此结果必然很粗糙。数据库试运行则是要实际测量系统的各种性能指标(不仅是时间、空间指标),如果结果不符合设计目标,则需要返回物理设计阶段,调整物理结构,修改参数;有时甚至需要返回逻辑设计阶段,调整逻辑结构。

重新设计物理结构甚至逻辑结构,会导致数据重新入库。由于数据入库工作量实在太大,所以可以采用分期输入数据的方法,即先输入小批量数据供先期联合调试使用,待试运行基本合格后,再输入大批量数据,逐步增加数据量,逐步完成运行评价。

6.7 数据库运行和维护

在数据库运行阶段,对数据库经常性的维护工作主要是由 DBA 完成的,它包括以下内容:

1. 数据库的备份和恢复

数据库的备份和恢复是系统正式运行后最重要的维护工作之一。DBA 要针对不同的应用要求制定不同的备份计划，定期对数据库和日志文件进行备份，以保证一旦发生故障，能利用数据库备份及日志文件备份，尽快将数据库恢复到某种一致性状态，并尽可能减少对数据库的破坏。

2. 数据库的安全性、完整性控制

DBA 必须对数据库安全性和完整性控制负起责任，根据用户的实际需要授予不同的操作权限。

3. 数据库性能的监督、分析和改进

在数据库运行过程中，监督系统运行，对监测数据进行分析，找出改进系统性能的方法。

4. 数据库的重组织和重构造

数据库运行一段时间后，由于记录的不断增、删、改，会使数据库的物理存储变坏，从而降低数据库存储空间的利用率和数据的存取效率，使数据库的性能下降。这时 DBA 就要对数据库进行重组织，或部分重组织（只对频繁增、删的表进行重组织）。当数据库应用环境发生变化，使原有的数据库设计不能很好地满足新的需求时，不得不适当调整数据库的模式和内模式，这就是数据库的重构造。DBMS 都提供了修改数据库结构的功能。

数据库的重组织，并不修改原设计的逻辑和物理结构，而数据库的重构造则不同，它是指部分修改数据库的模式和内模式。

重构造数据库的程度是有限的。若应用变化太大，已无法通过重构数据库来满足新的需求，或重构数据库的代价太大，则表明现有数据库应用系统的生命周期已经结束，应该重新设计新的数据库系统，开始新数据库应用系统的生命周期了。

按照这样的设计过程，数据库结构设计的不同阶段形成数据库的各级模式。在需求分析阶段，综合各个用户的应用需求；在概念设计阶段，形成独立于机器特点、独立于各个 DBMS 产品的概念模式，即 E-R 图；在逻辑设计阶段，将 E-R 图转换成具体的数据库产品支持的数据模型，如关系模型，形成数据库逻辑模型；然后根据用户处理的要求、安全性的考虑，在基本表的基础上再建立必要的视图（View），形成数据的外模式；在物理设计阶段，根据 DBMS 特点和处理的需要，进行物理存储安排，建立索引，形成数据库内模式。

在数据库设计过程中，必须注意以下问题：

①要充分调动用户的积极性。

②应用环境的改变、新技术的出现等都会导致应用需求的变化，因此，在设计数据库时，必须充分考虑到系统的可扩性。

③在设计数据库应用的过程中，必须充分考虑到已有应用，尽量使用户能够平稳地从旧系统迁移到新系统。

6.8 图书馆信息系统设计案例

1. 需求分析

（1）图书馆管理系统功能需求

主要包括 4 个功能模块，分别是基础数据维护模块、新书订购模块、借阅管理模块及系统

维护模块。其中各功能模块的具体说明如下：

①基础数据维护模块：该模块主要负责管理图书馆的读者信息、图书类别信息、图书信息的添加或修改。

②新书订购模块：该模块主要负责管理图书馆的新书订购信息，包括新书的验收等基本信息。

③阅管理模块：该模块主要负责图书馆的书籍借阅和归还信息，包括图书借阅、图书归还、图书搜索 3 个子模块。

④系统维护模块：该模块主要负责图书馆的工作人员信息，包括用户管理和更改系统口令两个子模块。

（2）系统用例图

图书馆管理系统是一个内部人员使用的系统，也就是说，不是所有人都能够使用它，只有图书馆的工作人员才能使用。而图书馆的工作人员也分为两类：一类是操作人员，主要负责图书的借阅和归还的工作；一类是管理员，除了操作人员的所有功能外，还能够对书籍列表、书籍信息、读者信息等进行管理。下面以管理员为例绘制其所对应的用例图，如图 6-12所示。

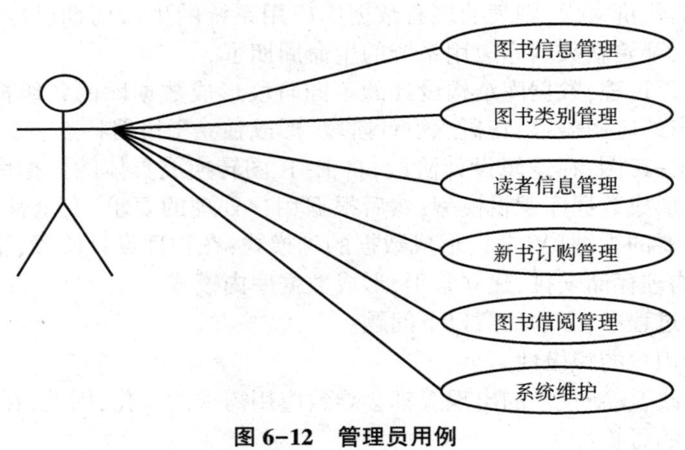

图 6-12　管理员用例

（3）功能结构图

进入系统后，首先需要对用户的身份进行识别，只有合法的用户才能进入系统，否则，将无法进入系统。进入系统后，首先打开系统主窗体，在系统首页的菜单栏或者功能区可以选择各种导航链接来进行各种操作。其功能结构如图 6-13 所示。

（4）系统数据流图

数据流图（Data Flow Diagram）从数据传递和加工的角度，以图形的方式来表达图书管理系统的逻辑功能，以及数据在系统内部的逻辑流向和逻辑变换过程，使系统的功能需求更加清晰。图书馆信息系统数据流图如图 6-14～图 6-18 所示。

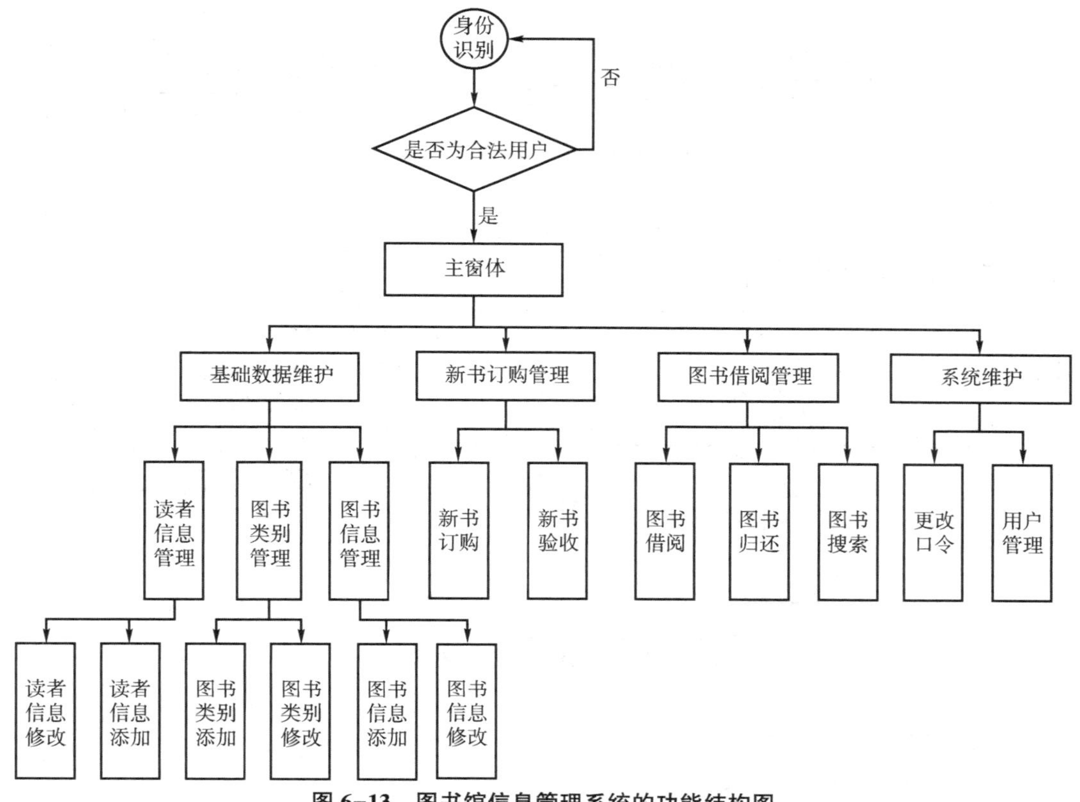

图 6-13　图书馆信息管理系统的功能结构图

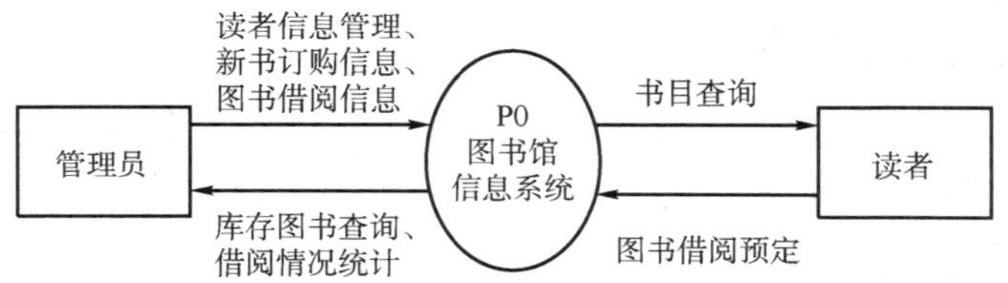

图 6-14　图书馆信息系统顶层数据流图

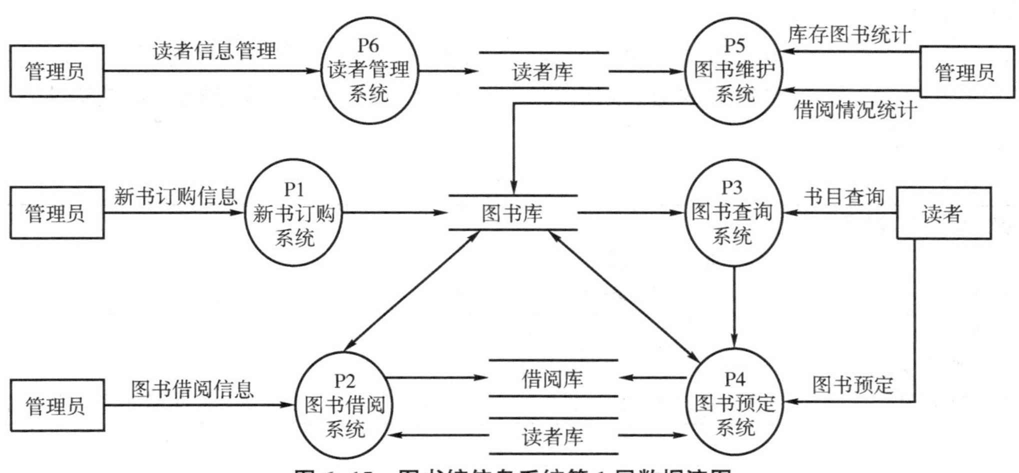

图 6-15　图书馆信息系统第 1 层数据流图

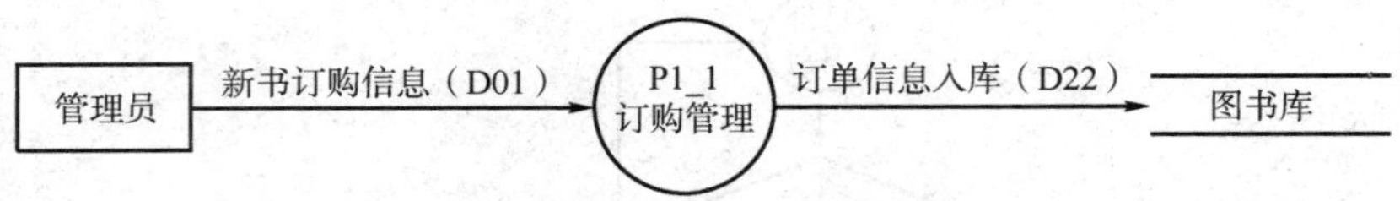

图 6-16　图书订购数据流图

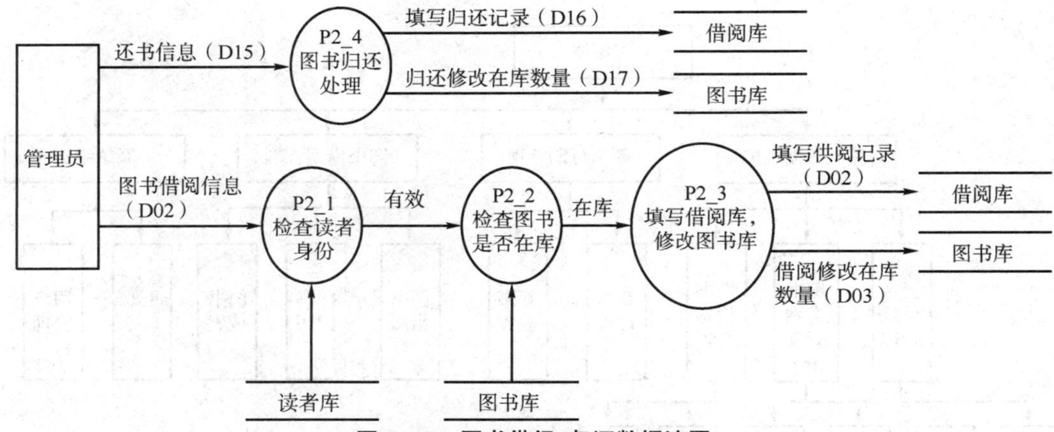

图 6-17　图书借阅/归还数据流图

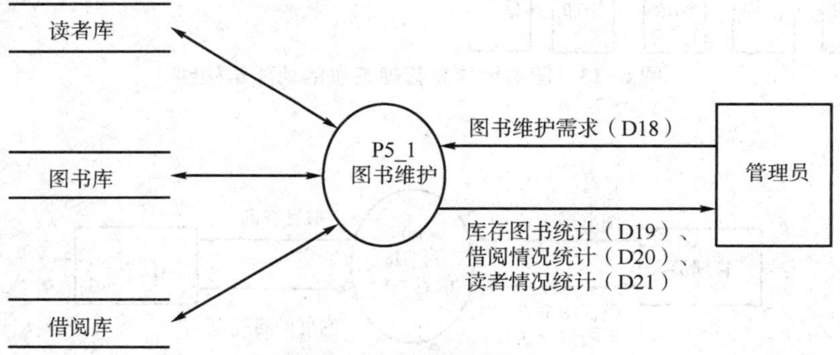

图 6-18　图书维护数据流图

（5）数据字典

通过对图书馆信息系统数据流图的分析，对系统内部结构和逻辑功能有了初步的认识，结合数据字典对数据流图中各项数据元素进行定义与描述，进一步明确系统的功能需求。图书馆信息系统数据字典定义如下：

①数据结构。

数据结构名称：操作员 含义说明：定义图书馆信息系统管理员相关信息 组成：操作员编号，用户名，密码，性别，年龄，身份卡，入职日期，电话，是否管理员
数据结构名称：读者 含义说明：定义读者信息 组成：读者编号，读者姓名，性别，年龄，证件类型，证件号码，注册日期，有效日期，最大借书量，电话号码，押金，职业

②数据流。

数据流编号:D01
数据流名称:图书订购信息
说明:图书订购单
数据流来源:操作员
数据流去向:P1_1 订购管理
数据项组成:订单编号,图书名称,订购日期,订购数量,供应商,订购员,是否验收,价格折扣
平均流量:100 本/月
高峰期流量:500 本/月

数据流编号:D02
数据流名称:图书借阅
说明:图书借阅信息
数据流来源:用户填写图书借阅单交图书馆管理员,管理员审核后,输入计算机
数据流去向:P2_1 检查读者身份。
数据项组成:借阅编号,读者编号,图书编号,操作员编号,借阅日期,还书日期,是否归还
平均流量:1 000 本/天
高峰期流量:5 000 本/天

数据流编号:D15
数据流名称:还书信息
说明:图书归还
数据流来源:用户填写图书归还单交管理员,管理员审核后,输入计算机
数据流去向:P2_4 图书归还处理。
数据项组成:读者编号,图书编号,还书日期,是否归还
平均流量:500 次/天
高峰期流量:1 000 次/天

③数据存储。

数据存储名称:图书库
说明:图书信息表,对所有书籍信息的记录
数据项组成:图书编号,图书名称,图书类别,作者,译者,出版日期,出版社,图书价格

数据存储名称:借阅库
说明:图书借阅表,对所有书籍借阅信息的记录
数据项组成:借阅编号、读者编号,图书编号,操作员编号,借阅日期,还书日期,是否归还

数据存储名称:图书库存
说明:图书库存表
数据项组成:图书编号,剩余数量

④处理过程。

处理过程编号:P1-1
处理过程名:订购管理
输入的数据流:D01 图书订购信息
输出数据流:D22 订购单入库信息
处理:系统按照图书订购信息要求,更改图书库存

续表

处理过程
处理过程编号:P2-1 处理过程名:检查读者身份 输入的数据流:图书借阅 输出数据流:有效 处理:核对读者身份是否有效
处理过程编号:P2-2 处理过程名:检查图书是否在库 输入的数据流:读者身份有效 输出数据流:在库 处理:根据读者借阅要求,查阅图书是否还有库存
处理过程编号:P2-3 处理过程名:填写借阅单,修改图书库 输入的数据流:在库 输出数据流:填写借阅记录,修改库存 处理:将借阅信息填入借阅信息表,并更新库存表
处理过程编号:P2-4 处理过程名:图书归还处理 输入的数据流:还书信息 输出数据流:填写归还记录,修改库存 处理:将图书信息填入归还记录,并更新库存表
处理过程编号:P5-1 处理过程名:图书维护 输入的数据流:图书维护需求(增、删、改) 输出数据流:维护成功 处理:将对图书信息的维护写入相应的表格

2. 概念结构设计

根据图书馆管理系统的需求分析,总共设计规划出 6 个实体,分别是图书类别信息实体、图书信息实体、读者信息实体、图书借阅信息实体、图书订购信息实体、操作员信息实体。

图书的类别有很多,因此可以建立一个图书馆类别信息表,专门用来保存图书的类别信息。图书类别信息实体属性如图 6-19 所示。

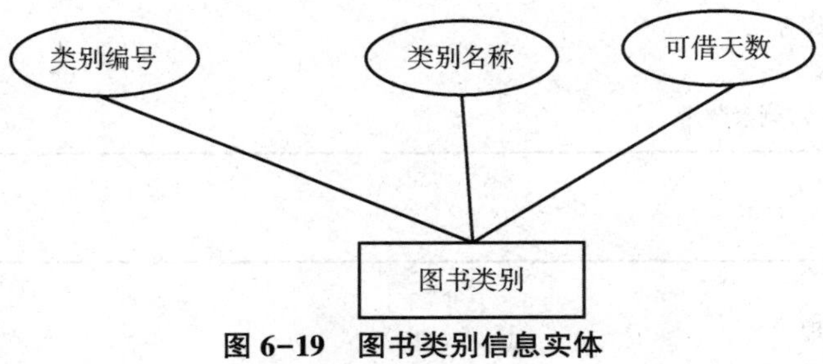

图 6-19　图书类别信息实体

对于图书馆来说,最重要的就是要管理其下的所有书籍,所以需要建立一个图书信息表,用来保存图书的所有信息。图书信息实体属性如图 6-20 所示。

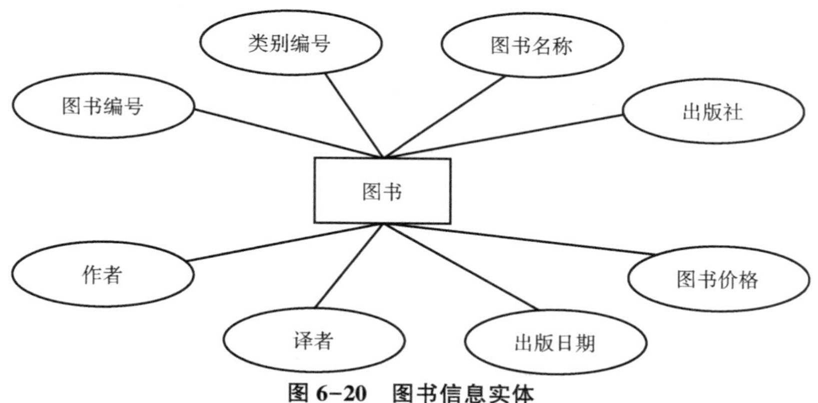

图 6-20 图书信息实体

与此同时，所有在图书馆借阅书籍的读者都需要进行登记，所以需要建立一个读者信息表来保存图书馆的所有读者的登记信息。读者信息实体属性如图 6-21 所示。

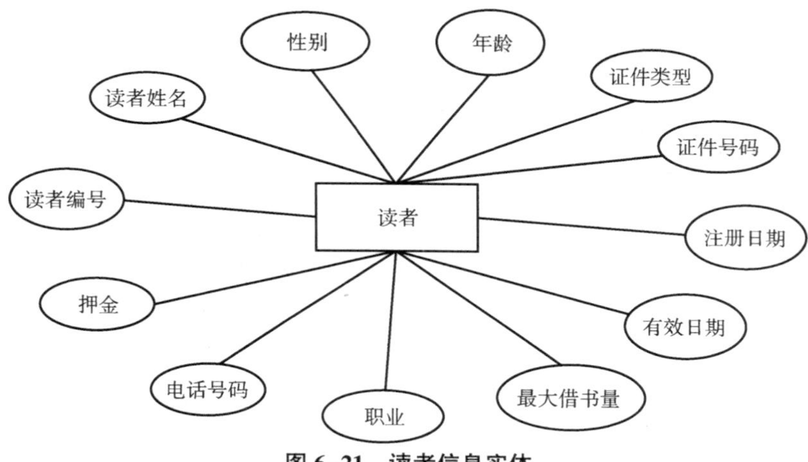

图 6-21 读者信息实体

当读者在图书馆中借阅书籍后，需要对读者的借阅情况进行登记，此时需要建立一个图书借阅信息表，用来保存读者的借书信息。图书借阅信息实体属性如图 6-22 所示。

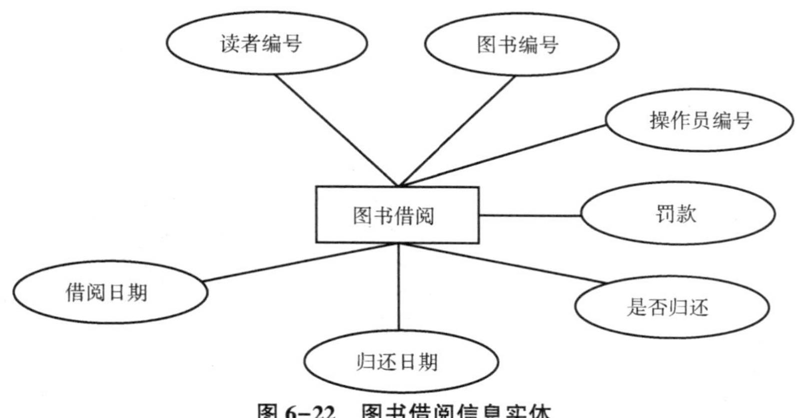

图 6-22 图书借阅信息实体

图书馆里一般情况下会有一个以上的系统操作员，为了方便对不同操作员的管理，需要建立一个操作员信息表，用来保存操作员的身份信息。操作员信息实体属性如图 6-23 所示。

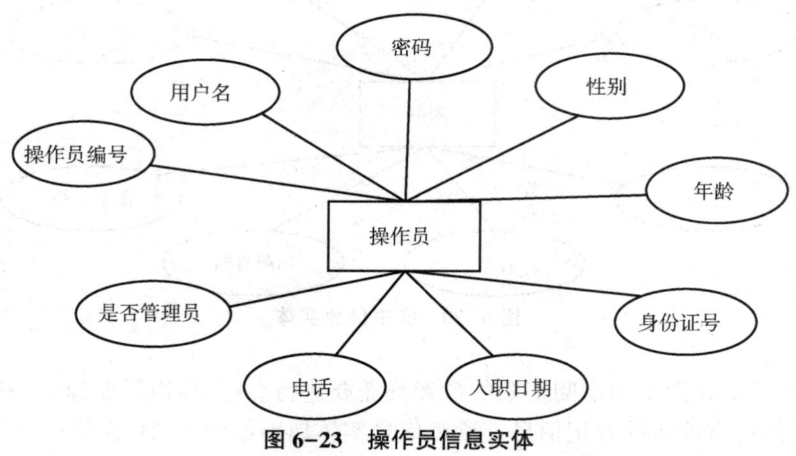

图 6-23　操作员信息实体

以上是系统中所有实体及其属性图，根据各个实体之间在实际操作中存在的联系，其总体 E-R 图如图 6-24 所示。

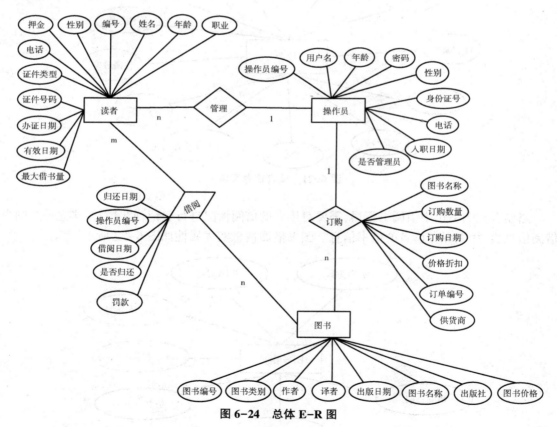

图 6-24　总体 E-R 图

3. 逻辑结构设计

根据设计好的各实体属性及 E-R 图创建数据库的逻辑结构，包括以下关系模式：

①图书类别(类别编号,类别名称,可借天数)。

②图书(图书编号,图书类别,作者,译者,出版日期,图书名称,出版社,图书价格)。

③读者(读者编号,读者姓名,性别,年龄,证件类型,证件号码,注册日期,有效日期,最大借书量,职业,电话号码,押金)。

④操作员(操作员编号,用户名,年龄,密码,性别,身份证号,电话,入职日期,是否管理员)。

⑤图书订购(图书名称,订购数量,订购日期,价格折扣,订单编号,供货商)。

⑥图书借阅(图书编号,读者编号, 操作员编号,借阅日期,归还日期,是否归还,罚款)。

4. 数据库实施

本系统采用了 SQL Server 2012 数据库,数据库名称为图书馆。数据库中设计包含有以下 6 个表:图书信息表、图书类别表、图书借阅表、系统操作员表、图书订购表和读者信息表,表结构分别见表 6-2～表 6-7。

表 6-2 图书信息表

字段名	数据类型	是否主键
图书编号	文本(varchar)	是
类别编号	文本(varchar)	否(外键)
图书名称	文本(varchar)	否
作者	文本(varchar)	否
译者	文本(varchar)	否
出版社	文本(varchar)	否
出版日期	日期(date)	否
图书价格	货币(money)	否

表 6-3 图书类别表

字段名	数据类型	是否主键
图书类别编号	整数(int)	是
图书类别名称	文本(varchar)	否
可借天数	整数(int)	否

表 6-4 图书借阅表

字段名	数据类型	是否主键
图书编号	文本(varchar)	是

续表

字段名	数据类型	是否主键
读者编号	文本(varchar)	是
操作员编号	文本(varchar)	否(外键)
借阅日期	日期时间(datetime)	是
归还日期	日期时间(datetime)	否
是否归还	整数(int)	否
罚　款	浮点数(float)	否

表 6-5　系统操作员表

字段名	数据类型	是否主键
操作员编号	文本(varchar)	是
用户名	文本(varchar)	否
密码	文本(varchar)	否
性别	文本(varchar)	否
年龄	整数(int)	否
身份证号	文本(varchar)	否
入职日期	日期时间(datetime)	否
电话	文本(varchar)	否
是否为管理员	状态(bit)	否

表 6-6　图书订购表

字段名	数据类型	是否主键
订单编号	整数(int)	是
图书名称	文本(varchar)	否
订购日期	日期时间(datetime)	否
订购数量	整数(int)	否
供货商	文本(varchar)	否
操作员编号	文本(varchar)	否(外键)
是否验收	整数(int)	否
价格折扣	浮点数(float)	否

表 6-7　读者信息表

字段名	数据类型	是否主键
读者编号	文本(varchar)	是
读者姓名	文本(varchar)	否
性别	文本(varchar)	否
年龄	整数(int)	否
证件类型	文本(varchar)	否

续表

字段名	数据类型	是否主键
证件号码	文本(varchar)	否
注册日期	日期时间(datetime)	否
有效日期	日期时间(datetime)	否
最大借阅量	整数(int)	否
电话号码	文本(varchar)	否
押金	货币(money)	否
职业	文本(varchar)	否

最后应用程序设计语言开发应用程序,完成各功能模块的设计,这部分内容将在本书的第12章介绍。

本章小结

本章概述了数据的库设计。数据库的设计过程一般分为六个阶段,要从客观分析和抽象入手,综合使用各种设计工具分阶段完成。

①需求分析是整个设计过程的基础,如果做得不好,可能会导致整个数据库设计失败。

②概念结构设计将需求分析所得到的用户需求抽象为概念模型,包括局部E-R图的设计、合并成初步E-R图及E-R图的优化。

③逻辑结构设计将独立于DBMS的概念模型转化为相应的数据模型,包括初始关系模式设计、关系模式的规范化、模式的评价与改进。

④物理设计是为给定的逻辑模型选取一个最合适应用环境的物理结构,它包括确定物理结构和评价物理结构。

⑤根据逻辑结构设计和物理设计的结果在计算机上建立起实际的数据库结构,组织数据入库,进行应用程序设计,并试运行整个数据库系统。

⑥数据库的运行和维护是数据库设计的最后阶段,包括维护数据库的安全性与完整性,监测并改善数据库性能,必要时对数据库进行重新组织和构造。

最后以图书馆信息管理系统的设计为例介绍信息系统的一般设计流程。

习　题

一、简答题

1. 试说明数据库设计的特点。
2. 简述数据库的设计过程。
3. 数据库结构设计包含哪几个过程?
4. 概念模型应具有哪些特点?
5. 什么是数据库的逻辑结构设计?简述数据库的逻辑结构设计的步骤。
6. 把E-R图转换成关系模式的规则有哪些?

二、综合应用题

1. 设计一个学生借书/还书的 E-R 图,其中包含的实体如下:

①学生实体的属性有学号、姓名、性别和出生日期,其中学号是唯一的,每个学生仅属于一个班;

②班实体的属性有班号、系名,其中班号是唯一的;

③图书实体的属性有图书号、书名、作者、单价和出版社,其中图书号是唯一的。

将学生借书/还书 E-R 图转换为关系模式,并指出每个关系模式的主码和外码。

2. 假设某医院的业务规则如下:

一个科室有多名医生,每名医生只属于一个科室。

一个科室包括多个病房,一个病房只属于一个科室。

每个医生主管多个病人,一个病人归一个医生管理。

每个病房包括多个病人,一个病人只在一个病房。

问题:

①根据上述规则设计 E-R 模型,画出最终得到的全局基本 E-R 图。

②将 E-R 模型转换成关系数据模型,并指出每个关系的主键和外键(如果有)。

中　篇

SQL Server 2012 数据库系统应用

第7章

SQL Server 2012 概述

学习目的

通过本章的学习，使学生了解 Microsoft SQL Server 2012 的特点；了解 Microsoft SQL Server 2012 的安装和配置；理解数据库和组成数据库的各种对象的类型和作用；熟练掌握 SQL Server Management Studio 工具的使用；熟悉 SQL Server 2012 常用管理工具的使用。

本章要点

- 了解 Microsoft SQL Server 2012 系统的各种版本及新功能
- 了解 Microsoft SQL Server 2012 系统的安装和配置过程及各组件的分类
- 了解 Microsoft SQL Server 2012 系统的各种工具
- 掌握 SSMS 的使用方法

思维导图

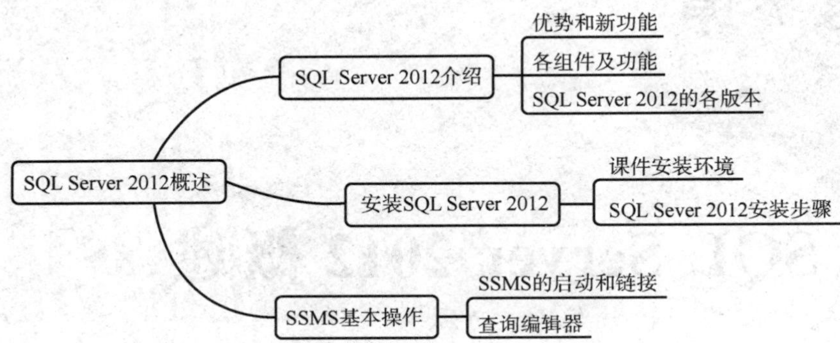
SQL Server 2012概述
SQL Server 2012介绍
优势和新功能
各组件及功能
SQL Server 2012的各版本
安装SQL Server 2012
课件安装环境
SQL Sever 2012安装步骤
SSMS基本操作
SSMS的启动和链接
查询编辑器

7.1 SQL Server 2012 介绍

Microsoft SQL Server 2012 是微软 2012 年 3 月 7 日发布的新一代数据平台产品，它是一个能用于大型联机事务处理、数据仓库和电子商务等方面数据库平台，也是一个能用于数据集成、数据分析和报表解决方案的商业智能平台。它全面支持云技术与平台，并且能够快速构建相应的解决方案来实现私有云与公有云之间数据的扩展与应用的迁移。

7.1.1 SQL Server 2012 的优势和新功能

与之前的版本相比，作为 SQL Server 最新的版本，SQL Server 2012 具有以下新功能。

（1）提供高可用性

SQL Server 2012 提供的 AlwaysOn 功能能够保障企业应用的正常运转，减少意外宕机时间。AlwaysOn 是 SQL Server 2012 全新的高可用灾难恢复技术，它可以帮助企业在灾难时快速恢复，同时能够提供实时读写分离，保证应用程序性能的最大化。例如，SQL Server 2012 可以利用 AlwaysOn 功能设置一个主节点、多个从节点，一旦发生故障，数据服务快速转移，并且保持负载均衡的特性，这一故障转移过程会在 10 s 内完成。AlwaysOn 还能够跨域部署，将主从节点分别部署在不同地域，帮助全球性企业实现数据库的高可用性。

（2）高数据库引擎的性能，支持云计算

①支持列存储索引，在处理大量数据的统计时，使性能显著提高。

②强化 Transact-SQL 的功能。例如分页查询功能，其增加了新的函数，例如取得月末函数 EOMONTH、从字符生成日期型数据的 DATEFROMPARTS 函数等。

③支持 Azure 云数据库的管理。SQL Server Data Tools 进行模式比较等数据管理，并且支持 Azure 云数据库的管理。

（3）商业智能功能

传统的商业智能是由 IT 专家主导的，根据业务领域的数据进行抽取、建模，把相应数据导入数据仓库中，并产生一系列报表以完成最终用户的需求。而 SQL Server 2012 的商业智能功能面向最终用户和信息的分析与操作者，在保证安全和性能的基础上，通过 BI 语义模型让最终用户更容易理解字段的含义。SQL Server 2012 提供 Power View 和 PowerPivot 工具，能够帮助企业快速地从数据中发现信息，从而解决业务问题。其中，PowerPivot 可以用来设计数据模型，Power View 可以用来设计可视化报表，报表还可以发布到 SharePoint 平台上。最终用户能够根据自己业务视角及要求设计数据模型并展示出来，充分利用数据和前台界面的力量，满足业务需求。

7.1.2 SQL Server 2012 的组成

SQL Server 2012 的组成包括服务器组件及常用管理工具。

1. SQL Server 2012 的服务器组件

主要包括 SQL Server 数据库引擎、分析服务(Analysis Services)、集成服务(Integration Services)、报表服务(Reporting Services)和主数据服务(Master Data Services)。各服务器组件的功能见表 7-1。

表 7-1　服务器组件及功能

服务器组件	功能
SQL Server 数据库引擎	SQL Server 数据库引擎包括数据库引擎(用于存储、处理和保护数据的核心服务、复制、全文搜索)、用于管理关系数据和 XML 数据的工具及数据引擎服务(Data Quality Services, DQS)
分析服务(Analysis Services)	分析服务包括用于创建和管理联机分析处理(On-Line Analytical Processing, OLAP)及数据挖掘应用程序的工具
集成服务(Integration Services)	集成服务是一组图形工具和可编程对象,用于移动、复制和转换数据。它还包括集成服务的 DQS 组件
报表服务(Reporting Services)	报表服务包括用于创建、管理和部署表格报表、矩阵报表、图形报表及自由格式报表的服务器和客户端组件。报表服务还是一个可用于开发报表应用程序的可扩展平台
主数据服务(Master Data Services)	MDS 是针对主数据管理的 SQL Server 解决方案。可以配置 MDS 来管理任何领域(产品、客户、账户);MDS 中可包括层次结构、各种级别的安全性、事务、数据版本控制和业务规则,以及可用于管理数据的 Excel 外接程序

2. 常用管理工具

包括 SQL Server Management Studio、SQL Server 配置管理器、SQL Server Profiler、数据库优化引擎顾问、数据质量客户端等。管理工具及其功能见表 7-2。

表 7-2　管理工具及其功能

管理工具	功能
SQL Server Management Studio	SQL Server Management Studio 是用于访问、配置、管理和开发 SQL Server 组件的集成环境。Management Studio 使各种技术水平的开发人员和管理员都能使用 SQL Server。Management Studio 的安装需要 Internet Explorer 6 SP1 或更高版本
SQL Server 配置管理器	SQL Server 配置管理器为 SQL Server 服务、服务器协议、客户端协议和客户端别名提供基本配置管理
SQL Server Profiler	SQL Server Profiler 提供了一个图形用户界面,用于监视数据库引擎实例或分析服务实例
数据库优化引擎顾问	数据库优化引擎顾问可以协助创建索引、索引视图和分区的最佳组合
数据质量客户端	提供了一个非常简单而直观的图形用户界面,用于连接到 DQS 数据库并执行数据清理操作。它还允许集中监视在数据清理操作过程中执行的各项活动。数据质量客户端的安装需要 Internet Explorer 6 SP1 或更高版本

续表

管理工具	功能
SQL Server Data Tools	SQL Server 数据工具(SSDT)提供 IDE,以便为以下商业智能组件生成解决方案:分析服务、集成服务、报表服务。 它还包含“数据项目”,为数据库开发人员提供集成环境,以便在 Visual Studio 内为任何 SQL Server 平台(包括本地和外部)执行其所有数据库设计工作。数据库开发人员可以使用 Visual Studio 中功能增强的服务器资源管理器来轻松创建与编辑数据库对象和数据或执行查询
连接组件	安装用于客户端和服务器之间通信的组件,以及用于 DB-Library、ODBC 和 OLE DB 的网络库

7.1.3 SQL Server 2012 的版本

SQL Server 2012 包含企业版(Enterprise)、标准版(Standard),新增了商业智能版(Business Intelligence)。此外,SQL Server 2012 发布时,还包括专业化版本 Web 版、延伸版开发者版本及精简版,见表 7-3。

表 7-3 SQL Server 2012 各版本及说明

版本	说明
企业版(Enterprise)(64 位和 32 位)	作为高级版本,SQL Server 2012 Enterprise 版提供了全面的高端数据中心功能,极为快捷、虚拟化不受限制,还具有端到端的商业智能,这可以为关键任务工作负荷提供较高服务级别,支持最终用户访问深层数据
标准版(Standard)(64 位和 32 位)	SQL Server 2012 Standard 版提供了基本数据管理和商业智能数据库,使部门和小型组织能够顺利运行其应用程序,并支持将常用开发工具用于内部部署和云部署,这有助于以最少的 IT 资源获得高效的数据库管理
商业智能版(Business Intelligence)(64 位和 32 位)	SQL Server 2012 Business Intelligence 版提供了综合性平台,可支持组织构建和部署安全、可扩展且易于管理的 BI 解决方案。它提供基于浏览器的数据浏览与可视性等功能、强大的数据集成功能,以及增强的集成管理
Web 版(64 位和 32 位)	对于从小规模至大规模 Web 资产提供可伸缩性、经济性和可管理性功能的 Web 宿主和 Web VAP 来说,SQL Server 2012 Web 版本是一项总拥有成本最低的选择
开发者版(Developer)(64 位和 32 位)	SQL Server 2012 Developer 版支持开发人员基于 SQL Server 构建任意类型的应用程序。它包括 Enterprise 版的所有功能,但有许可限制,只能用作开发和测试系统,而不能用作生产服务器。SQL Server Developer 是构建和测试应用程序的人员的理想之选
精简版(Express)(64 位和 32 位)	SQL Server 2012 Express 是入门级的免费数据库,是学习和构建桌面及小型服务器数据驱动应用程序的理想选择。它是独立软件供应商、开发人员和热衷于构建客户端应用程序的人员的最佳选择,如果需要使用更高级的数据库功能,则可以将 SQL Server Express 无缝升级到其他更高端的 SQL Server 版本。SQL Server 2012 中新增了 SQL Server Express Localdb,这是 Express 的一种轻型版本,该版本具备所有可编程性功能,但在用户模式下运行,具有快速的零配置安装和必备组件要求较少的特点

7.2 安装 SQL Server 2012

环境需求是指系统安装时对硬件、操作系统、网络等环境的要求，这些要求也是 Microsoft SQL Server 系统运行所必需的条件。

7.2.1 SQL Server 2012 安装环境需求

软件环境：支持 SQL Server 2012 的操作系统；Windows 8 上安装 SQL Server 的最低版本要求。

硬件环境：见表 7-4，内存和处理器要求适用于所有版本的 SQL Server 2012。

表 7-4 硬件环境

组件	要求
内存	最小值： Express 版本：512 MB 所有其他版本：1 GB 建议： Express 版本：1 GB 所有其他版本：至少 4 GB，并且应该随着数据库大小的增加而增加，以便确保最佳的性能
处理器速度	最小值： X86 处理器：1.0 GHz X64 处理器：1.4 GHz 建议：2.0 GHz 或更快
处理器类型	X64 处理器：AMD Opteron、AMD Athlon 64、支持 Intel EM64T 的 Intel Xeon、支持 EM64T 的 INTEL Pentium Ⅳ X86 处理器：Pentium Ⅲ 兼容处理器或更快

7.2.2 SQL Server 2012 的安装

7-1

SQL Server 2012 的安装步骤参见视频 7-1。

7.3 SSMS 基本操作

对数据库进行操作和管理有两种方式：一种是利用可视化的 SSMS 管理器来操作和管理数据库，另一种是直接编写 SQL 语句来批量完成操作。对于一般用户来说，第一种方式更为直观与简便，不需要记得复杂的 SQL 语句及语法，就能在图形化操作界面下完成大部分数据库的操作与管理，从 SQL Server 2005 开始，数据库管理方面推出了 SSMS 组件，此组件把以前版本的“企业管理器”和“查询管理器”两个工具组合到一个界面中,这使各种开发人员和一般的管理员都能轻松地访问 SQL Server。

7.3.1 SSMS 的启动和链接

1. 连接到 SQL Server 2012 服务器

单击“开始”→“Microsoft SQL Server 2012”→“SQL Server Management Studio”命令,启动 SSMS,运行时,系统启动“连接到服务器”对话框,如图 7-1 所示。

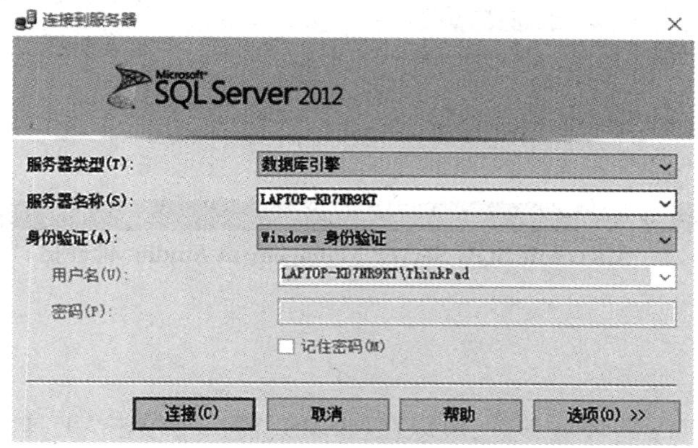

图 7-1 “连接到服务器”对话框

其中:

◎ 服务器类型:可选择的有数据库引擎、Analysis Services(分析服务)、报表服务(Reporting Services)、Integration Services(集成服务)。其中数据库引擎是对 SQL Server 基本功能的操作,一般用户仅需要使用该功能,所以默认的是“数据库引擎”类型。

◎ 服务器名称:格式为“计算机名-实例名”,因为在安装时使用的是默认实例,因此使用计算机名作为服务器名称。当然,使用计算机的 IP 地址也可以。

◎ 身份验证:可选择 Windows 身份验证和 SQL Server 身份验证。当选择“Windows 身份验证”时,采用进入 Windows 时的用户登录 SQL Server,这种登录方式一般不用输入用户名和密码;选择“SQL Server 身份验证”时,则采用 SQL Server 系统管理员(sa)登录,或者 SQL Server 中的注册用户登录,这种登录方式要输入用户名和密码。

2. 进入 SQL Server 2012

单击图 7-1 所示的“连接”按钮,则系统进入“Microsoft SQL Server Management Studio”(简称 SSMS)窗口,并且默认打开“对象资源管理器”。这里以“SQL Server 身份验证”方式登录,用户名为“sa”,输入密码,系统进入“Microsoft SQL Server Management Studio(管理员)”窗口,如图 7-2 所示。

其中,LAPTOP-KD7NR9KT(SQL Server 11.0.2100-sa)表示当前连接 SQL Server 服务器,具体表示:LAPTOP-KD7NR9KT 为服务器名称,该名称就是当前安装 SQL Server 2012 计算机的名称;SQL Server 11.0.2100 为 SQL Server 2012 数据库引擎的版本;sa 为登录服务器的用户是 SQL Server 认证下的 sa。

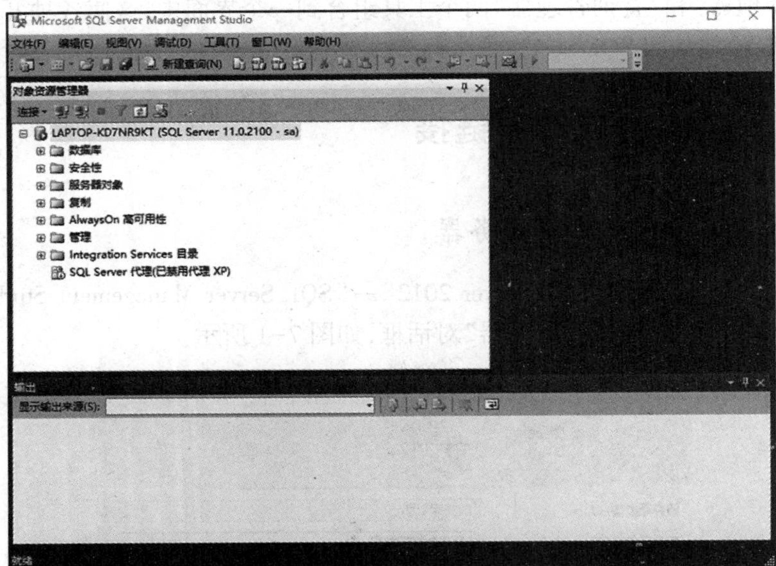

图 7-2 “Microsoft SQL Server Management Studio(管理员)”窗口

3. SSMS 配置

如果需要了解 SSMS 的环境参数，可以在“SSMS”窗口中单击“工具”主菜单，选择“选项”子菜单，系统显示“选项”对话框，如图 7-3 所示。

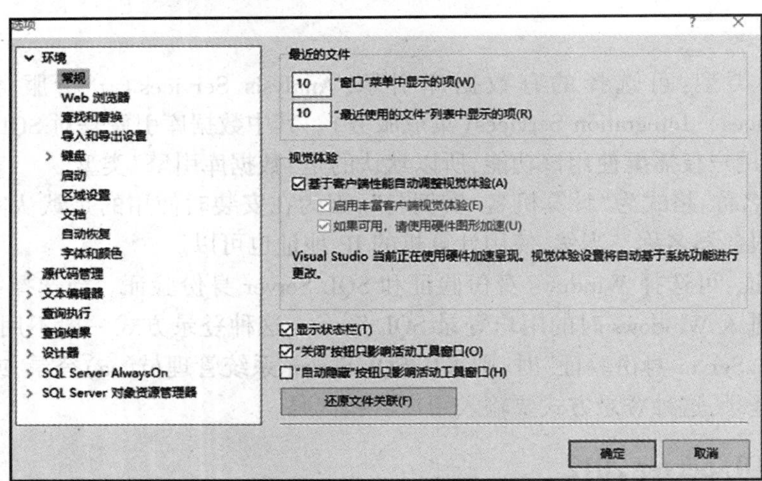

图 7-3 SSMS 环境配置

在此对话框中，可设置 SSMS 中的字体和颜色等。一般用户不需要进行特别的配置。

4. SQL Server 2012 服务器属性

在“SSMS”窗口中，选择 LAPTOP-KD7NR9KT(SQL Server 11.0.2100-sa)连接，右击，单击“服务器属性”，可以查看当前连接的 SQL Server 2012 服务器的属性所包含的若干选

项页。

（1）“常规”页(图7-4)

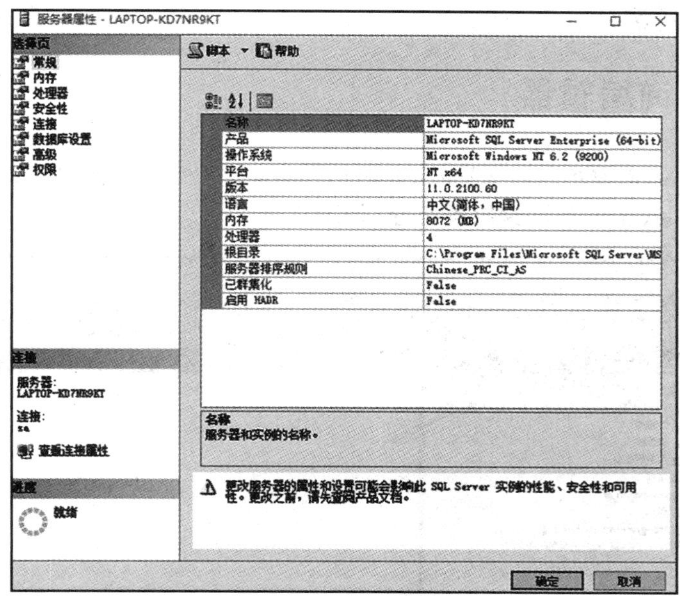

图7-4 “常规”页

其中显示服务器名称、安装的SQL Server 2012版本(当前为64位企业版)、数据库引擎版本(当前为简体中文11.0.2100.60)、安装目录等。

（2）“数据库设置”页(图7-5)

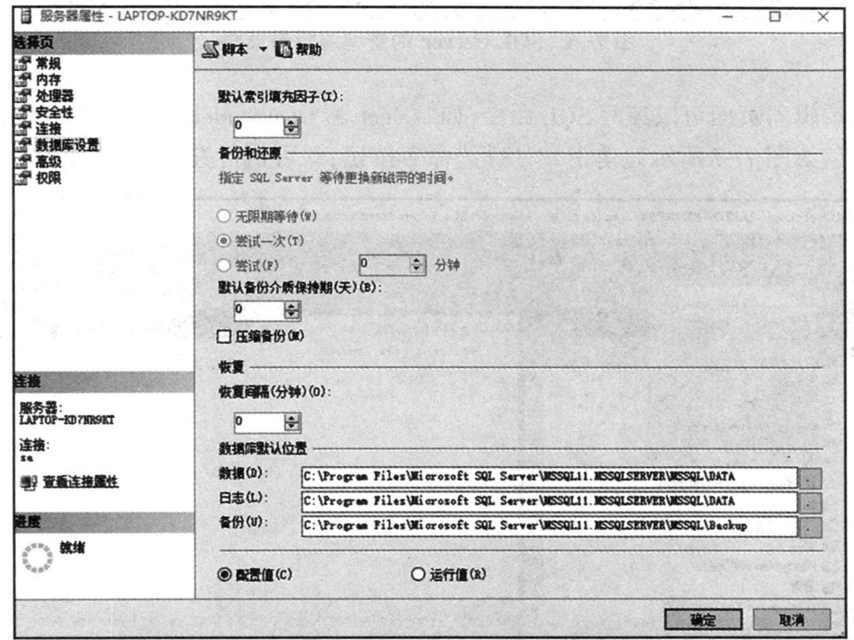

图7-5 “数据库设置”页

其中包含了数据库文件默认位置，默认路径为"C:\Program Files\Microsoft SQL Server\MSSQL11. MSSQLSERVER\MSSQL\DATA"，即安装 SQL Server 2012 时指定的数据文件路径，在此可以修改为用户路径。

7.3.2 查询编辑器

系统进入"Microsoft SQL Server Management Studio"管理平台界面，单击"新建查询(N)"按键，即可出现 SQL Server 的查询编辑器页面，如图 7-6 所示。

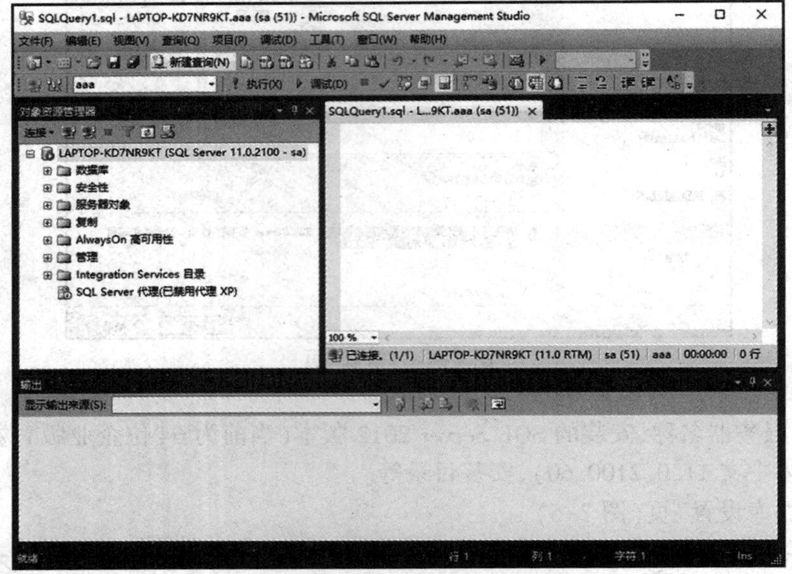

图 7-6 SQL Server 的查询编辑器页面

在查询编辑器页面可以编写 SQL 命令，如"select * from student"命令，选择当前可使用的数据库"aaa"，如图 7-7 所示。单击"！执行"命令按钮，即可执行查询命令，如图 7-8 所示。

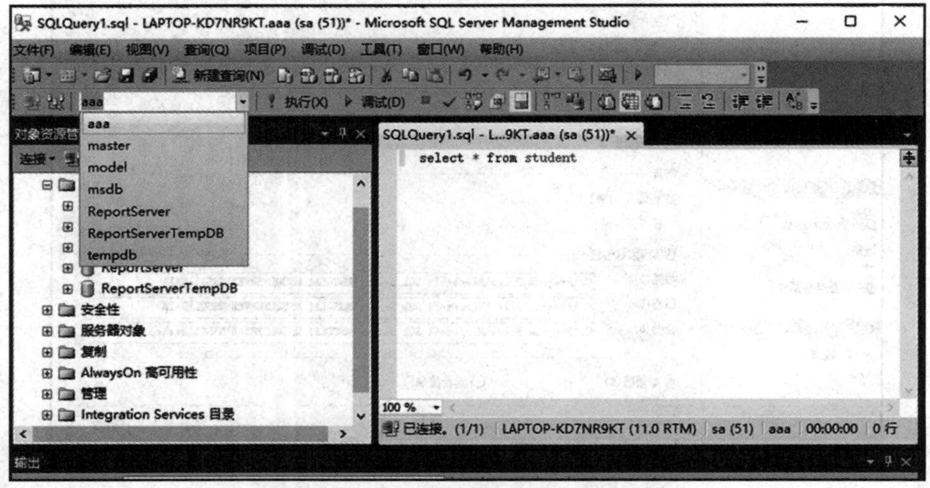

图 7-7 选择可使用的数据库

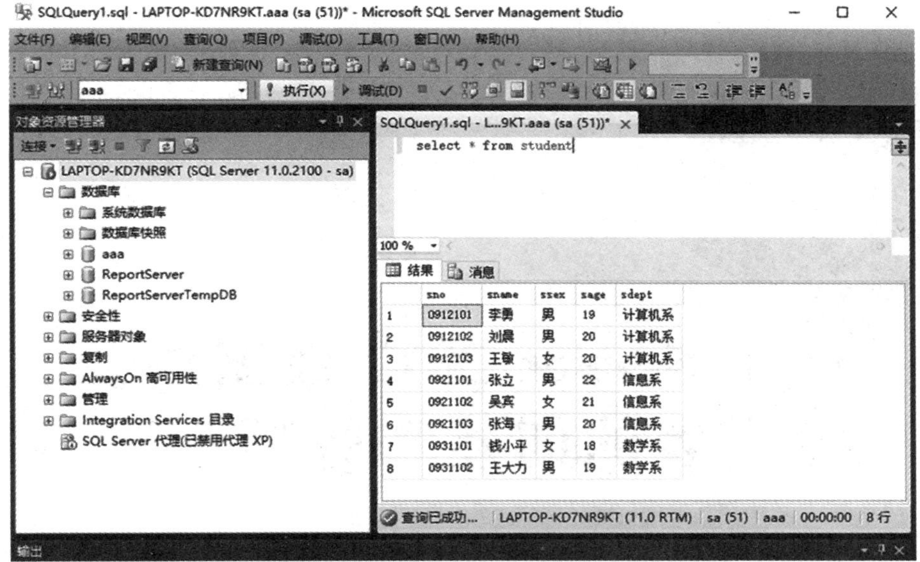

图 7-8　命令执行结果

Microsoft SQL Server Management Studio 允许在与服务器断开连接时编写或编辑代码,关闭查询编辑器时可保存代码文件,其扩展名为 .sql。当服务器不可用或要节省短缺的服务器或网络资源时,这一点很有用。可以更改查询编辑器与 SQL Server 新实例的连接,而无须打开新的查询编辑器窗口或重新键入代码。

本章小结

本章主要介绍了 SQL Server 2012 与以前版本相比新增的功能与特点;SQL Server 2012 提供的版本、SQL Server 2012 的组件及功能,以视频的形式介绍了 SQL Server 2012 的安装步骤,介绍了 SQL Server 2012 中的 SSMS 基本操作和查询编辑器的使用,使读者对 SQL Server 2012 数据库管理系统具有初步的了解。

习　题

1. SQL Server 2012 有哪些版本?
2. SQL Server 2012 的服务器组件包括哪些?它们各自有什么作用?

上机实训

1. 在 Windows 操作系统上练习安装 SQL Server 2012 企业版。
2. 打开 Microsoft SQL Server Management Studio 管理平台,体会该管理平台的各部分功能。
3. 在 Microsoft SQL Server Management Studio 管理平台界面中单击"新建查询(N)"按钮,在 SQL Server 的查询编辑器中运行第 4 章关系数据库标准语言 SQL 的例 4-1~例 4-59。

第 8 章 SQL Server 2012 数据库及数据表的创建和管理

学习目的

通过本章的学习，使学生了解 SQL Server 2012 的数据库对象及 SQL Server 2012 数据库的创建和管理，同时学会使用 SQL Server 管理平台和 T-SQL 语句对数据表进行创建、修改、查看和删除等管理操作。

本章要点

- 了解 SQL Server 2012 数据库存储结构
- 掌握 SQL Server 2012 数据库的创建及管理
- 掌握 SQL Server 2012 数据库表的创建、修改和删除
- 掌握 SQL Server 2012 数据表的完整性约束定义

思维导图

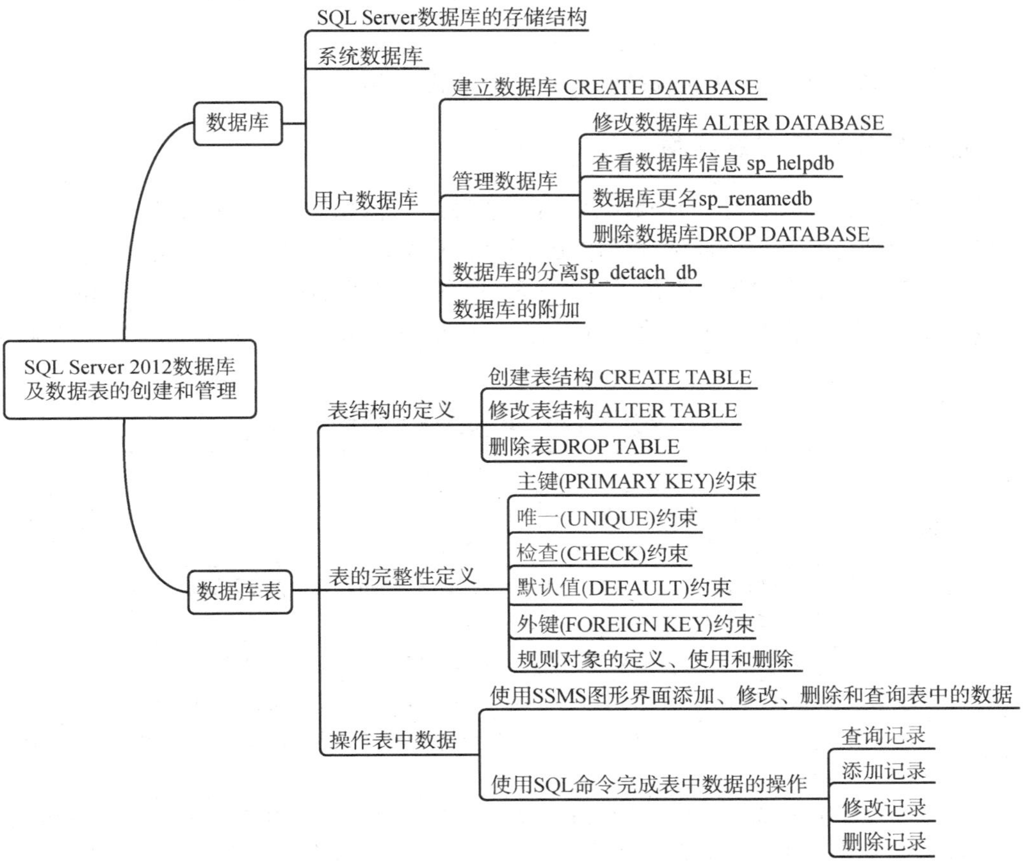

SQL Server 2012数据库及数据表的创建和管理
数据库
SQL Server数据库的存储结构
系统数据库
用户数据库
建立数据库 CREATE DATABASE
管理数据库
修改数据库 ALTER DATABASE
查看数据库信息 sp_helpdb
数据库更名sp_renamedb
删除数据库DROP DATABASE
数据库的分离sp_detach_db
数据库的附加
数据库表
表结构的定义
创建表结构 CREATE TABLE
修改表结构 ALTER TABLE
删除表DROP TABLE
表的完整性定义
主键(PRIMARY KEY)约束
唯一(UNIQUE)约束
检查(CHECK)约束
默认值(DEFAULT)约束
外键(FOREIGN KEY)约束
规则对象的定义、使用和删除
操作表中数据
使用SSMS图形界面添加、修改、删除和查询表中的数据
使用SQL命令完成表中数据的操作
查询记录
添加记录
修改记录
删除记录

8.1 SQL Server 数据库的存储结构

数据库的存储结构分为逻辑存储结构和物理存储结构两种。

1. 数据库的逻辑存储结构

数据库的逻辑存储结构指的是数据库由哪些性质的信息所组成，SQL Server 的数据库不仅仅是数据的存储，所有与数据处理操作相关的信息都存储在数据库中。实际上，SQL Server 2012 的数据库对象是由诸如数据库关系图、表、视图、同义词、可编程性、Service Broker（服务代理）、存储和安全性等组成的，见表 8-1。它们分别用来存储特定信息并支持特定功能，构成数据库的逻辑存储结构。

表 8-1　SQL Server 2012 的数据库对象及功能

对象名称	功能
数据库关系图	用来描述数据库中表和表之间的对应关系，是数据库设计的常用方法。在数据库技术领域，这种关系图常被称为 E-R 图、ERD 图或 EAR 图等
表	由行和列组成，一行代表唯一记录，一列代表一个字段，其中表的类型定义规定了某个列中可以存放的数据类型
视图	可以限制某个表中可见的行和列，或者将多个表结合起来，显示所需要的行或者列
同义词	是数据库对象的别名，使用同义词对象可以大大简化对复杂数据库对象名称的引用方式
可编程性	是一个逻辑组合，包括存储过程、函数、数据库触发器、程序集、类型、规则、默认值、计划指南等对象
Service Broker（服务代理）	可以帮助数据库开发人员生成可靠且可扩展的应用程序。它包括用来支持异步通信机制的对象，这些对象包括消息类型、约定、队列、服务、路由、远程服务绑定、代理优先等级等对象
存储	该节点中包括 4 类对象：全文目录、分区方案、分区函数和全文非索引字表，这些对象都与数据存储有关
安全性	在该节点中包括用户、角色、架构、证书、非对称密钥、对称密钥、数据库审核规范等

上述 SQL Server 2012 的数据库对象的使用是本书后续章节要介绍的主要内容，也是 SQL Server 2012 的主要功能和数据库的主要操作方法。

2. 数据库的物理存储结构

数据库的物理存储结构讨论数据库文件是如何在磁盘上存储的。数据库在磁盘上是以文件为单位进行存储的，由数据库文件和事务日志文件组成，一个数据库至少应该包含一个数据库文件和一个事务日志文件，见表 8-2。

SQL Server 2012 数据库的每个数据文件和日志文件都有一个逻辑文件名和一个物理文件名。逻辑文件名是在所有 T-SQL 语句中引用物理文件时所使用的名称，它必须符合 SQL Server 标识符规则，并且在数据库中必须是唯一的。物理文件名是包含目录路径的物理名称，它必须符合操作系统文件命名规则。

表 8-2 数据库的物理存储结构

数据库文件	说明
主数据库文件 (Primary Database File)	是数据库的起点,指向数据库中文件的其他部分。该文件是数据库的关键文件,包含了数据库的启动信息,并且存储部分可以是全部数据。主数据库文件是必选的,一个数据库有且只有一个主数据库文件。其扩展名为 . mdf
辅助数据库文件 (Secondary Database File)	用于存储主数据库文件中未包含的剩余数据和数据库对象,辅助数据文件不是必选的,一个数据库有一个或多个辅助数据文件,也可以没有辅助数据文件。其扩展名为 . ndf
事务日志文件 (Transaction Log File)	用于存储恢复数据库所需的事务日志信息,是用来记录数据库更新情况的文件。事务日志文件也是必选的,一个数据库可以有一个或多个事务日志文件。其扩展名为 . ldf

8.1.1 数据库的存储形式

在 SQL Server 2012 系统中,一个数据库至少有一个数据文件和一个事务日志文件。当然,一个数据库也可以有多个数据文件和多个日志文件,如图 8-1 所示。数据文件用于存放数据库的数据和各种对象,而事务日志文件用于存放事务日志。一个数据库最多可以拥有 32 767个数据文件和 32 767 个日志文件。

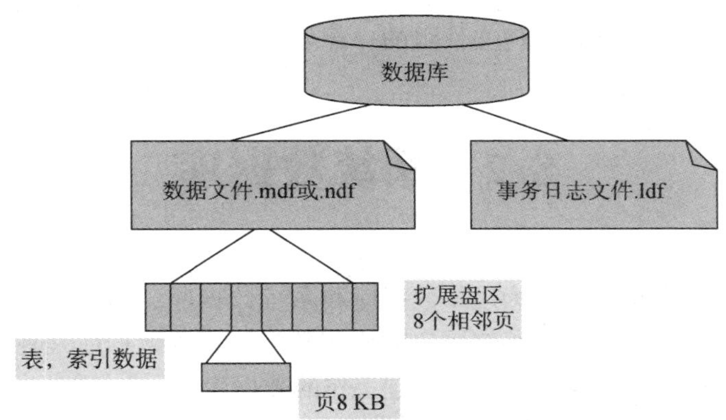

图 8-1 SQL Server 数据库文件的存储形式

1. 数据文件

SQL Server 将一个数据文件中的空间分配给表格和索引,每块有 8 页(64 KB)的空间,叫作“扩展盘区”。每个页的大小为 8 KB,页的单个行中的最大数据量是 8 060 B,页的大小决定了数据库表的一行数据的最大大小,即 SQL Server 每次读取或写入数据的最小数据单位是数据页。共有 8 种类型的页面:数据页面、索引页面、文本/图像页面、全局分配页面、页面剩余空间页面、索引分配页面、大容量更改映射表页面和差异更改映射表页面。

2. 事务日志文件(简称日志文件)

驻留在与数据文件不同的一个或多个物理文件中,包含一系列事务日志记录而不是扩展盘区分配的页。日志文件用来记录数据变化的过程。

8.1.2 数据库文件组

为了便于分配和管理,SQL Server 允许将多个文件归纳为同一组,并赋予此组一个名称,这就是文件组。文件组就是文件的逻辑集合。为了方便数据的管理和分配,文件组可以把一些指定的文件组合在一起。所以文件组分为主文件组(Primary File Group)和用户定义的文件组两种类型。

1. 主文件组

每个数据库有一个主文件组,它包含了所有系统表。当建立数据库时,主文件组包括主要数据文件和未指定组的其他文件。一个文件只能存在于一个文件组中,一个文件组也只能被一个数据库使用。

2. 用户定义的文件组

用户定义的文件组是指用户首次创建数据库或以后修改数据库时明确创建的任何文件组。创建这类文件组主要用于将数据文件集合起来,以便于管理和分配数据。

使用文件和文件组时,应该考虑下列因素:①一个文件或者文件组只能用于一个数据库,不能用于多个数据库;②一个文件只能是某一个文件组的成员,不能是多个文件组的成员;③数据库的数据信息和日志信息不能放在同一个文件或文件组中,数据文件和日志文件总是分开的;④日志文件永远不能是任何文件组的一部分。

8.2　系统数据库

在 SQL Server 中,数据库可分为用户数据库和系统数据库。用户数据库是为实现特定用户需求而创建的数据库,主要用来存储用户的应用数据。系统数据库是在安装 SQL Server 时自动创建的,主要用来完成特定的数据库管理工作的数据库。

SQL Server 2012 的系统数据库主要有 master、model、msdb、tempdb 和 resource。

1. master 数据库

master 数据库是 SQL Server 中最重要的数据库,它记录了 SQL Server 系统中所有的系统信息,包括登录账户、系统配置和设置、服务器中数据库的名称、相关信息和这些数据库文件的位置,以及 SQL Server 初始化信息等。由于 master 数据库记录了如此多且重要的信息,一旦数据库文件损失或损毁,将对整个 SQL Server 系统的运行造成重大的影响,甚至使整个系统瘫痪,因此,要经常对 master 数据库进行备份,以便在发生问题时对数据库进行恢复。

2. model 数据库

model 系统数据库是一个模板数据库,可以用作建立数据库的模板。它包含了建立新数据库时所需的基本对象,如系统表、查看表、登录信息等。在系统执行建立新数据库操作时,它会复制这个模板数据库的内容到新的数据库上。由于所有新建立的数据库都是继承这个 model 数据库而来的,因此,如果更改 model 数据库中的内容,如增加对象,则稍后建立的数据库也都会包含该变动。

model 系统数据库是 tempdb 数据库的基础。由于每次启动 SQL Server 时,系统都会创建 tempdb 数据库,所以 model 数据库必须始终存在于 SQL Server 系统中。

3. msdb 数据库

msdb 系统数据库在提供"SQL Server 代理服务"调度警报、作业及记录操作员时使用。如果不使用这些 SQL Server 代理服务,就不会使用到该系统数据库。

SQL Server 代理服务是 SQL Server 中的一个 Windows 服务,用于运行任何已创建的计划作业。作业是指 SQL Server 中定义的能自动运行的一系列操作。例如,如果希望在每个工作日下班后备份公司所有服务器,就可以通过配置 SQL Server 代理服务使数据库备份任务在周一到周五的 22:00 之后自动运行。

4. tempdb 数据库

tempdb 数据库是存在于 SQL Server 会话期间的一个临时性的数据库。tempdb 系统数据库是一个全局资源,可供连接到 SQL Server 的所有用户使用。tempdb 中的操作是最小日志记录操作,可以使事务产生回滚。一旦关闭 SQL Server,tempdb 数据库保存的内容将自动消失。重新启动 SQL Server 时,系统将重新创建新的、空的 tempdb 数据库。因此,tempdb 中的内容仅存于本次会话中。

tempdb 保存的内容主要包括:

① 显示创建的临时用户对象,如临时表、临时存储过程、表变量或游标。

② 所有版本的更新记录,如数据库中数据修改事务生成的行版本。

③ SQL Server 创建的内部工作表,如用于存储假脱机或排序的中间结果的工作表。

④ 创建或重新生成索引时,临时排序的结果。

不允许对 tempdb 进行备份或还原。

5. resource 数据库

resource 数据库是只读数据库,包含了 SQL Server 中所有系统对象。SQL Server 系统对象(如 sys.object 对象)在物理上持续存在于 resource 数据库中。resource 数据库不包含用户数据或用户元数据。

8.3 数据库的创建

在 SQL Server 2012 环境下创建数据库有两种方式:一种是在"SQL Server Management Studio(SSMS)"窗口中以界面的方式进行创建;另一种是用 CREATE DATABASE 命令的方式建立数据库。创建数据库的人必须是系统管理员,或者是被授权使用 CREATE DATABASE(创建数据库)语句的用户。

1. SSMS 界面创建数据库

创建数据库必须确定数据库名、所有者(即创建数据库的用户)、数据库大小(初始大小、最大大小、是否允许增长及增长方式）和存储数据库的文件。

对于新建的数据库，数据文件的默认值为：初始文件大小为 5 MB；不限制最大容量；允许数据库自动增长，增量为 1 MB。日志文件的默认值为：初始文件大小为 1 MB；不限制最大容量；允许日志文件自动增长，增长方式为按 10% 比例增长。

注意：即使数据库的最大容量不受限制，但是当实际存储时，仍然会受可用硬盘空间的限制。

【例 8-1】 在 SSMS 的图形界面中，在 E:\DATABASE 目录下创建 school 数据库，数据文件和日志文件属性以系统默认的方式设置。

操作步骤参见视频 8-1。

8-1

2. 用 CREATE DATABASE 命令创建数据库

创建数据库的 T-SQL 语句是 CREATE DATABASE，其语法格式为：

```
CREATE  DATABASE 数据库名
[ON  [PRIMARY]][ <数据文件选项 >[ ,…n ]][ ,<数据文件组选项>[ ,…n ] ]
[LOG ON { < 日志文件选项>[ ,…n ] } ]
   <文件选项>::=[ PRIMARY ]
( [ NAME =逻辑文件名 , ]
FILENAME = '操作系统存储路径文件名'
[ , SIZE = 初始大小 ]
[ , MAXSIZE = { 文件最大容量 |UNLIMITED } ]
[ , FILEGROWTH = 文件增量] ) [ ,…n ]
< 文件组选项> ::=FILEGROUP 文件组名 [DEFAULT] < 文件选项 >[ ,…n ]
```

参数说明：

①数据库名：新创建的数据库的名称。

②ON：指出用来存储数据库中数据部分的磁盘文件（数据文件）。

③PRIMARY：指定主文件组中的主文件。

④LOG ON：指定用来存储数据库日志的磁盘文件。

⑤NAME = 逻辑文件名：指定数据文件或日志文件的逻辑名。

⑥FILENAME = '操作系统存储路径文件名'：指定数据文件或日志文件的操作系统文件名，包括文件名和路径。

⑦SIZE = 初始大小：指定数据文件或日志文件的初始大小，默认单位为 MB。

⑧MAXSIZE = {文件最大容量 | UNLIMITED }：指定数据文件或日志文件可以增长到的最大容量，默认单位为 MB。

⑨FILEGROWTH = 文件增量：指定数据文件或日志文件的增长幅度，默认单位为 MB。

⑩<文件组选项> ::=FILEGROUP 文件组名 [DEFAULT] < 文件选项 >[,…n]中的 DEFAULT 关键字指定命名文件组为数据库中的默认文件组；< 文件选项 >指定属于该文件组的文件的属性，其格式描述和数据文件的属性描述相同。

【例 8-2】 在 E:\DATABASE 目录下创建一个 Test 数据库，该数据库的主数据文件逻辑名为 Test_data，物理文件名为 Test.mdf，初始大小为 10 MB，最大尺寸为无限大，增长速度为 10%；数据库的日志文件逻辑名为 Test_log，物理文件名为 Test. ldf，初始大小为 1 MB，最大尺寸为

5 MB,增长速度为 1 MB。

```
CREATE DATABASE test
    ON  PRIMARY
( NAME = 'test',
FILENAME='E:\DATABASE\test.mdf',
 SIZE=10MB,
MAXSIZE = UNLIMITED,
FILEGROWTH = 10% )
 LOG ON
( NAME='test_log',
FILENAME='E:\DATABASE\test_log.ldf',
SIZE=1MB,
MAXSIZE = 5MB,
FILEGROWTH = 1MB )
```

输入完毕后,单击 SSMS 面板上的“执行”按钮,结果如图 8-2 所示。

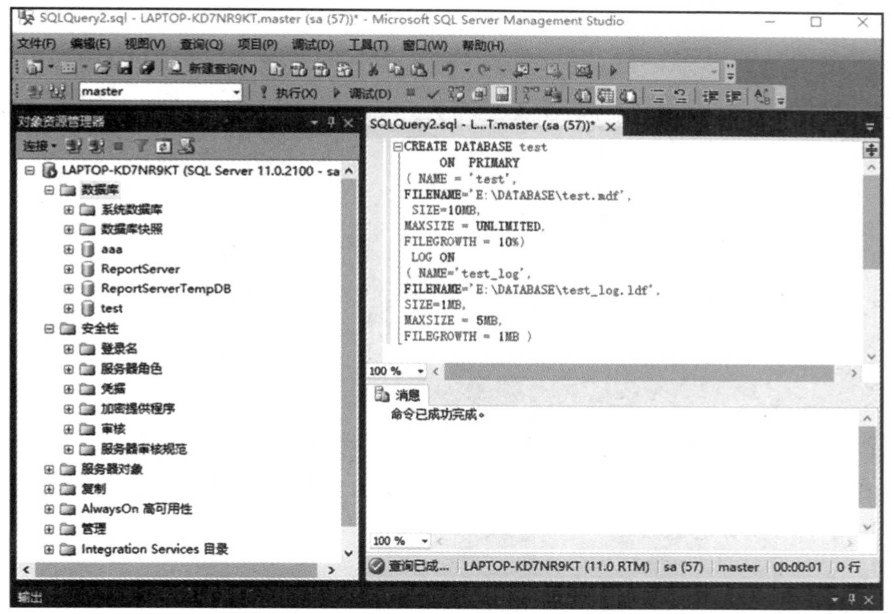

图 8-2　在查询分析器中执行创建数据库命令

注意:

①FILENAME 选项中指定的数据和日志文件的目录“E:\DATABASE”必须存在,否则,将产生错误,即创建数据库失败。

②如果“消息”栏中显示错误信息,则需要查找原因,在更正后执行;也可以通过调试查找原因。

③当命令成功执行后,在“对象资源管理器”中展开“数据库”,如果没有发现“test”数据库,则选择“数据库”,右击,在弹出的快捷菜单中选择“刷新”菜单项即可。

【例 8-3】创建一个包含两个文件组的数据库 Business。该数据库主文件组(PRIMARY)

包含 BusinessData1 和 BusinessData2 两个数据文件，这两个数据文件的初始大小为 10 MB，最大值为 50 MB，增长速度为 10 MB；文件组 BusinessGroup 包含数据文件 BusinessData3，数据文件的初始大小为 10 MB，最大值为 50 MB，增长速度为 10%。该数据库还包含一个日志文件 BusinessLog，该文件初始大小为 8 MB，最大为 50 MB，增速为 10 MB。

```
CREATE DATABASE Business
ON PRIMARY
(NAME= BusinessData1,
FILENAME='E:\DATABASE\BusinessData1.mdf',
SIZE=10MB,
MAXSIZE=50MB,
FILEGROWTH=10MB),
(NAME= BusinessData2,
FILENAME='E:\DATABASE\BusinessData2.ndf',
SIZE=10MB,
MAXSIZE=50MB,
FILEGROWTH=10MB),
FILEGROUP BusinessGroup
(NAME= BusinessData3,
FILENAME='D:\SQL\BusinessData3.ndf',
SIZE=10MB,
MAXSIZE=50MB,
FILEGROWTH=10%)
LOG ON
(NAME= BusinessLog,
FILENAME='D:\SQL\BusinessLog.ldf',
SIZE=8MB,
MAXSIZE=50MB,
FILEGROWTH=10MB);
```

注意：在 FILENAME 中使用的文件扩展名中，.mdf 用于主数据库文件、.ndf 用于辅助数据库文件、.ldf 用于事务日志文件。

8.4 数据库的管理

当用户登录 SQL Server 2012 服务器，连接 SQL Server 后，需要打开一个数据库，才能使用数据库中的数据。如果用户没有打开数据库，SQL Server 会自动打开 master 数据库，如图 8-3 框线所示。用户可以在框线的下拉列表框中选择要打开的数据库，还可以在如图 8-3 所示的查询分析器中利用 USE 命令来打开或切换至不同的数据库。

打开或切换数据库的命令格式为：

```
USE <数据库名>
```

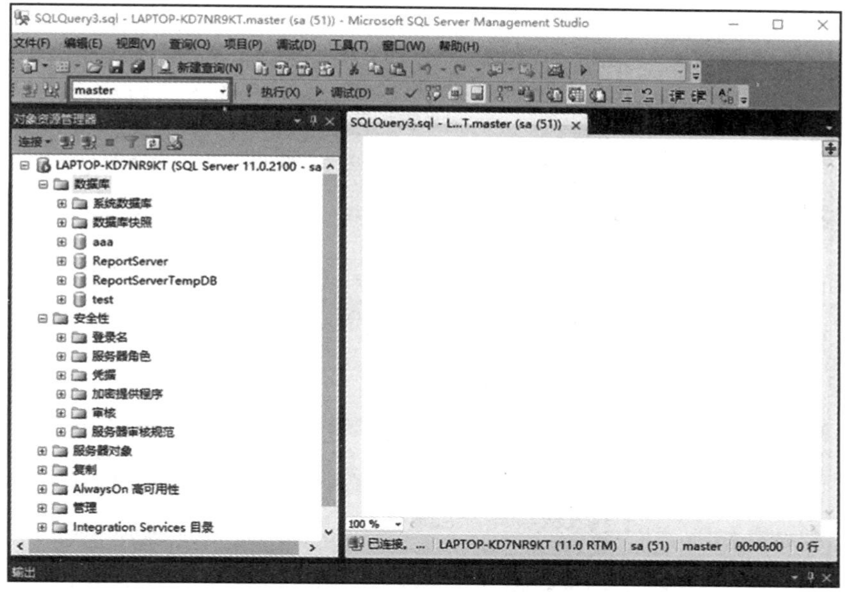

图 8-3　打开 master 数据库

8.4.1　修改数据库

1. 在图形界面修改数据库属性

在“对象资源管理器”窗口中，选择要查看和修改的数据库，这里选择 test 数据库并右击，打开“数据库属性”窗口，其中包括“常规”“文件”“文件组”“选项”“更改跟踪”“权限”“扩展属性”“镜像”“事务日志传送”9 个选项卡。选择不同的页可以修改数据库的基本信息、文件及文件组的相关属性、数据库用户或角色的权限等。其中的“常规”“文件”“文件组”选项卡的设置与创建数据库的相似。可参见视频 8-1。

“选择页”的设置如图 8-4 所示。其中，“排序规则”用于设置数据库的排序规则；“恢复模式”的下拉列表框中有 3 个选项：完整、大容量日志和简单，不同的恢复模式决定了能够进行备份及日志的记录方式；“兼容级别”下拉列表框中有 3 个选项：“SQL Server 2005(90)”“SQL Server 2012(100)”和“SQL Server 2012(110)”。如果需要创建支持之前版本的 SQL Server 数据库，则可以在这里进行设置。

“更改跟踪”选项卡中可以查看或修改所选数据库的更改跟踪设置。

“权限”选项卡中可以设置用户对数据库的使用权限。

“扩展属性”选项卡可以向数据库对象添加自定义属性，可以查看或修改所选对象的扩展属性。使用“扩展属性”可以添加文本(如描述性或指导性内容)、输入掩码和格式规则，将它们作为数据库中的对象或数据库自身的属性。

2. 使用 T_SQL 命令修改数据库属性

使用 ALTER DATABASE 语句修改数据库。ALTER DATABASE 语法形式如下：

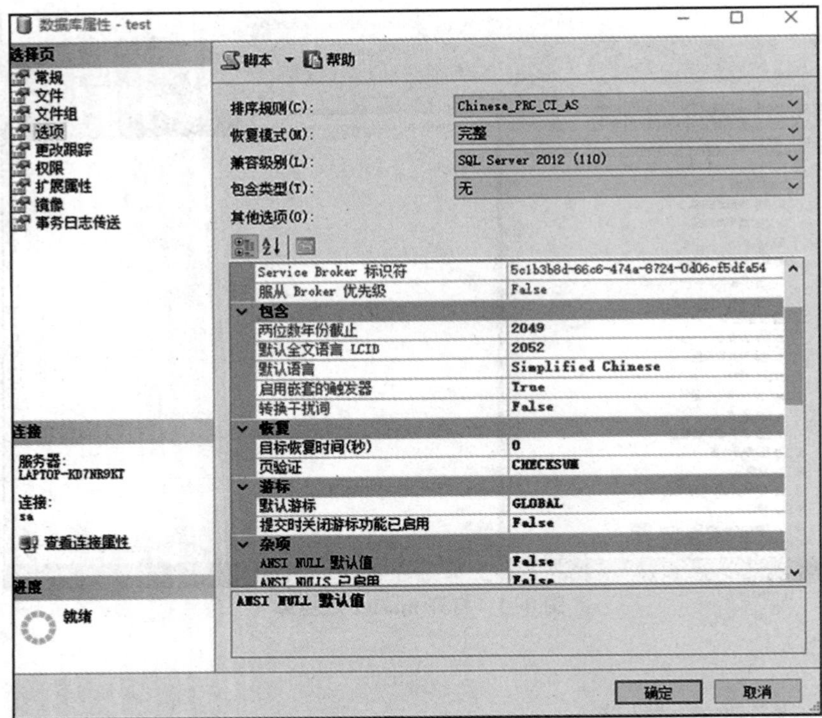

图 8-4　查看和设置 test 数据库的“选择页”

```
ALTER DATABASE 数据库名
{ ADD FILE < 文件选项 > [ ,…n ] [ TO FILEGROUP 文件组名 ]
| ADD LOG FILE < 日志文件名> [ ,…n ]
| REMOVE FILE 逻辑文件名
| ADD FILEGROUP 文件组名
| REMOVE FILEGROUP 文件组名
| MODIFY FILE < 文件选项 >
| MODIFY NAME = 新数据库文件名
| MODIFY FILEGROUP 文件组名 {文件组属性 |NAME = 新文件组名 }
```

参数说明：

- ADD FILE <文件选项> [,…n] [TO FILEGROUP 文件组名]：表示向指定的文件组添加新的数据文件。
- ADD LOG FILE <日志文件名> [,…n]：添加新的事务日志文件。
- REMOVE FILE 逻辑文件名：删除某一文件。
- ADD FILEGROUP 文件组名：添加一个文件组。
- REMOVE FILEGROUP 文件组名：删除某一文件组。
- MODIFY FILE <文件选项>：修改某个文件的属性。
- MODIFY NAME =新数据库文件名：修改数据库的名字。
- MODIFY FILEGROUP 文件组名 {文件组属性 | NAME = 新文件组名 }：修改某一文件组的属性。

- 其中<文件选项>可以是：

```
(NAME=逻辑文件名
[,NEWNAME=新逻辑文件名]
[,FILENAME='操作系统存储路径文件名']
[ , SIZE =初始大小 ]
[ , MAXSIZE = {文件最大容量 |UNLIMITED} ]
[ , FILEGROWTH = 文件增量 ] ) [ ,…n ]
[,OFFLINE])
```

【例 8-4】将两个数据文件和一个事务日志文件添加到 test 数据库中。数据文件 test1 的初始大小为 5 MB，最大值为 100 MB，自动增长速度为 5 MB；test2 的初始大小为 3 MB，最大值为 10 MB，自动增长速度为 1 MB；日志文件 testlog1 的初始大小为 5 MB，最大值为 100 MB，增长速度为 5 MB。

在"查询分析器"中输入如下 T-SQL 命令并执行：

```
ALTER DATABASE test
ADD FILE
(NAME = Test1,
FILENAME='E:\DATABASE\test1.ndf',
SIZE = 5MB,
MAXSIZE = 100MB,
FILEGROWTH = 5MB),
(NAME = Test2,
FILENAME='E:\DATABASE \test2.ndf',
 SIZE = 3MB,
 MAXSIZE = 10MB,
 FILEGROWTH = 1MB)
GO
ALTER DATABASE Test
 ADD LOG FILE
( NAME = testlog1,
FILENAME='E:\DATABASE\testlog1.ldf',
SIZE = 5MB,
MAXSIZE = 100MB,
FILEGROWTH = 5MB)
GO
```

【例 8-5】修改数据库 test，添加一个文件组 testgroup，并为此文件组添加两个大小均为 10 MB的数据文件。

在查询分析器中输入如下 SQL 命令并执行：

```
ALTER DATABASE test
ADD FILEGROUP testgroup
GO
ALTER DATABASE test
ADD FILE
```

```
(  NAME='test3_data'
  FILENAME='E:\DATABASE\test3_data.ndf',
  SIZE=10MB
),
( NAME='test4_data'
  FILENAME='E:\DATABASE\test4_data.ndf',
  SIZE=10MB
)
TO  FILEGROUP testgroup
GO
```

注意：GO 命令不是 T-SQL 语句，但它是 SSMS 代码编辑器识别的命令，它向 SQL Server 发送当前批 T-SQL 语句的信号，这里在查询分析器中一次执行了 2 个 T-SQL 命令。GO 命令和 T-SQL 语句不能写在同一行中，否则，运行时会发生错误。

这时查看数据库 test 文件组“选项课”，增加了 testgroup 文件组，同时，数据库文件目录中增加了两个数据文件。

【例 8-6】 删除 testgroup 文件组。

在“查询分析器”中输入如下 T-SQL 语句并执行：

```
ALTER  DATABASE test
   REMOVE FILE test3_data
GO
ALTER  DATABASE test
   REMOVE FILE test4_data
GO
ALTER  DATABASE test
   REMOVE  FILEGROUP  testgroup
```

注意：被删除的文件组中的数据文件必须先删除，并且不能删除主文件组。

8.4.2　查看数据库信息

1. 在图形界面查看数据库属性

在 Microsoft SQL Server Management Studio 的资源管理器中，展开“数据库”节点，在要查看属性的数据库上右击，这里选择“school”数据库，在弹出的快捷菜单中选择“属性”命令，弹出数据库的属性窗口，如图 8-5 所示。这里显示的是“常规”选项卡对应的界面，可以看到数据库的名称、状态、所有者、创建日期、占用空间总量等信息；选择“文件”选项卡，在对应的界面可看到数据文件和日志文件的定义等信息。

2. 使用系统存储过程查看数据库

使用系统存储过程语句 sp_helpdb 查看指定数据库或所有数据库的信息。该存储过程的基本格式为：

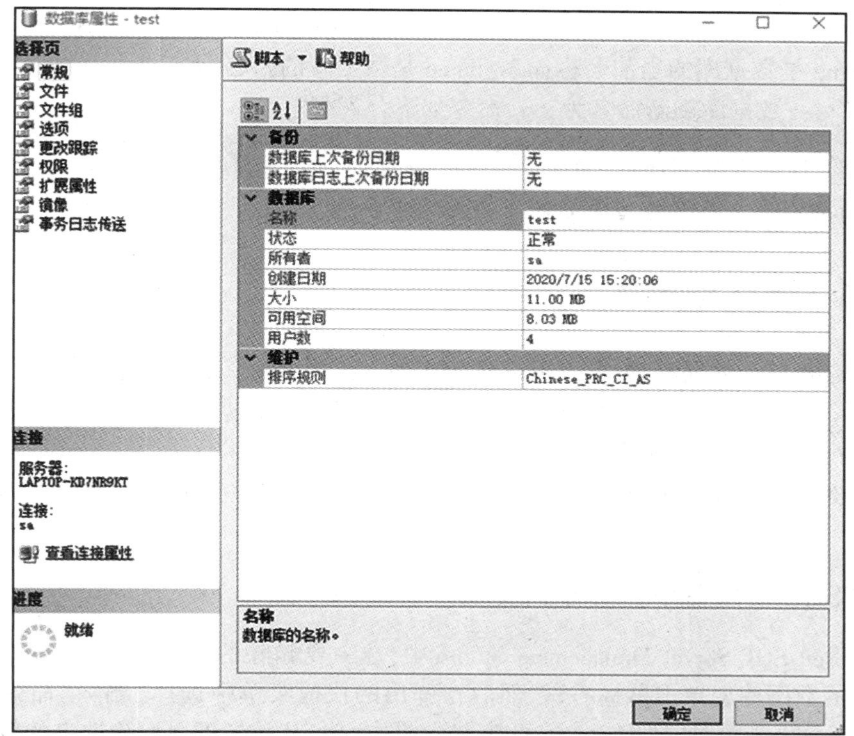

图 8-5 数据库“常规”选项卡界面

```
sp_helpdb [数据库名]
```

如果未指定数据库名称,则 sp_helpdb 语句将报告 sys.databases 目录下的所有数据库的信息。

【例 8-7】显示 Business 数据库的信息。

```
EXEC  sp_helpdb 'Business'
```

该存储过程语句在查询分析器运行后报告了 Business 数据库的名称、大小、所有者、创建日期、数据文件和日志文件等属性。

8.4.3 数据库更名

1. 在 SSMS 界面直接修改

具体的操作步骤如下:

①启动 SQL Server 管理控制器,在“对象资源管理器”中展开服务器节点,展开数据库节点。

②选中要重命名的数据库,单击鼠标右键,在弹出的快捷菜单中选择“重命名”命令。

③此时数据库名称变为可编辑状态,直接将其修改。

2. 用系统存储过程命令修改

语法形式为:

```
sp_renamedb 'old_name','new_name'
```

其中,old_name 是数据库的当前名称;new_name 是数据库的新名称。

例如,将 test 数据库重新命名为 xyz,命令如下:

```
sp_renamedb  test,xyz
```

注意:旧数据库名与新数据库名之间要用逗号分隔。

8.4.4 删除数据库

当不再需要某个数据库时,可以把它从 SQL Server 中删除。删除一个数据库,也就删除了该数据库的全部对象,包括数据文件和日志文件。一旦删除数据库,它即被永久地删除,并且不能对其进行任何操作,除非之前对数据库进行了备份。

删除数据库有两种方法:一种是在 SSMS 中以图形化的方式实现,另一种是用 T-SQL 语句来完成。

1. 在 SSMS 中以图形化的方式实现

在 Microsoft SQL Server Management Studio 中,选中要删除的数据库,然后按 Delete 键,或者在要删除的数据库上单击鼠标右键,然后在弹出的快捷菜单中选择“删除”命令,均会弹出如图 8-6 所示的“删除对象”窗口。在此窗口中单击“确定”按钮即可删除选定的数据库。

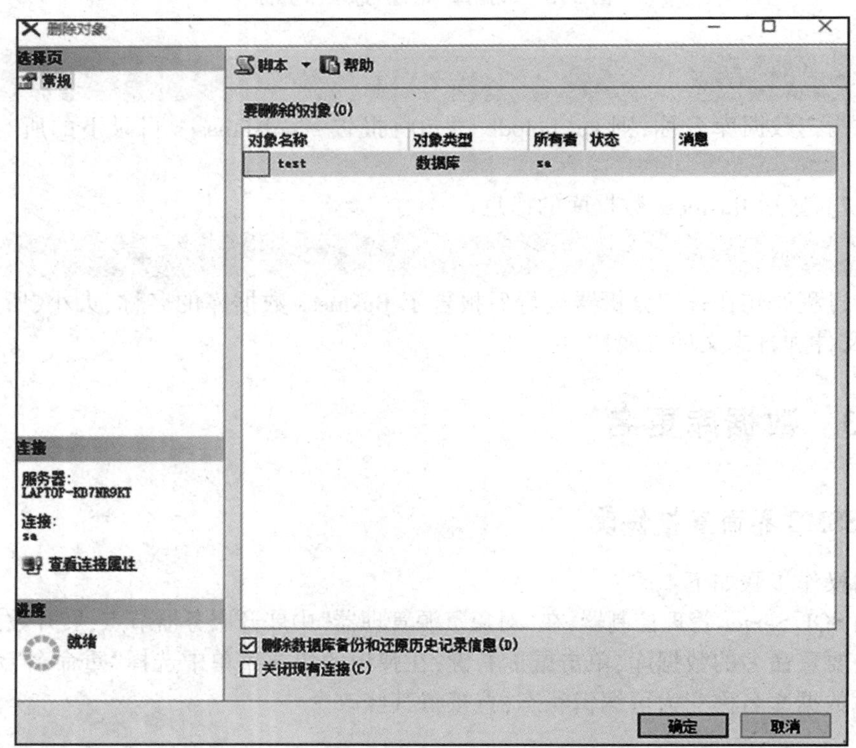

图 8-6　数据库“删除对象”窗口

在该窗口需要说明的是,其中有两个复选框:一个是"删除数据库备份和还原历史记录信息",选中该复选框表示删除数据库备份或还原后产生的历史记录信息,不选中表示保留这些历史记录信息;另一个是"关闭现有连接",如果某个程序是基于要删除的数据库运行的,或者有打开的设计窗口或查询窗口正连接到该数据库,则选中该复选框将关闭这些连接。被删除的数据库应该是没有任何连接的数据库,否则将删除失败。

2. 用 T-SQL 语句完成

使用 T-SQL 的 DROP DATABASE 命令,可以一次删除一个或几个数据库。此命令的语法格式为:

```
DROP DATABASE  数据库名 [,…n]
```

【例 8-8】删除创建的数据库 test。

```
DROP  DATABASE  test
```

8.5 数据库的分离和附加

利用分离和附加数据库操作可以实现数据库从一台计算机移动到另一台计算机,或从一个实例移到另一个实例。

因为数据库被分离以后,其所包含的数据文件和日志文件不再受数据库管理系统的管理,所以可以复制和剪切该数据库的全部文件,然后将它们放置到另一台计算机上,或本计算机的其他位置上。在 SQL Server 2012 中可以使用 SSMS 的对象资源管理器,也可以使用 T-SQL 进行数据库的分离与附加。

1. 分离数据库

分离数据库是指将数据库从 SQL Server 实例中删除,但是保持组成该数据库的数据文件和事务日志文件仍完好无损,即数据库文件仍保存在磁盘上。这与删除数据库完全不同。在实际工作中,分离数据库是作为对数据库的一种备份来使用的。

(1) 在 SSMS 中以图形化的方式实现

操作步骤参见视频 8-2。

8-2

(2) 用系统存储过程分离数据库

在 SQL Server 2012 中可以使用系统存储过程 sp_detach_db 分离数据库,其语法格式为:

```
sp_detach_db [@dbname=] 'dbname'
        [, [@skipchecks= ]'skipchecks' ]
```

各参数说明:

[@dbname=] 'dbname':要分离的数据库名称。

[@skipchecks=]'skipchecks':指定跳过还是运行"更新统计信息"。skipchecks 的数据类型为 nvarchar(10),默认值为 NULL。如果要跳过"更新统计信息",则指定 true;如果要显示

"更新统计信息"，则指定 false。

【例 8-9】分离 test 数据库，并跳过"更新统计信息"。

```
EXEC sp_detach_db  'test','true'
```

注意：在分离 test 数据库之前，先保证 test 处于非使用状态。

2. 附加数据库

与分离数据库相对应的操作是附加数据库。附加数据库就是将分离的数据库重新附加到另一台服务器上或者本机的另一个 SQL Server 实例上。在附加数据库之前，应先将要附加的数据库所包含的全部数据文件和日志文件放置到合适的位置。

在附加数据库时，必须指定主要数据文件的物理存储位置和文件名，因为主要数据文件中包含查找组成该数据库的其他文件所需的信息。如果在复制数据库文件时更改了其他文件(包括辅助数据文件和日志文件)的存储位置，则还应该指明所有已改变了存储位置的文件的实际存储位置信息，否则，SQL Server 将试图基于存储在主要数据文件中的文件位置信息附加其他文件，而这将导致附加数据库失败。

附加数据库可以用图形化的方法实现，也可以通过 T-SQL 语句来实现。

(1) 在 SSMS 中以图形化的方式实现

在 Microsoft SQL Server Management Studio 中连接到要附加数据库的 SQL Server 实例上，展开该实例。在数据库节点上单击鼠标右键，在弹出的快捷菜单中选择"附加"命令，弹出"附加数据库"窗口。单击该窗口中的"添加"按钮，则弹出"定位数据库文件"窗口，选择数据文件所在的路径，并选择文件扩展名为".mdf"的数据文件，单击"确定"按钮，返回附加数据库窗口。在此窗口中单击"确定"按钮，则完成数据库的附加。

具体的附加数据库操作参见视频 8-2。

在附加数据库时，应注意以下几点：

①在附加数据库时，当确定主数据文件的名称和物理位置后，与它相匹配的事务日志文件(.ldf)和其他辅助数据文件(.ndf)也一并加入。所以要求事务日志与辅助数据文件也一定要和主数据库文件放在同一目录下，否则，将不能成功附加数据库。

②将 SQL Server 2005 或者 SQL Server 2008 数据库附加到 SQL Server 2012 后，该数据库立即变为可用，它们将自动升级。但高版本的数据库不能附加到低版本的数据库管理系统中。

(2)用 T-SQL 语句完成

在 SQL Server 2012 中使用 CREATE DATABASE 命令附加数据库，此命令的语法格式如下：

```
CREATE  DATABASE 数据库名
      ON <文件选项> [,…n]
      FOR {ATTACH | ATTACH_REBUILD_LOG}
```

参数说明如下：

①数据库名：要附加的数据库的名称。

②<文件选项>：为 FILENAME ='os_file_name' 带路径的主数据库文件名。

③FOR ATTACH：指定通过附加一组现有的操作系统文件来创建数据库。

④FOR ATTACH_REBUILD_LOG：指定通过附加一组现有的操作系统文件来创建数据库。

该选项只限于可读/写的数据库。如果缺少一个或多个事务日志文件,将重新生成日志文件。必须有一个指定主要数据文件的<文件选项>项。

【例 8-10】 将 school 数据库附加到 SQL Server 服务器中,假设在 D:\DATABASE 目录下有主数据文件 school.mdf 和日志文件 school_log.ldf。

```
CREATE DATABASE  school
ON(FILENAME='D:\DATABASE\school.mdf')
FOR ATTACH
GO
```

注意:在附加数据库出现"无法打开物理文件'E:\DATABASE\school.mdf'。操作系统错误 5:'5(拒绝访问。)'"错误时,要将 D:\DATABASE 目录下的主数据文件 school.mdf 的权限设置成"完全控制",单击鼠标右键,在"属性"菜单中单击"编辑",打开"school 的权限"窗口,将"完全控制"权限设为允许,如图 8-7 所示。单击"确定"按钮,看到 school 属性窗口的用户权限为"完全控制",如图 8-8 所示。单击"确定"按钮。

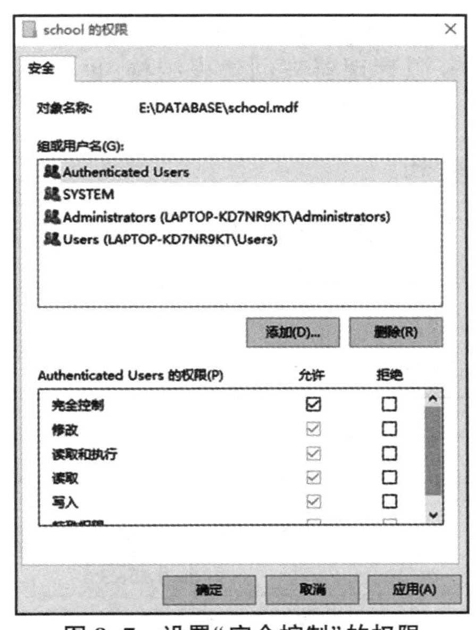

图 8-7 设置"完全控制"的权限

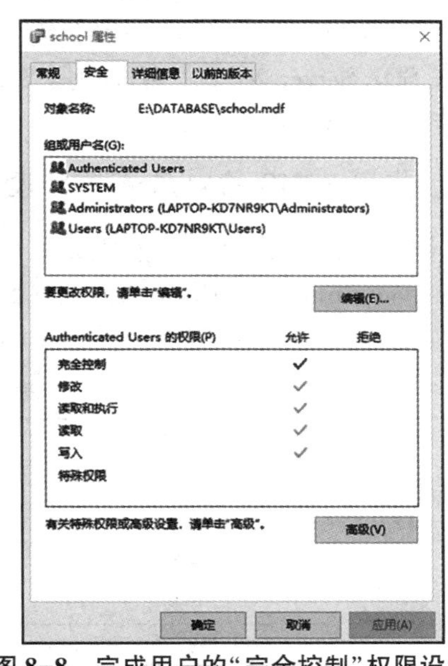

图 8-8 完成用户的"完全控制"权限设置

8.6 创建和管理数据表

在创建了数据库之后,就需要建立数据库表。表是数据库中最基本的数据库对象,用于存放数据库中的数据。

每个数据库都包含若干个表。表是 SQL Server 中最主要的数据库对象,它是用来存储数据的一种逻辑结构。表由行和列组成,因此也称为二维表。

8.6.1 创建表结构

创建一个表的结构，主要包括定义以下几个组成部分：

①列名（字段名）：列名可长达128个字符，列名字符串中可包含中文、英文字母、下划线、#、$及@等。同一表中不许有重名列。

②列（字段）的数据类型。

③列（字段）的长度、精度和小数位数。

④哪些列允许为空值。

⑤是否要使用及何处使用约束、默认值设置和规则。

⑥所需索引的类型，哪里需要索引，哪些列是主键，哪些是外键。

在某个特定的数据库中，表名必须是唯一的。但如果为表指定了不同的用户，则可以创建多个具有相同名称的表，即同一名称的表可以有多个不同的所有者。在使用这些表时，需要在表的名称前加上所有者的名称。如果可以创建名为"student"的两个表，分别指定John和Susan作为其用户，当使用某一个student表时，需要通过John.student和Susan.student来区分这两个表。

在SQL Server 2012中可以使用SSMS的对象资源管理器来创建表结构，也可以使用T-SQL来创建表结构。

1. 使用SSMS的对象资源管理器创建表结构

【例8-11】 以school数据库中学生情况表为例，说明如何使用Microsoft SQL Server Management Studio以图形化的方式在数据库中创建表。学生基本信息表的结构见表8-3，表的名称是"student"，其中"sno"和"sname"字段不能为空。

表8-3 student表结构

列名	说明	数据类型	约束
sno	学号	Char(10)	NOT NULL
sname	姓名	Char(10)	NOT NULL
ssex	性别	Char(2)	取值为"男"或"女"，默认值"男"
sage	年龄	int	取值为15~35
sdept	所在系	Char(20)	

操作步骤参见视频8-3。

8-3

2. 使用T-SQL命令创建表结构

相关命名在4.3.1节的例4-1中已介绍。SQL语言是数据库的通用语言，不同的数据库管理系统有细微差异，这里介绍的是在SQL Server 2012中的使用情况。创建表结构的主要命令格式如下：

```
CREATE  TABLE 表名
({<列定义> |  <计算列定义> |<列集>}
        [<表约束>][,....n]
)
[;]
```

说明：

①表名的完整写法是：[数据库名．[架构名]．| 架构名．]表名，但前面 [ ] 部分一般不写。后面不再说明。

②创建表包括定义表和定义组成表的各列。<表约束>用于保证表中数据完整性，具体的实现在本书8.6.3节定义完整性约束中介绍。

列的定义可以是下列3种：

▸列

```
<列定义>::=列名<数据类型>                          /*指定列名、列的数据类型*/
          [NULL |NOT NULL]                        /*指定是否为空*/
          [
            [ CONSTRAINT 约束名]
             DEFAULT 常量表达式                    /*指定默认值*/
          ]
          |[IDENTITY [(初值,增量)]]               /*指定列为标识列*/
           [ROWGUIDCOL]                           /*指定列为全局标识符列*/
           [<列约束>....]                          /*指定列的约束*/
            <数据类型>::= 类型名[精度[,小数位]|max]
```

说明：

①NULL | NOT NULL：NULL 表示列可取空值，NOT NULL 表示列不可取空值。

② DEFAULT 常量表达式：为所在列指定默认值，默认值"常量表达式"必须是一个常量值、标量函数或 NULL 值。DEFAULT 定义适用于除定义为 timestamp 或带 identity 属性的列以外的任何列。

③IDENTITY：指出该列为标识符列，为该列提供唯一的、递增的值。"初值"是标识字段的起始值，默认值为1；"增量"是标识增量，默认值为1。

④ROWGUIDCOL：表示列是行的全局唯一标识列。ROWGUIDCOL 属性只能指派给 uniqueidentifier 列。该属性并不强制列中所存储值的唯一性，也不会为插入表中新行自动生成值。

⑤<列约束>：列的完整性约束。如指定该列为主键，则用 PRIMARY KEY 关键字。

▸计算列

计算列中的值是通过其他列计算出来的，该列实际并不存放值。

```
<计算列定义>::= 列名  AS  计算列表达式
  [PERSISTED  [NOT  NULL]]
```

注意：有些函数，如 getdate()，每次调用时都输出不同的结果，不能用于计算表达式的定义。

▸列集

列集用于 XML 列。

【例 8-12】 创建有计算列的表。

```
CREATE TABLE comptable
 ( low int,
   High int,
 Myavg AS (low+high)/2
   )
```

【例 8-13】创建包含标识列的表，标识列的种子值为 1，增量值也为 1。

```
CREATE TABLE idtable
(
  SID int  Identity(1,1) NOT  NULL,
  Name  varchar(20)
  )
```

注意：一般情况下，在插入数据时，不能为标识列提供值。标识列的值是系统自动生成的。如果确实要为标识列提供值，则必须将表的 IDENTITY_INSERT 属性设置为 ON（默认时该属性的值为 OFF）。设置表的 IDENTTY_INSERT 属性的 T-SQL 语句格式为：

```
SET IDENTITY_INSERT[ database_name.[ schema_name]. ] table
{ON |OFF}
```

8.6.2 修改表结构

在创建了一个表之后，使用过程中可能需要对表的结构、约束或其他列的属性进行修改。在 SQL Server 2012 中，可以使用 SSMS 的对象资源管理器来修改表结构，也可以使用 T-SQL 来修改表结构。

1. 使用 SSMS 的对象资源管理器修改表结构

（1）更改表名

SQL Server 2012 允许改变一个表的名字，但当表名改变之后，与此相关的某些对象如视图等将无效，因此建议不要更改一个已有表名，特别是在其上定义了视图或建立了相关的表。

【例 8-14】使用 SQL Server 管理平台将“dbo.SC”表名更改为“dbo.score”，操作方法如下：

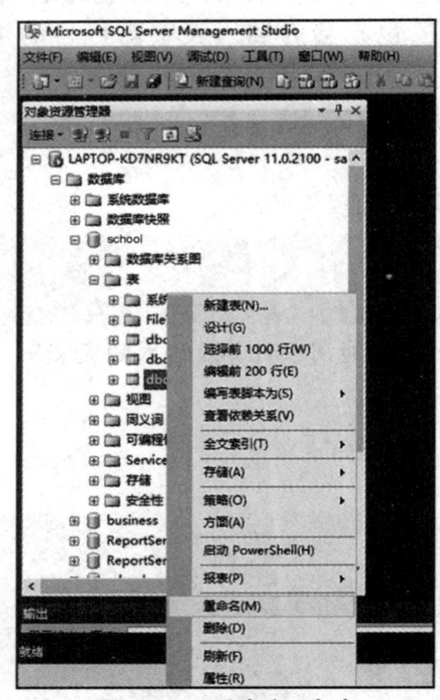

图 8-9 “重命名”命令

①在“对象资源管理器”窗口中，展开“数据库”节点，再展开“school”数据库节点，单击“表”节点，在“dbo.SC”表上单击右键，选择“重命名”命令，如图 8-9 所示。

②在表名位置上输入新的表名“dbo. score”，按下 Enter 键更改完成。

（2）增加列

当原来创建的表中需要增加项目时，就需要向表中增加列。

【例 8-15】使用 SQL Server 管理平台对表的结构进行修改，向“dbo. student”表中添加家庭住址列名“saddress”，类型为“varchar(20)”，允许为空。操作方法如下：

①在“对象资源管理器”窗口中，展开“数据库”节点，再展开“school”数据库节点，单击“表”节点，在“dbo. student”表上单击右键，选择“修改”命令，进入表设计器窗口，即可在表中增加列。

②在最后一行添加列名“saddress”，在数据类型下拉列表框中选择“varchar(50)”，在下方设置对应列的长度为20，选中“允许 Null 值”复选框，如图 8-10 所示。

LAPTOP-KD7NR9KT...l - dbo.student* ×

	列名	数据类型	允许 Null 值
🔑	sno	char(10)	☐
	Sname	char(10)	☐
	ssex	char(2)	☑
	sage	int	☑
	sdept	char(20)	☑
▶	saddress	varchar(20)	☑
			☐

图 8-10　增加列

③用此方法可以向表中添加多列，当添加列操作完成后，选择“文件”菜单下面的“保存”命令，保存修改后的表。

(3) 移动列

在对数据表进行设计时，有多个字段，字段之间有前后之分，可以改变这些字段的顺序。

【例 8-16】使用 SQL Server 管理平台在表中移动列，将“dbo.student”表新增加的列“saddress”移动到“sdept”之前。操作方法如下：

①在“对象资源管理器”窗口中，展开“数据库”节点，再展开“school”数据库节点，单击“表”节点，在“dbo.student”表上单击右键，选择“修改”命令，进入表设计器窗口。

②选择“saddress”，然后拖动到“sdept”字段前放开鼠标即可，如图 8-11 所示。注意，在拖动列时，有一条黑线代表拖放的位置。

③单击设计表“dbo.student”窗口的“关闭”按钮，此时弹出如图 8-12 所示的对话框，单击“是”按钮保存修改后的表。

LAPTOP-KD7NR9KT...l - dbo.student* ×

	列名	数据类型	允许 Null 值
🔑	sno	char(10)	☐
	Sname	char(10)	☐
	ssex	char(2)	☑
	sage	int	☑
▶	saddress	varchar(20)	☑
	sdept	char(20)	☑
			☐

图 8-11　移动列

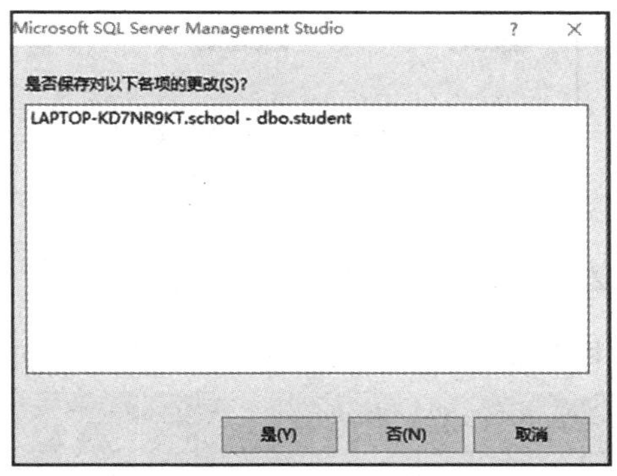

图 8-12　保存表

(4) 修改列

可以修改表的结构，如更改列名、列的数据类型、长度和是否允许为空值等属性。当表中有记录后，建议不要轻易修改表结构，特别是数据类型不符合时容易发生错误。

【例 8-17】使用 SQL Server 管理平台修改“dbo.student”表中“sdept”的属性，将“sdept”数

据类型改为 varchar(15)，列名改为"sdepart"。操作方法如下：

①在"对象资源管理器"窗口中，展开"数据库"节点，再展开"school"数据库节点，单击"表"节点，在"dbo.student"表上单击右键，选择"修改"命令，进入表设计器窗口。

②选中"sdept"列，直接在列名称位置处输入"sdepart"，在下方设置对应的列属性，长度为15。修改完成后如图 8-13 所示。

③修改完成后，保存对表的修改即可。

(5) 删除列

在 SQL Server 2012，中被删除的列是不可恢复的，所以在删除前必须慎重考虑，并且在删除一个列以前，必须保证基于该列的所有索引和约束都已被删除。

【例 8-18】使用 SQL Server 管理平台将"dbo.student"新增加的列"saddress"删除。操作方法如下：

①在"对象资源管理器"窗口中，展开"数据库"节点，再展开"school"数据库节点，单击"表"节点，在"dbo.student"表上单击右键，选择"修改"命令，进入表设计器窗口。

②在"saddress"列名前面单击鼠标右键，选中"删除列"命令，该列即可删除，如图 8-14 所示。

③删除完成后，保存对表的修改即可。

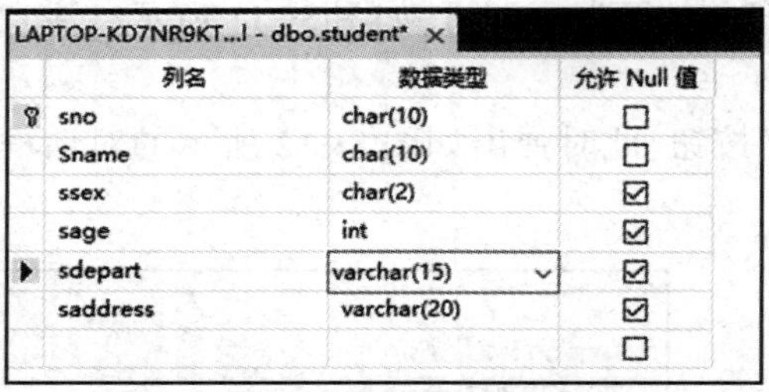

LAPTOP-KD7NR9KT...l - dbo.student*

列名	数据类型	允许 Null 值
sno	char(10)	☐
Sname	char(10)	☐
ssex	char(2)	☑
sage	int	☑
sdepart	varchar(15)	☑
saddress	varchar(20)	☑
		☐

图 8-13 修改列属性

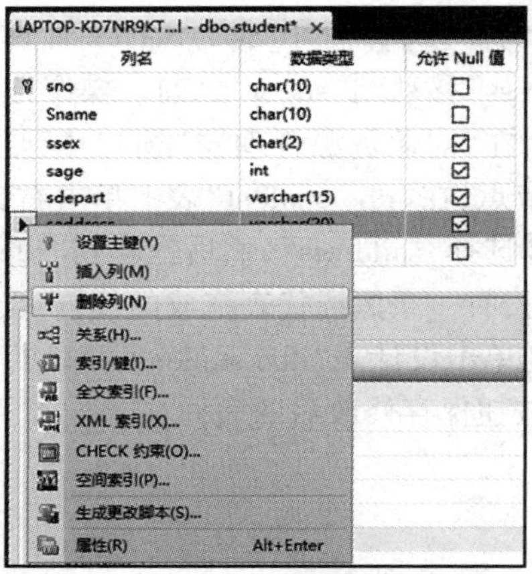

LAPTOP-KD7NR9KT...l - dbo.student*

列名	数据类型	允许 Null 值
sno	char(10)	☐
Sname	char(10)	☐
ssex	char(2)	☑
sage	int	☑
sdepart	varchar(15)	☑
saddress	varchar(20)	☑
		☐

设置主键(Y)
插入列(M)
删除列(N)
关系(H)...
索引/键(I)...
全文索引(F)...
XML 索引(X)...
CHECK 约束(O)...
空间索引(P)...
生成更改脚本(S)...
属性(R) Alt+Enter

图 8-14 删除列

2. 用 T-SQL 命令修改表结构

相关命令在 4.3.2 节已经介绍，在 SQL Server 2012 中修改表结构的语法格式：

```
ALTER TABLE 表名
{
    ALTER COLUMN  列名 {,…}              /*修改列的属性*/
    |ADD                                  /*添加列*/
    {
<列的定义>
| [,….] <表约束>
|DROP                                     /*删除列*/
```

```
    {
    [CONSTRAINT]约束名                    /* 删除约束 */
        |COLUMN 列名
    } [,....]
    }
```

说明:①若表中该列所存数据的类型与将要修改的列的类型冲突,则发生错误。例如,原来是 char 类型的列要改成 int 类型,而原来列值包含非数字字符,则无法修改。②在删除一个列之前,必须先删除基于该列的索引和约束。

【例 8-19】向 student 表中添加列 Stuaddress(家庭住址)和 Zipcode(邮政编码)。

```
Use school
Go
ALTER TABLE student ADD Stuaddress varchar(40) NULL,Zipcode char(6) NOT NULL;
```

【例 8-20】将 student 表中 sdept 字段改为 varchar 类型,长度为 30,并设该字段不能为空。

```
ALTER TABLE student ALTER  COLUMN  sdept  varchar(30) NOT NULL
```

【例 8-21】将 student 表中的 stuaddress 列删除。

```
ALTER TABLE student DROP COLUMN stuaddress
```

3. 用系统存储过程修改字段名

如果要修改字段的名称,则要使用系统存储过程 sp_rename 语句。该语句的语法结构为:

```
sp_rename 'table.column','new_name','COLUMN'[;]
```

如果要修改表的名称,要使用系统存储过程语句 sp_rename,语法格式为:

```
sp_rename 'object_name','new_name',['OBJECT'][;]
```

【例 8-22】将表 student 中的字段 Zipcode 更名为 Zip。

```
EXEC sp_rename 'student.Zipcode','Zip','COLUMN';
```

【例 8-23】将数据库 school 中的 sc 表更名为 score。

```
EXEC sp_rename 'sc','score';
```

8.6.3 定义完整性约束

数据完整性是指存储在数据库中的数据正确无误,并且相关数据具有一致性。数据库中的数据是否完整,关系到数据库系统能否真实地反映现实世界。例如,在 student 表中,学生的学号要具有唯一性,学生性别只能是"男"或"女",其所在系部必须是存在的,否则,就会出现数据库中的数据与现实不符的现象。如果数据库中总存在不完整的数据,那么它就没有存在的必要了,因此实现数据的完整性在数据库管理系统中十分重要。数据的完整性包括实体完整性、域完整性、参照完整性和用户定义完整。

在 SQL Server 2012 中,实体完整性是通过定义主键(PRIMARY KEY)约束、唯一

(UNIQUE)约束、唯一索引(Unique Index)或标识列(Identity Column)实现的；域完整性是通过定义非空(NOT NULL)值和默认值(Default)、设置检查(CHECK)约束、定义外键(FOREIGN KEY)约束、创建数据类型(Data Type)(见视频4-1)和定义规则(Rule)实现的；参照完整性是通过定义外键(FOREIGN KEY)约束、定义检查(CHECK)约束、建立存储过程(Stored Procedure)(参见10.2节)和建立触发器(Trigger)(参见10.3节)实现的；用户定义完整性是通过定义规则(Rule)、建立触发器(Trigger)和存储过程(Stored Procedure)及创建数据表中的所有约束(Constraint)实现的。

在SQL Server 2012中，表的完整性控制可以使用对象资源管理器进行设置，还可以通过T-SQL语句来完成，以下将逐一介绍设置数据完整性的操作方法。

1. 主键(PRIMARY KEY)约束

(1)使用对象资源管理器进行设置

这里以定义student表的主键为例。首先选中要定义主键的列sno，然后单击工具栏上的“设置主键”图标按钮，或者在要定义主键的列上单击鼠标右键，在弹出的快捷菜单中选择“设置主键”命令。设置好主键后，会在主键列名的左边出现一把钥匙标识，如图8-15所示。

LAPTOP-KD7NR9KT...l - dbo.student* ×

	列名	数据类型	允许 Null 值
🔑	sno	char(10)	☐
	Sname	char(10)	☐
	ssex	char(2)	☑
	sage	int	☑
	sdepart	varchar(15)	☑
▶			☐

图8-15　定义student表的主键

如果需要修改主键的设置，则在设计器窗格中单击右键，从弹出的快捷菜单中选择“索引/键”命令，弹出“索引/键”对话框，如图8-16所示。从“选定的主/唯一键或索引”列表中选择要修改的主键，在对话框右侧窗格进行相应属性的修改。修改完成后，单击“关闭”按钮。当保存表时，将在数据库中更新该主键。

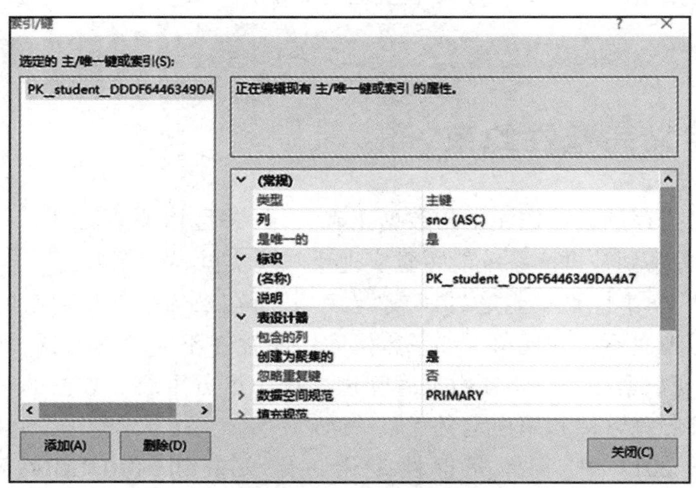

图8-16　“索引/键”对话框

如果要取消主键的设置，则在已设置为主键的字段上单击右键，从弹出的快捷菜单中选择“删除主键”命令，即可删除已经设置的主键。

（2）使用 T-SQL 语句创建主键约束

部分语法格式为：

```
[ CONSTRAINT constraint_name ] PRIMARY KEY [ CLUSTERED | NONCLUSTERED][( column_name[,…n])]
```

其中，CLUSTERED | NONCLUSTERED 指示为 PRIMARY KEY 约束创建聚集索引还是非聚集索引，默认为聚集索引。

column_name：设置 PRIMARY KEY 约束的列。

例如，4.3.1 节中的例 4-3 创建的 Student 表中的主键 sno、Course 表中的主键 cno、SC 表中的主键(sno，cno)。

如果在创建表时没有指定表的主键，可以用 ALTER 命令为表添加主键。

【例 8-24】假设在建立 course 表时未指定主键，course 包含 cno（课程号）、cname（课程名）、ccredit（学分）、semester（学期）、period（学时）字段，现将表中的 cno 字段设置为主键。

```
ALTER TABLE course ADD CONSTRAINT pk_cno PRIMARY KEY (cno);
```

【例 8-25】删除例 8-24 中设置的主键约束。

```
ALTER TABLE course DROP CONSTRAINT pk_cno;
```

2. 唯一（UNIQUE）约束

UNIQUE 约束用来确保非主键约束列中数据的唯一性，即在指定的非主键约束列中不允许输入重复的值。如果为表设置了 UNIQUE 约束，数据库引擎将自动创建唯一索引来强制执行 UNIQUE 约束的唯一性要求。

UNIQUE 约束与 PRIMARY KEY 约束有以下几点区别：

①可以对一个表定义多个 UNIQUE 约束，但只能定义一个 PRIMARY KEY 约束。

②UNIQUE 约束列允许 NULL 值，而 PRIMARY KEY 约束列不允许 NULL 值。但是，在 UNIQUE约束的列中最多只有一行包含空值。

③创建 UNIQUE 约束和 PRIMARY KEY 约束时，数据库引擎将自动创建聚集索引和非聚集索引，但在默认情况下，UNIQUE 约束产生非聚集索引，而 PRIMARY KEY 约束产生聚集索引。

（1）使用 SQL Server 管理平台图形界面创建 UNIQUE 约束

操作参见视频 8-4。

8-4

（2）使用 T-SQL 语句创建 UNIQUE 约束

部分语法格式为：

```
[ CONSTRAINT constraint_name ]UNIQUE [CLUSTERED |NONCLUSTERED][ (column_name[,…n])]
```

其中，CLUSTERED | NONCLUSTERED 指示为 UNIQUE 约束创建聚集索引还是非聚集索引，默认为非聚集索引。

column_name：设置 UNIQUE 约束的列。

【例 8-26】 创建 department，包括系名 depname、电话 deptelephone 和办公地点 depoffice 三个字段，在系名 depname 上设置主键约束，在办公地点 depoffice 上设置 UNIQUE 约束。

```
CREATE TABLE Department
(depname   char(20) PRIMARY KEY,
Deptelephone char(20),
Depoffice varchar(10) CONSTRAINT U_office UNIQUE
);
```

【例 8-27】 现有 course 表，包含 cno（课程号）、cname（课程名）、ccredit（学分）、semester（学期）、period（学时）字段，对 cname 字段设置 UNIQUE 约束。

```
ALTER TABLE course
ADD CONSTRAINT U_cname UNIQE(cname) ;
```

注意：若要修改 UNIQUE 约束，必须首先删除现有的 UNIQUE 约束，然后用新定义重新创建。

3. 检查(CHECK)约束

CHECK 约束用来限制输入一列或多列的可能值，从而强制实现域的完整性。也就是一个列的输入内容必须满足 CHECK 约束的条件，否则数据无法正常输入。可以在单个列上设置多个 CHECK 约束，还可以通过在表级创建 CHECK 约束，将一个 CHECK 约束应用于多个列。

（1）使用 SSMS 图形界面创建 CHECK 约束

参见视频 8-5。

8-5

（2）使用 T-SQL 语句创建 CHECK 约束

部分语法格式为：

```
[ CONSTRAINT constraint_name ]CHECK (logical_ expression)
```

其中，logical_expression 返回 TRUE 或 FALSE 的逻辑表达式。logical_expression 不能引用其他表，但可以引用同一表中同一行的其他列。

【例 8-28】 创建学生成绩表 score，它包含 sno（学号）、cno（课程号）和 grade（成绩）字段，在 grade 字段上设置 CHECK 约束，使得 grade 的值在 0~100 之间。

```
CREATE TABLE score
(
sno char(10),
Cno char(10),
Grade tinyint CONSTRAINT ck_grade CHECK (grade>=0 and grade<=100)
);
```

当该表执行插入（insert）或更新（update）操作时，SQL Server 会检查 grade 的新列值是否满足 CHECK 约束设置的条件，若不满足，系统会报错，并拒绝执行插入（INSERT）或更新（UPDATE）操作。

【例 8-29】 已有学生信息表 student，包括 sno（学号）、sname（姓名）、ssex（性别）、sage（年龄）和 sdept（所在系）字段。在 ssex 字段上设置 CHECK 约束，使得 ssex 的值只能取“男”或者“女”。

```
ALTER TABLE student  ADD CONSTRAINT ck_Sex CHECK (ssex='男' or ssex='女');
```

【例 8-30】删除例 8-29 中设置的 CHECK 约束。

```
ALTER TABLE student  DROP CONSTRAINT ck_sex;
```

注意:若要修改 CHECK 约束,必须首先删除现有的 CHECK 约束,然后用新定义重新创建。

4. 默认值(DEFAULT)约束

DEFAULT 约束用于给表中指定的列赋予一个默认值,当 INSERT 语句没有为该列指定值时,DEFAULT 约束会在该列输入默认值。创建该约束时应注意:

①每个列上只能定义一个 DEFAULT 约束。

②不能对具有 IDENTITY 属性或 ROWGUIDCOL 属性的列设置 DEFAULT 约束。

③DEFAULT 约束只用于 INSERT 语句。

④默认值必须与要设置 DEFAULT 约束的列的数据类型相匹配。例如 int 型列的默认值只能是整数,而不能是字符串。

⑤若要修改 DEFAULT 约束,必须首先删除现有的 DEFAULT 约束,然后用新定义重新创建它。

⑥如果删除了 DEFAULT 约束,则当新行中的该列没有输入值时,数据库引擎将插入空值而不是默认值。但是表中的现有数据保持不变。

(1) 使用 SSMS 图形界面创建 DEFAULT 约束

这里以定义 student 表中 ssex 字段的 DEFAULT 约束为例来说明如何创建 DEFAULT 约束。设 ssex 字段的默认值为“男”。

具体操作步骤见视频 8-6。

8-6

(2) 使用 T-SQL 语句创建 DEFAULT 约束

部分语法格式为:

```
[ CONSTRAINT constraint_name ] DEFAULT constant_expression
```

其中,constant_expression 是用作列的默认值的常量(字符或日期型常量值需加单引号)、NULL 或系统函数。

【例 8-31】创建学生信息表 student1,包括 sno(学号)、sname(姓名)、ssex(性别)、sage(年龄)和 sdept(所在系)字段。在 ssex 字段上设置 DEFAULT 约束,使得 ssex 字段的默认值为“男”。

```
CREATE TABLE student1
  (sno      CHAR(10)    PRIMARY  KEY,                  -- sno 主键约束
  Sname     CHAR(10)   NOT NULL,
  ssex      CHAR(1)    CHECK (ssex='男'or  ssex='女')   DEFAULT'男',
  sage      INT          CHECK(sage>=15 AND sage<=35 ) ,
  sdept     CHAR(20)
  )
```

【例 8-32】已创建了学生信息表 student1,在 sdept 字段上设置 DEFAULT 约束,默认为“计算机系”。

```
ALTER TABLE student1 ADD CONSTRAINT df_dept DEFAULT '计算机系' FOR sdept;
```

【例 8-33】 删除例 8-32 中设置的 DEFAULT 约束。

```
ALTER TABLE student1 DROP CONSTRAINT df_dept
```

5. 外键(FOREIGN KEY)约束

FOREIGN KEY 约束用于建立和加强两个表(主表和从表)的一列或多列数据之间的链接。通过将一个表(主表)的主键列或具有 UNIQUE 约束的列(参照列)包含在另一个表中,创建两个表之间的链接,这个列就成为第二个表的外键。当主表中的参照列更新时,外键列也会自动更新,从而保证两个表之间的数据的参照完整性。以 school 数据库中的 student 表与成绩表 SC 为例,其中 cno 是 course 表的主键,它唯一地标识了 course 表中的每一条记录。在 SC 表中也有 cno, SC. cno 是 SC 表的外键,即保证每门课程都必须在 course 表中有记录,并且当 course 表中的 cno 字段更新后,SC 表的 cno 列也会自动跟着更新。

(1) 使用 SSMS 图形界面创建 FOREIGN KEY 约束

这里以定义 SC 表中 cno 字段的 FOREIGN KEY 约束为例来说明如何创建外键约束。具体操作步骤参见视频 8-7。

8-7

(2) 使用 T-SQL 语句创建 FOREIGN KEY 约束

部分语法格式为:

```
    [ CONSTRAINT constraint_name ][ FOREIGN KEY [(column_name[,…n])]]REFERENCES
[schema_name.] referenced_table_name[(ref_column[,…n])]
    [ON DELETE{NO ACTION | CASCADE |SET NULL  | SET DEFAULT}]
    [ON UPDATE{NO ACTION | CASCADE |SET NULL  | SET DEFAULT}]
```

其中:

FOREIGN KEY REFERENCES:为列中数据提供参照完整性的约束。FOREIGN KEY 约束要求列中的每个值在所引用的表中对应的被参照列中都存在。

(column_name[,…n]):要设置 FOREIGN KEY 约束的一列或多列。

schema_name:FOREIGN KEY 约束引用的表所属的架构的名称。

referenced_table_name:FOREIGN KEY 约束引用的表。

ref_column[,…n]:FOREIGN KEY 约束引用的带括号的一列或多列。

ON DELETE{NO ACTION| CASCADE|SET NULL | SET DEFAULT}:指定在发生更改的表中,如果行有参照关系并且被参照的行在父表中被删除,则对这些行采取什么操作。默认值为 NO ACTION。

NO ACTION:SQL Server 数据库引擎将引发错误,并回滚对父表中行的删除操作。

CASCADE:如果从父表中删除一行,则将从引用表中删除相应行。

SET NULL:如果删除父表中与外键相对应的行,则构成外键的所有值都将设置为 NULL。若要执行此约束,外键列必须可为空值。

SET DEFAULT:如果删除父表中与外键相对应的行,则构成外键的所有值都将设置为其默认值。若要执行此约束,所有外键列都必须有默认定义。如果某个列可为空值,并且未设置显式的默认值,则将使用 NULL 作为该列的隐式默认值。

ON UPDATE{NO ACTION| CASCADE|SET NULL | SET DEFAULT}:指定在发生更改的表中,如果行有参照关系并且引用的行在父表中被更新,则对这些行采取什么操作。默认值为 NO ACTION。

【例 8-34】 创建学生成绩表 score1,包含 sno(学号)、cno(课程号)和 grade(成绩)字段,在 sno 和 cno 上设置主键,设置 sno 字段为 student 表 sno 的外键。

```
CREATE TABLE  Score1
(sno       CHAR(10)   NOT NULL,
cno        CHAR(10)  NOT NULL,
grade      tinyint ,
CHECK  (grade>0  and  grade <100),
PRIMARY  KEY (sno,cno),                 ----在 sno 和 cno 上设置主键
FOREIGN  KEY(sno)  REFERENCES  Student(sno)
);
```

【例 8-35】 已有学生成绩表 score1,它包括 sno(学号)、cno(课程号)和 grade(成绩)字段,设置 cno 字段为 course 表中 cno 字段的外键。

```
ALTER TABLE score1 ADD CONSTRAINT fk_cno FOREIGN KEY(cno) REFERENCES  course
(cno);
```

【例 8-36】 删除例 8-35 中设置的 FOREIGN KEY 约束。

```
ALTER TABLE score1 DROP CONSTRAINT fk_con;
```

6. 规则对象的定义、使用和删除

规则是一组使用 T-SQL 语句组成的条件语句。规则提供了另外一种在数据库中实现域完整性与用户定义完整性的方法。

(1)规则对象的定义

在 SQL Server 2012 中,规则对象的定义可以利用 CREATE RULE 语句实现。其语法格式为:

```
CREATE RULE  [架构名 .] 规则名
AS 条件表达式
```

说明:

①规则名:定义的新规则名。规则名必须符合标识符规则。

②条件表达式:规则的条件表达式,可为 WHERE 子句中任何有效的表达式。但规则表达式中不能包含列或其他数据库对象,可以包含不引用数据库对象的内置函数。在条件表达式中包含一个局部变量,每个局部变量的前面都有一个@ 符号。在使用 UPDATE 或 INSERT 语句修改或插入值时,该表达式用于对规则关联的列值进行约束。

创建规则时,一般使用局部变量表示 UPDATE 或 INSERT 语句输入的值。另外,还有如下几点说明:①创建的规则对先前已存在于数据库中的数据无效。②在单个批处理中,CREATE RULE 语句不能与其他 T-SQL 语句组合使用。③规则表达式的类型必须与列的数据类型兼容,不能将规则绑定到 text、image 或 timestamp 列。要用单引号(')将字符和日期常量引起来,在十六进制常量前加 0x。④对于用户定义数据类型,在该类型的数据列中插入值或更新该类

型的数据列时，绑定到该类型的规则才会激活。规则不检验变量，所以在向用户定义的数据类型的变量赋值时，不能与列绑定的规则冲突。⑤如果列同时有默认值和规则与之关联，则默认值必须满足规则的定义，与规则冲突的默认值不能插入列。

(2) 将规则对象绑定到用户定义数据类型或列

要将规则对象绑定到用户定义数据类型或列，可以使用系统存储过程 sp_bindrule。其语法格式为：

```
sp_bindrule[@ rulename=]'规则名'
   [@ objname=]'对象名'
   [,[@ futureonly=]'futureonly 标志']
```

说明：

①规则名：为 CREATE RULE 语句创建的规则名，要用单引号括起来。

②对象名：绑定到规则的列或用户定义的数据类型。如果"对象名"采用"表名.字段名"格式，则认为绑定到表的列；否则，为绑定到用户定义数据类型。

③futureonly：仅当将规则绑定到用户定义的数据类型时才使用。如果设置为"futureonly"，则用户定义的数据类型的现有列不继承新规则；如果设置为 NULL，则当被绑定的数据类型当前无规则时，新规则将绑定到用户定义数据类型的每一列，默认值为 NULL。

【例 8-37】定义一个规则绑定到 course 课程表的课程号 cno 列，要求课程号输入范围为 0~9。

①用 SQL 命令创建。

```
Create rule  course_rule
  AS  @ range like'C[0-9][0-9]'
Go                                               /* 批命令 */
EXEC sp_bindrule 'course_rule','course.cno' /* EXEC 为执行存储过程 */
Go
```

程序若正确执行，则提示"已将规则绑定到表的列"。

②在"对象资源管理器"中展开"school"→"表"→"dbo. course"→"列"，右击"cno"，选择"属性"菜单项，在 course 表的"列属性-cno"窗口的"规则"栏中可以查看已经新建的规则。

【例 8-38】创建一个规则，用于限定输入到该规则所绑定的列中的值只能是该规则中列出的值。程序代码如下：

```
CREATE RULE  list_rule
   AS @ list IN ('C 语言','操作系统','微机原理','数据库原理与应用')
GO
EXEC sp_bindrule'list_rule','course.cname'
GO
```

【例 8-39】定义一个用户数据类型 course_num，然后将前面定义的 course_rule 绑定到用户数据类型 course_num 上，最后创建 Course1 表，其课程号的数据类型为 course_num。程序代码如下：

```
CREATE  TYPE course_num
  From char(3) NOT NULL                /* 创建用户定义数据类型 */
  EXEC sp_bindrule'course_rule','course_num' /* 将规则对象绑定到用户定义数据类型 */
```

```
GO
Create TABLE course1
(
    课程号    course_num,
    课程名    char(20) NOT NULL,
    开课学期   tinyint,
    学时       tinyint,
    学分       tinyint
    )
    Go
```

（3）规则对象的删除

在删除规则对象前,首先应使用系统存储过程 sp_unbindrule 解除被绑定对象与规则对象之间的绑定关系,使用格式如下:

```
Sp_unbindrule [@ objname=]'对象名'
[,[@ futureonly=]'futureonly 标志']
```

在解除列或自定义类型与规则对象之间的绑定关系后,就可以删除规则对象了。其语法格式如下:

```
DROP  RULE {[架构名 .]规则名 } [ ,...][;]
```

【例 8-40】 解除例 8-38 的规则 course_rule 与列或用户定义类型的绑定关系,并删除规则对象 course_rule。程序代码如下:

```
EXEC sp_unbindrule'course1.课程号'
EXEC sp_unbindrule 'course_num'
Go
DROP RULE course_rule
```

注意: 规则 course_rule 绑定了 course1 表的“课程号”列和用户定义数据类型 course_num,只有在和这两者解除绑定关系后,才能删除该规则。当解除与用户定义数据类型 course_num 的关系后,系统自动解除使用 course_num 定义的列与规则的绑定关系。

8.6.4 删除表

当一个数据表不再使用时,可以将其删除。删除一个表,表的定义、表中的所有数据及表的索引等均被删除,不能删除系统表和有外键约束所参照的表。在 SQL Server 2012 中可以使用 SSMS 的对象资源管理器,也可以使用 T-SQL 来删除表结构。

【例 8-41】 在 SQL Server 管理平台中删除数据表 SC。

操作步骤如下:

①在“对象资源管理器”窗口中展开数据库,单击“school”数据库,选中要删除的数据表“SC”。

②在 SC 表上单击鼠标右键,在弹出的快捷菜单中单击“删除”命令,出现如图 8-17 所示的对话框。

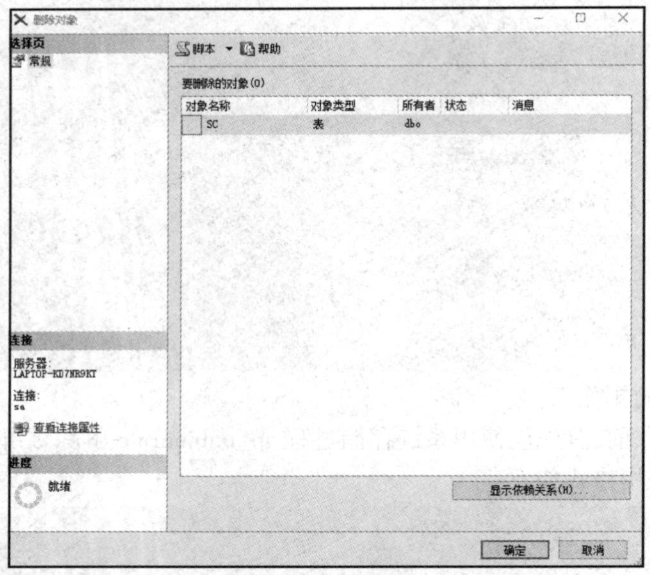

图 8-17　删除表

③在该对话框中可以看到要删除的数据表名称，单击“确定”按钮即可删除数据表。在此不做删除 SC 表的操作，所以单击“取消”按钮。

8.6.5　操作数据表

数据表建立好之后，就可以向表中输入数据。添加了数据之后，用户才可以根据需要对数据进行查询、修改和删除操作，从而起到数据库应有的作用。

1. 使用 SSMS 图形界面添加、修改、删除和查询表中的数据

添加记录是指将新记录添加到表尾，可以向表中添加多条记录。若表的某一列不允许为空，则必须输入该列的值。

在 Microsoft SQL Server Management Studio 中向“student”表中添加、修改、删除记录及查看表中数据的操作，参见视频 8-8。

8-8

2. 使用 SQL 命令完成表记录的添加、查询、修改、删除和查询

(1) 插入记录命令

插入记录使用 4.5.1 节的 INSERT 命令，在 SQL Server 2012 中插入命令的格式为：

```
INSERT [TOP (表达式)[PERCENT]] [INTO] 表名|视图名
 [(列表)]
VALUES(DEFAULT|NULL|表达式...)          /* 指定列值 */
 |DEFALUT VALUES                        /* 强制新行包含为每个列定义的默认值 */
 |SELECT 命令
```

说明：

①表名和视图名:被操作的表的名称或视图的名称。

②列表:只给表的部分列插入数据时,需要用"列表"指定这些列。没有在"列表"中指出的列,它们的值确定原则如下:具有 IDENTITY 属性的列,其值由系统根据初值和增量值自动计算得到。具有默认值的列,其值为默认值。没有默认值的列,若允许为空值,则其值为空;若不允许为空,则出错。类型为 timestamp 的列,系统自动赋值。如果是计算列,则使用计算值。

③VALUES 字句:包含各列需要插入的数据,数据的顺序要与列的顺序相对应。若省略"列表",则 VALUES 子句给出每一列(除 IDENTITY 属性和 timestamp 类型域外的列)的值。VALUES 子句中的值可以有以下三种:DEFAULT:指定为该列的默认值;NULL:指定该列为空值;表达式:可以是一个常量、变量或一个表达式,其值的数据类型要与列的数据类型一致。例如,列的数据类型为 int,若插入的数据是"aaa",就会出错。当数据为字符型时,要用单引号括起来。

④DEFAULT VALUES:该关键字说明向当前表中所有列均插入其默认值。此时要求所有列均定义了默认值。

【例 8-42】将一条学生记录插入 student 表中,该学生的学号为 2014031005,姓名陈冬,性别为男,年龄 19,计算机系学生。

```
    INSERT INTO student   VALUES('0931103','陈冬','男',19,'计算机系');
    /* 在该语句中,提供了所有列的值并按表中各列的顺序列出这些值,因此,不必在列的列表中指定列
明 */
```

【例 8-43】在 course 表中插入一门课程,课程号 C07,课程名 JAVA 程序设计。

```
    INSERT INTO course (cno,cname) VALUES('C07',' JAVA 程序设计');
    /* 在该语句中,显式地提供了部分列的值,未提供的列 ccredit、semester 和 period 必须允许为
NULL 值或定义了默认值 */
```

【例 8-44】插入多行数据。在 SC 表中插入 3 条新记录,学号为 0931103,选修的课程号为 C01、C02、C4,成绩分别为 90、80 和 NULL。

```
    INSERT INTO SC VALUES ('0931103',' C01',90),
                          ('0931103',' C02',80),
                          ('0931103',' C04',NULL)
    /* 由于为 SC 表提供了所有列的值并按表中各列的顺序列出这些值,所以不必在列表中指定列名 */
```

【例 8-45】将数据插入含标识列的表中。

①在 test 数据库中创建含标识列的表 T1。

```
    Use  test
    Go
    Create table T1 (col1 int IDENTITY, col2 varchar(10));
    Go
```

②插入两行数据。

```
      INSERT T1 VALUES ('row #1');
      INSERT T1(col2) VALUES ('row #2');
    Go
```

③将 T1 表的 IDENTITY_INSERT 选项设为 ON。

```
SET  IDENTITY_INSERT T1 ON;
Go
```

④显式地为标识列插入值。

```
  INSERT INTO T1(col1,col2) VALUES (-99,'identity');
Go
```

⑤验证所插入的全部数据。

```
SELECT * FROM T1
```

查询结果如图 8-18 所示。

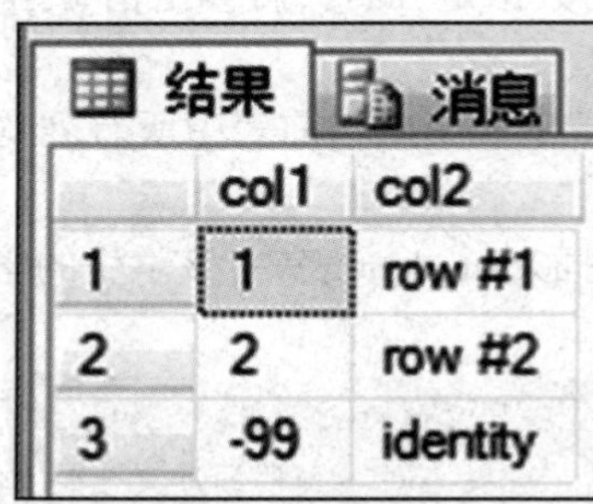

	col1	col2
1	1	row #1
2	2	row #2
3	-99	identity

图 8-18　T1 表中的数据

(2) 更新数据

使用 UPDATE 语句可以更改表中单行、行组或所有行的数据值。UPDATE 语法的格式为：

```
UPDATE [TOP (表达式)[PERCENT]]
{表名 | 视图名}
SET {列名=表达式...}            /*赋予新值*/
[FROM <表源>...]
[WHERE <查询条件>|...]          /*指定条件*/
```

该语句的使用与 4.5.2 节更新数据的 SQL 命令完全一致，故在此不再赘述。

(3) 删除数据

在 T-SQL 语言中，删除数据可使用 DELETE 语句实现，其语法格式为：

```
DELETE [TOP (表达式)[PERCENT]]
[FROM 表名 |视图名 |<表源>]
[WHERE<查询条件>|...]            /*指定条件*/
```

该语句的使用与 4.5.3 节删除数据的 SQL 命令完全一致，故在此不再赘述。

(4) 查询数据

在 SQL Server 2012 中查询数据与 4.5 节中的查询数据完全一致，故在此不再赘述。

(5)使用 DROP TABLE 命令删除表结构

其语法结构为：

```
DROP TABLE table_name [,…n][;]
```

【例 8-46】删除 school 数据库中的 SC 表。

```
Use school
Go
DROP TABLE SC;
```

本章小结

本章介绍了 SQL Server 中数据的存储结构、如何用 Microsoft SQL Server 2012 的 SSMS 管理平台和 T-SQL 语言完成数据库与数据表的创建和管理,同时包括数据表完整性约束的定义等操作。

习　　题

一、单选题

1. SQL Server 数据库对象中最基本的元素是(　　)。

A. 表和语句　　B. 表和视图

C. 文件和文件组　　D. 用户和视图

2. 事务日志用于保存(　　)。

A. 程序运行过程　　B. 程序的执行结果

C. 对数据的更新操作　　D. 数据操作

3. Master 数据库是 SQL Server 系统最重要的数据库,如果该数据库被破坏,则 SQL Server 将无法正常工作。该数据库记录了 SQL Server 系统的所有(　　)。

A. 系统设置信息　　B. 用户信息

C. 对数据库操作的信息　　D. 系统信息

4. 分离数据库就是将数据库从(　　)中删除,但是保持组成该数据库的数据文件和事务日志文件中的数据完好无损。

A. Windows　　B. SQL Server

C. U 盘　　D. 对象资源管理器

5. 下列描述错误的是(　　)。

A. 每一个数据库中有且只有一个主数据文件

B. 日志文件可以存在于任何文件组中

C. 主数据文件默认在 PRIMARY 文件组中

D. 文件组是为了更好地实现数据库文件组织

6. 数据库完整性不包括(　　)。

A. 实体完整性　　B. 程序完整性

C. 域完整性　　D. 用户定义完整性

7. 删除数据表的语句是(　　)。

A. DROP　　B. ALTER　　C. UPDATE　　D. DELETE

8. 下面关于 INSERT 语句的说法,正确的是(　　)。

A. INSERT 一次只能插入一行的元组　　B. INSERT 只能插入,不能修改

C. INSERT 可以指定要插入哪行　　D. INSERT 可以加 WHERE 条件

9. 表数据的删除语句是(　　)。

A. DELETE　　B. INSERT　　C. UPDATE　　D. ALTER

10. SQL 数据定义语言中,表示外键约束的关键字为(　　)。

A. CHECK　　B. FOREIGN KEY

C. PRIMARY KEY　　D. UNIQUE

二、简答题

1. 简述数据库的两种存储结构。
2. 数据库由哪几种类型的文件组成？其扩展名是什么？
3. 简述 SQL Server 2012 文件组的作用和分类。每个数据库中至少包含几个文件组？
4. 什么是实体完整性？实体完整性可以通过什么措施实现？
5. 主键约束和唯一约束有什么区别？
6. 什么是参照完整性？在 SQL Server 2012 中,参照完整性用什么来实现？
7. 什么是域完整性？在 SQL Server 2012 中,域完整性用什么来实现？

上机实训

1. 分别以 SSMS 管理工具的图形化方法和 CREATE DATABASE 语句创建 JWGL 数据库。具体文件属性见表 8-4。

表 8-4　JWGL 数据库文件属性

参数	参数值	参数	参数值
数据库名	JWGL	数据文件增长幅度	1 MB
逻辑数据文件名	JWGL_dat	日志逻辑文件名	JWGL_log
操作系统数据文件名	D:\SQL\JWGL_dat. mdf	操作系统日志文件	D:\SQL\JWGL_log. ldf
数据文件的初始大小	6 MB	日志文件初始大小	3 MB
数据文件的最大值	10 MB	日志文件增长幅度	10%,无限增长
注：以 SSMS 管理工具的图形化方法建立的数据库名为 JWGL;以 CREATE DATABASE 语句建立的数据库名为 JWGL2。			

2. 分别用 SSMS 管理工具的图形化方法和 CREATE DATABASE 语句对第 1 题中所建立的 JWGL 数据库空间进行如下扩展：增加一个新的数据文件,文件的逻辑名为 JWGL_dat2,保存在新文件组 GROUP1 中,物理文件名为 JWGL_dat2. ndf,保存在 D:\SQL 文件夹中,文件的初始大小为 2 MB,不自动增长。

3. 将第 2 题中新添加的“JWGL_dat2”文件的初始大小改为 5 MB。

4. 在 JWGL 数据库中建立学生表 student、课程表 course、成绩表 score、教师表 teacher。表中各列的内容和要求见表 8-5～表 8-8。

表 8-5 学生表 student 结构

列名称	列类型	长度	是否为主键	约束条件	缺省值	列说明
sno	char	8	是			学号
sname	char	8		不为空		学生名
sex	char	2		取值为“男”或“女”	男	性别
brithday	datetime					出生年月
sdept	char	8				所在系

表 8-6 课程表 course 结构

列名称	列类型	长度	是否为主键	约束条件	缺省值	列说明
cno	char	8	是			课程号
cname	char	8				课程名
tno	char	8	外键			教师号
ccredit	int			>0		学分
chour	Int			>0		学时

表 8-7 成绩表 score 结构

列名称	列类型	长度	是否为主键	约束条件	缺省值	列说明
sno	char	8	外键			学号
cno	char	8	外键			课程
score	int			在 0~100 之间		分数

表 8-8 教师表 teacher 结构

列名称	列类型	长度	是否为主键	约束条件	缺省值	列说明
tno	char	8	主键			教师号
tname	char	8		不为空		教师名
tsex	char	2		取值为男或女	男	性别
tbirthday	datetime					出生年月
dept	char	8				所在系

5. 根据 JWGL 数据库中表的实际情况添加表的约束及表之间的关系。

注：student 与 score 为一对多关系；course 与 score 为一对多关系；teacher 与 course 为一对多关系。

6. 定义一个规则，绑定到 course 课程表的课程号 cno 列，要求课程号输入范围为 C[0~9][0~9]。

7. 为以上创建的 4 个表添加合法数据。

第 9 章

索引与视图

学习目的

通过本章的学习，使学生了解 SQL Server 2012 中索引和视图的概念与作用，掌握索引和视图的创建和管理，同时学会使用 SQL Server Management Studio 图形界面和 T-SQL 语句对索引和视图进行创建、修改、查看和删除等管理操作。

本章要点

- 了解 SQL Server 2012 索引的存储结构和类型
- 掌握 SQL Server 2012 索引的建立和使用
- 掌握 SQL Server 2012 视图的概念
- 掌握 SQL Server 2012 视图的创建和使用

思维导图

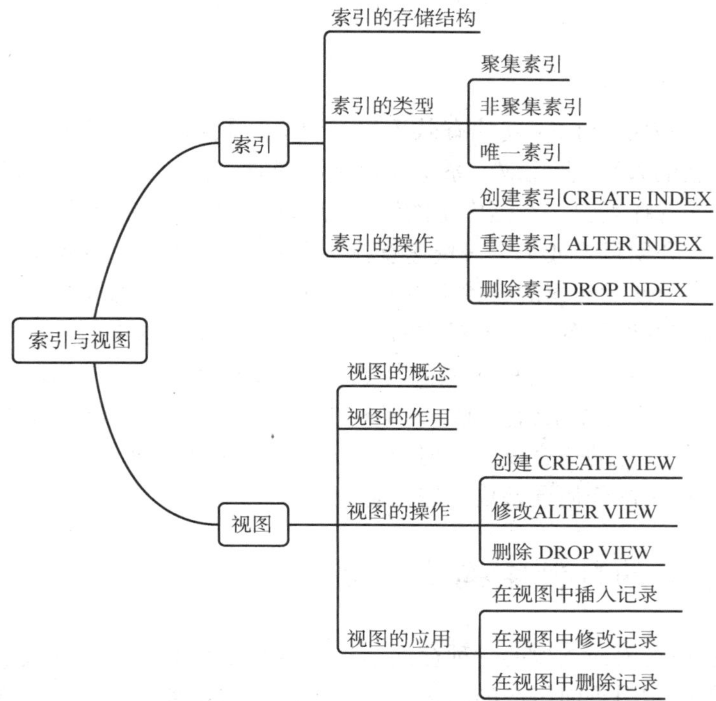
索引与视图
索引
索引的存储结构
索引的类型
聚集索引
非聚集索引
唯一索引
索引的操作
创建索引CREATE INDEX
重建索引 ALTER INDEX
删除索引DROP INDEX
视图
视图的概念
视图的作用
视图的操作
创建 CREATE VIEW
修改ALTER VIEW
删除 DROP VIEW
视图的应用
在视图中插入记录
在视图中修改记录
在视图中删除记录

9.1 索　　引

建立索引是加快表的查询速度的有效手段。建立与删除索引由数据库管理员(DBA)或表的属主(即建立表的人)负责完成。系统在存储数据时,会自动选择合适的索引作为存取路径,用户不必也不能选择索引。数据库中的索引与书籍中的目录或书后的术语表类似。我们在读一本书时,经常利用目录或术语表快速查找所需要的内容,而无须从头到尾地去翻阅整本书。在数据库中,索引使对数据的查找不需要对整个表进行扫描,就可以在其中找到所需要的数据。书籍的目录中注明了各个内容对应的页码。而数据库中的索引是一个表中某个(或某些)列的列值表,其中注明了列值所对应的行数据所在的存储位置。可以为表中的单个列建立索引,也可以为一组列建立索引。SQL Server 中的索引采用 B 树结构。索引由索引项组成,索引项由来自表中每一行的一个或多个列(称为索引关键字)组成。B 树按索引关键字排序,可以对组成索引关键字的任何词条集合进行高效搜索。

9.1.1　索引的存储结构及类型

索引是为了加速检索而创建的一种存储结构。索引是针对一个表而建立的,它是由存放表的数据页面以外的索引页面组成的。每个索引页面中的行都包含逻辑指针,通过该指针可以直接检索到数据,这样就会加速物理数据的检索。例如,假设在 Student 表的 Sno 列上建立了一个索引,则在索引部分就有指向每个学号所对应的学生的存储位置的信息,如图 9-1 所示。

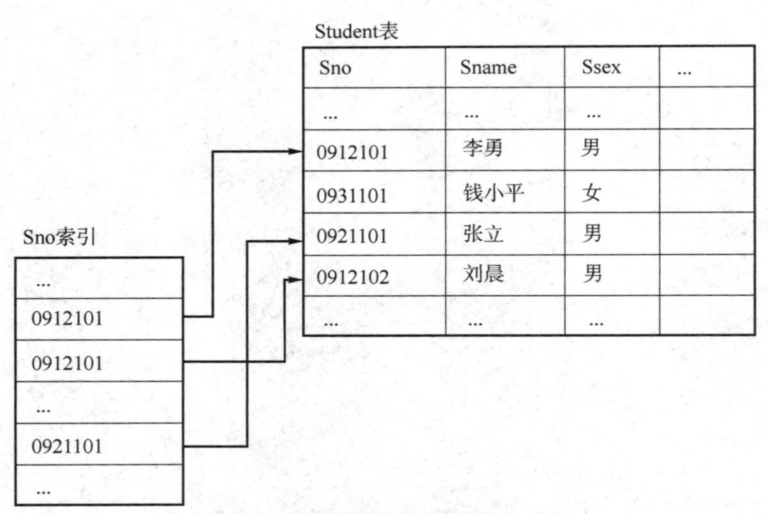

图 9-1　索引及数据间的对应关系图

在 SQL Server 中提供了 3 种类型的索引,分别是聚簇索引、非聚簇索引和唯一索引。

(1) 聚簇索引

聚簇索引确定表中的物理顺序,数据按索引列进行物理排序,类似于电话号码簿中数据按姓氏排列,这里的姓氏就是聚簇索引列。由于聚簇索引决定数据在表中的物理存储顺序,因此,一个表只能包含一个聚簇索引。但一个索引可以包含多个列。如果表中没有创建其他的聚簇索引,则在表的主键列上自动创建聚簇索引。

聚簇索引用于以下几种情况:

①包含大量非重复值的列。

②使用 BETWEEN、>、>=、< 和 <=返回一个范围值的查询。

③被连续访问的列。

④返回大型结果集的查询。

⑤经常被用作连接的列,一般来说,这些是外码列。

⑥对 ORDER BY 或 GROUP BY 子句中指定的列进行索引。

聚簇索引不适用于:频繁更改的列,因为这将导致整行移动;字节长的列,因为聚簇索引的键值将被所有非聚簇索引作为查找键使用,并被存储在每个非聚簇索引的 B 树的叶级索引项中。

(2) 非聚簇索引

非聚簇索引与图书的目录类似。数据存储在一个地方,索引存储在另一个地方。索引带有指向数据的存储位置的指针。索引中的索引项按索引键值顺序存储,而表中的信息按另一种顺序存储。非聚簇索引特点如下:

①数据行不按非聚簇索引键的顺序排序和存储。

②非聚簇索引的叶层不包含数据页。

③非聚簇索引 B 树的叶节点包含索引行。每个索引行包含非聚簇索引键值及一个或多个行定位器,这些行定位器指向该键值对应的数据行。

可以在有聚簇索引的表和无聚簇索引的表上定义。

可以考虑将非聚簇索引用于以下几种情况:

①包含大量非重复值的列。

②不返回大型结果集的查询。

③经常作为查询条件使用的列。

④经常作为连接和分组条件的列。

(3) 唯一索引

唯一索引可以确保索引列不包含重复的值。在多列唯一索引的情况下,该索引可以确保索引列中每个值的组合都是唯一的。

聚簇索引和非聚簇索引都可以是唯一的。只要列中的数据是唯一的,就可以在同一个表上创建唯一的聚簇索引和多个唯一的非聚簇索引。

建立索引的优点:建立了索引的列作为查询条件时,数据的检索速度能大大提高。

增加索引的不利方面 :创建索引也要花费时间和占用物理空间。虽然索引加快了检索速度,但减慢了数据修改的速度(因为每执行一次数据修改,就需要对索引进行维护)。

建立索引有有利的一面,也有不利的一面,那么建立索引的准则是什么呢?考虑创建索引的情况为:①在主键上;②在用于连接的列(外键)上;③在经常用作查询条件的列上;④在经常要排序的列上。

不考虑建立索引的情况为：①很少或从来不作为查询条件的列；②在小表中的任何列；③数据类型为 text、image，长度较大的 char、varchar、binary 等列；④当修改的性能需求远大于查询的性能需求时，不要创建索引。

9.1.2 建立索引

1. 界面“对象资源管理器”方式建立索引

9-1

对 school 数据库中的 student 表中的姓名字段 sname 建立非聚集索引。操作步骤参见视频 9-1。

2. 界面“表设计器”方式建立索引

9-2

对 school 数据库中的 course 表中的课程名字段 cname 建立唯一索引。操作步骤参见视频 9-2。

3. 使用 T-SQL 命令建立索引

在 SQL Server 2012 中可以用 SQL 命令建立索引，具体的命令格式如下：

```
CREATE [UNIQUE][CLUSTERED|NONCLUSTERED] INDEX 索引名
ON 表 或 视图
(列名 [ASC|DESC])
WHERE  子句
```

说明：

①索引名：表示要创建的索引的名字。

②表或视图：指定要创建索引的基本表或视图的名字。

③列名：索引可以建在该表的一列或多列上，各列名之间用逗号分隔。每个列名后面还可以指定索引值的排列次序，包括 ASC（升序）和 DESC（降序）两种，缺省值为 ASC。

④UNIQUE 表示此索引的每一个索引值只对应唯一的数据记录。

⑤CLUSTERED 表示要建立的索引是聚簇索引。聚簇索引是指索引项的顺序与表中记录的物理顺序一致的索引组织。

【例 9-1】 在 school 数据库中为课程表 course 的课程名 cname 列创建索引，为课程号 cno 列创建唯一聚集索引。SQL 命令如下：

```
USE school
GO
CREATE  INDEX  kc_index  ON course(cname)
CREATE  UNIQUE  CLUSTERED  INDEX  kid_index  ON  course(cno)
```

由于指定了 CLUSTERED，所以该索引将对磁盘上的数据进行物理排序。

注意：在前面创建 course 表时，对 cno 定义了主键约束，所以 course 已经存在了一个聚集索引。在创建例 9-1 的索引之前，要先把 course 的主键删除。同样，如果在 cname 课程名上已建立了索引,但该索引为非聚集索引,则只要索引名不同,仍然可以在该列建立索引。

【例 9-2】对选课表 SC 的 sno 和 cno 列创建复合索引。

```
CREATE  INDEX  sc_index  ON SC(sno,cno)
```

9.1.3 重建索引

索引使用一段时间后,可能需要重新创建,这时可以使用 ALTER INDEX 语句来重新生成原来的索引。语法格式为:

```
ALTER INDEX {索引名 |ALL}
    ON 表 或 视图
{REBUILD
  …
}
```

例如,重建 course 表上的所有索引的 SQL 命令为:

```
USE  school
ALTER INDEX ALL ON course REBUILD
```

重建 SC 表上的 sc_index 索引的 SQL 命令为:

```
ALTER INDEX sc_index ON SC REBUILD
```

9.1.4 删除索引

索引一经建立,就由系统使用和维护它,不需要用户干预。建立索引是为了减少查询操作的时间,但如果数据增删改频繁,系统会花费许多时间来维护索引。这时,可以删除一些不必要的索引。索引的删除既可以通过 SSMS 图形界面方式,也可以通过 T-SQL 命令来实现。

1. 通过 SSMS 图形界面删除索引

在"对象资源管理器"中展开数据库"school"→"表"→"dbo.course"→"索引",选择其中要删除的索引,单击鼠标右键,在弹出的快捷菜单中选择"删除"菜单项。在打开的"删除对象"窗口中单击"确定"按钮即可完成删除操作。

2. 通过执行 SQL 命令删除索引

删除索引的命令格式为:

```
DROP   INDEX 索引名
ON   表 或 视图
```

该语句可以一次删除一个或多个索引。该语句不适合删除通过定义 PRIMARY KEY 或 UNIQUE 约束条件而创建的索引。要删除通过定义 PRIMARY KEY 或 UNIQUE 约束条件的索引,必须通过删除约束来实现。另外,在系统表的索引上不能进行 DROP INDEX 操作。

例如,删除 course 表的 kc_index 索引。

```
DROP INDEX kc_index;
```

删除索引时,系统会同时从数据字典中删去有关该索引的描述。

9.2 视　　图

SQL Server 数据库中的视图是一种数据库对象,它是一种可以为用户提供对源数据进行定制查询和修改的工具。如银行理财金客户表,只需要显示客户的姓名、地址,客户编号和资金数目等重要信息不能被显示,或者有时需要易于使用者理解和使用,这时就需要用到视图。视图不仅可以方便用户操作,还可以保障数据库系统的安全。

视图的概念:视图又称为虚拟表(Virtual Table),它能像表一样操作,即可对视图进行查询、插入、更新与删除操作。视图中的数据来源于定义视图的查询所引用的基本表和视图,并在引用视图时动态生成。使用视图的优点和作用主要有:

①视图可以使用户只关心他感兴趣的某些特定数据和他们所负责的特定任务,而那些不需要的或者无用的数据则不在视图中显示,这样就大大简化了用户对数据的操作。

②视图可以让不同的用户以不同的方式看到不同或者相同的数据集,这样就不必在数据表中针对某些用户对某些字段设置不同权限了。这就大大简化了权限的管理。

③在某些情况下,由于表中数据量太大,因此,在设计表时,常将表进行水平或者垂直分割,但表的结构的变化对应用程序产生不良的影响。而使用视图可以重新组织数据,从而使外模式保持不变,原有的应用程序仍可以通过视图来重载数据,即重新组织数据项。

④视图提供了一个简单而有效的安全机制。视图用户只能查看和修改他们所能看到的数据,其他的表既不可见,也不可访问。可以像使用表一样对视图授予或者撤销访问权限,从而在限制表用户的基础上进一步限制视图用户,从而提供了对数据的安全保护功能。

9.2.1 视图的创建

在创建视图时,要首先考虑以下原则:

①只能在当前数据库中创建视图,在视图中最多只能引用 1 024 列,视图中记录的数目限制只由其基表中的记录数决定。

②视图的名称必须遵循标识符的规则,并且对每个用户是唯一的。此外,该名称不得与该用户拥有的任何表的名称相同。

③可以在其他视图和引用视图的过程之上建立视图,SQL 允许嵌套多达 32 级视图。

④如果视图引用的基表或者视图被删除,则该视图不能再被使用,直到创建新的基表或者视图。

⑤如果视图中某一列是函数、数学表达式、常量,或者来自多个表的列名相同,则必须为列定义名称。

⑥不能在视图上创建索引,不能在规则、默认、触发器的定义中引用视图。

⑦当通过视图查询数据时,SQL Server 要进行检查,以确保语句中涉及的所有数据库对象存在,每个数据库对象在语句的上下文中有效,并且数据修改语句不能违反数据完整性规则。

⑧创建视图,数据库所有者必须具有创建视图的权限,并且对视图定义中所引用的表或视图要有适当的权限。

创建视图与创建数据表一样,可以使用 SQL Server Management Studio 和 T-SQL 语句两种方法。

1. 使用 SSMS 图形界面创建视图

【例 9-3】 在 school 数据库创建一个信息系学生成绩的视图 view_s,显示信息系学生的学号、姓名、课程名和成绩。创建该视图的具体操作参见视频 9-3。

9-3

2. 用 SQL 命令 CREATE VIEW 创建视图

CREATE VIEW 创建视图基本语法格式如下:

```
CREATE VIEW [架构名.] 视图名 [列名 1,列名 2,...]
[ WITH <ENCRYPTION | SCHEMABINDING |VIEW_METADATA> ]
AS
  SELECT 语句
[ WITH CHECK OPTION ];
```

参数说明:

①架构名:视图所属架构名称。

②视图名:视图名称。

③列名 1,列名 2,…:视图中各个列使用的名称。一般只有当列是从算术表达式、函数或常量派生出来的,或者列的指定名称不同于来源列的名称时,才需要使用。

④WITH ENCRYPTION:加密视图。

⑤SCHEMABINDING:将视图与其所依赖的表或视图结构相关联。

⑥VIEW_METADATA:当引用视图的浏览模式的元数据时,SQL Server 实例将向 DB-Library、ODBC 和 OLE DB API 返回有关视图的元数据信息,而不返回基表的元数据信息。

⑦AS:指定视图要执行的操作。

⑧SELECT 语句:定义视图的 SELECT 语句。

⑨WITH CHECK OPTION:强制针对视图执行的所有数据修改语句,都必须符合在 statement 中设置的条件。通过视图修改时,WITH CHECK OPTION 可确保提交修改后,认可通过视图看到数据。

在用 CREATE VIEW 创建视图时,SELECT 子句里不能包括以下内容:

①不能包括 COMPUTE、COMPUTE BY 子句。

②不能包括 ORDER BY 子句,除非在 SELECT 子句里有 TOP 子句。

③不能包括 OPTION 子句。

④不能包括 INTO 关键字。

⑤不能引用临时表或表变量。

【例 9-4】 创建信息系学生的视图 view_s,包括学生的学号、姓名、所在系和课程号、成绩。

SQL 命令清单如下：

```
CREATE VIEW view_s
AS
SELECT student.sno,sname,sc.cno,sc.grade from student,sc
WHERE student.sno=sc.sno and student.sdept='信息系'
```

【例 9-5】创建一个名为“V 加密”的视图，用于查询学生的学号、姓名、专业名、课程名、成绩等信息，并对视图的定义进行加密。SQL 命令清单如下：

```
CREATE   VIEW    V加密
WITH   ENCRYPTION
AS
    SELECT   student.sno, sname,sdept,cname,grade
    FROM   student, sc, course
WHERE student.sno = sc.sno   and     sc.cno= course.cno
```

加密了的视图只能运行，无法看到其定义的结构。在对象资源管理器上单击该视图的右键，看到“设计”命令变灰不可用，在新建查询中执行查看数据库对象定义的存储过程，SQL 命令如下：

```
sp_helptext  V加密
```

则出现如图 9-2 的提示信息。

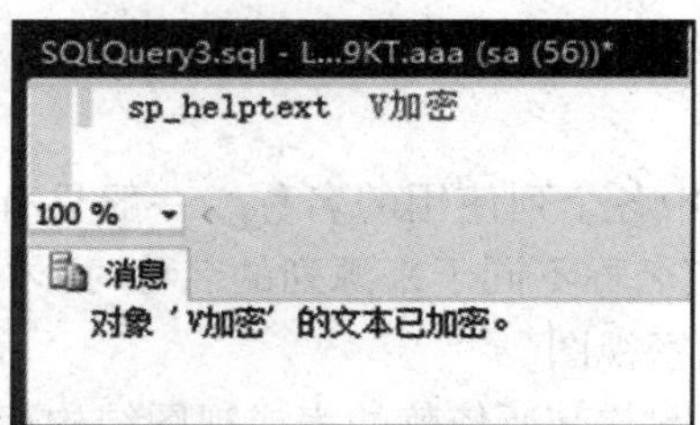

图 9-2　提示视图被加密信息

【例 9-6】创建学生的平均成绩视图 jsjavg，包括学号和平均成绩列。SQL 命令清单如下：

```
CREATE VIEW jsjavg(学号,平均成绩)
   AS
  SELECT sno,avg(grade)
     From SC
      GROUP BY sno
```

9.2.2　视图的应用

1. 通过视图查询数据

同样，通过视图查询数据与通过表查询数据一样，可通过 SQL Server Management Studio 和 T-SQL 语句两种方法来完成。

（1）在 SSMS 图形界面中查看视图数据

以例 9-1 创建信息系学生的视图 view_s 为例，说明如何在 SSMS 中查看视图数据。在“对象资源管理器”窗口中，选择 school 数据库的视图“view_s”。右击“view_s”，在弹出的快捷菜单里选择“选择前 1 000 行”选项，在“对象资源管理器”右侧的查询分析器中出现了该操作的命令，下面是视图中的数据结果，这与在 SSMS 图像界面查看数据表一致，在此就不再赘述了。

（2）用 T-SQL 命令 select 查询视图数据

在 T-SQL 语句里，使用 select 语句可以查看视图的内容，其用法与查看数据表内容的用法一样，区别只是把数据表名改为视图名，如 select * from jsjavg，其中 jsjavg 为“例 9-4”已经创建好的视图的名字。

2. 通过视图更新数据

可以使用 SQL Server Management Studio 或 T-SQL 命令更新视图中的数据。在进行修改前，根据将要执行的操作，获得对目标表/视图的 UPDATE、INSERT 或 DELETE 权限。

（1）在 SSMS 图形界面中通过视图修改数据

在“对象资源管理器”中，展开包含视图的数据库，然后展开“视图”。右键单击该视图，然后选择“编辑前 200 行”。在“结果”窗格中，找到要更改或删除的行。若要删除行，右键单击该行，然后选择“删除”。若要更改一个或多个列中的数据，请修改列中的数据。注意：如果视图引用多个基表，则不能删除行，只能更新属于单个基表的列。

若要插入行，则向下滚动到行的结尾并插入新值。注意：如果视图引用多个基表，则不能插入行。

（2）用 T-SQL 命令修改视图数据

通过视图修改基本表的数据方式，与使用 UPDATE、INSERT 和 DELETE 语句修改表中的数据大致一样。但是，在使用视图直接修改数据时，需要注意以下事项：

①修改视图中的数据时，不能同时修改两个或者多个基表，可以对基于两个或多个基表或者视图的视图进行修改，但是每次修改都只能影响一个基表。

②不能修改那些通过计算得到的字段，例如包含计算值或者合计函数的字段。

③如果在创建视图时指定了 WITH CHECK OPTION 选项，那么使用视图修改数据库信息时，必须保证修改后的数据满足视图定义的范围。不能在视图的 select_statement 中的任何位置使用 TOP。

④执行 UPDATE、DELETE 命令时，所删除与更新的数据必须包含在视图的结果集中。如果视图包含连接查询，UPDATE 或 INSERT 语句只能影响连接的一端，当允许对有联结查询定义的视图执行修改的时候，一定要谨慎，比如一对多的关系，如果根据“多”的某一索引值修改对应“一端”某列值的记录，结果就会出错，也不能从由联结查询定义的视图中删除数据。

⑤只要视图有一列不能隐式获取值，就不能向视图中插入数据，如果列允许 NULL、有默认值或者 IDETITY 属性，则说明它可以隐式获取值。

⑥在基础表的列中修改的数据必须符合对这些列的约束，例如，为 NULL、CHECK 约束及 DEFAULT 定义等。例如，如果要删除一行，则相关表中的所有基础 FOREIGN KEY 约束必须仍然得到满足，删除操作才能成功。

【例 9-7】创建一个基于表 student 的男同学的视图 v_student。程序清单如下：

```
CREATE  VIEW  v_student(sno, sname, sage, ssex, sdept)
AS
SELECT  sno, sname, sage, ssex, sdept
FROM  student
WHERE  ssex='男'
```

执行以下语句可向表 student 表中添加一条新的数据记录：

```
INSERT  INTO  v_student
VALUES('0912151','李维',22,'男','计算机系')
```

再执行：

```
SELECT *  FROM  v_student
```

则会看到该记录插入视图 v_student 中。

【例 9-8】首先创建一个包含限制条件的视图 v_student2，限制条件为年龄>20，然后插入了一条不满足限制条件的记录，再用 SELECT 语句检索视图和表。程序清单如下：

```
CREATE  VIEW  v_student2
AS
SELECT *  FROM  student
WHERE  sage>20
GO
INSERT  INTO  v_student2
VALUES('0912152','王敏霞','女',10 ,'信息系')
GO
SELECT *  FROM  student
GO
SELECT *  FROM  v_student 2
GO
```

可以看到表中插入了该记录，而视图中没有插入该记录，这是因为插入的记录不满足视图 v_student2 的条件。

使用视图可以更新数据记录，但更新的只是数据库中的基表。使用视图删除记录，可以删除任何基表中的记录，直接利用 DELETE 语句删除记录即可。但应该注意，必须指定在视图中定义过的字段来删除记录。

【例 9-9】创建了一个基于表 student 的视图 v_student2，然后通过该视图修改表 student 中的记录。程序清单如下：

```
 UPDATE  v_student2
 SET  name='张然'
 WHERE  name='张三'
SELECT  *  FROM  student
GO
SELECT  *  FROM  v_student2
GO
```

可以看到视图 v_student2 和表 student 中的记录“张三”都做了修改。

【例 9-10】利用视图 v_student2 删除表 student 中姓名为“张三”的记录。程序清单如下：

```
DELETE  FROM  v_student2
WHERE  name='张然'
SELECT  *  FROM  student
GO
SELECT *  FROM  v_student2
GO
```

可以看到视图 v_student2 和表 student 的“张然”的记录都做了删除。

9.2.3 修改视图的定义

修改视图的定义可以通过 SSMS 进行，也可以使用 T-SQL 命令完成。

1. 通过 SSMS 界面方式修改视图的定义

在“对象资源管理器”中右击视图 v_student，在弹出的快捷菜单中选择“设计”菜单项，进入视图的设计窗口，如图 9-3 所示。该窗口与创建视图的窗口类似，其中可以查看并修改视图的结构，修改完成后单击“保存”图标即可。要注意的是，经过加密的视图不能进行修改。

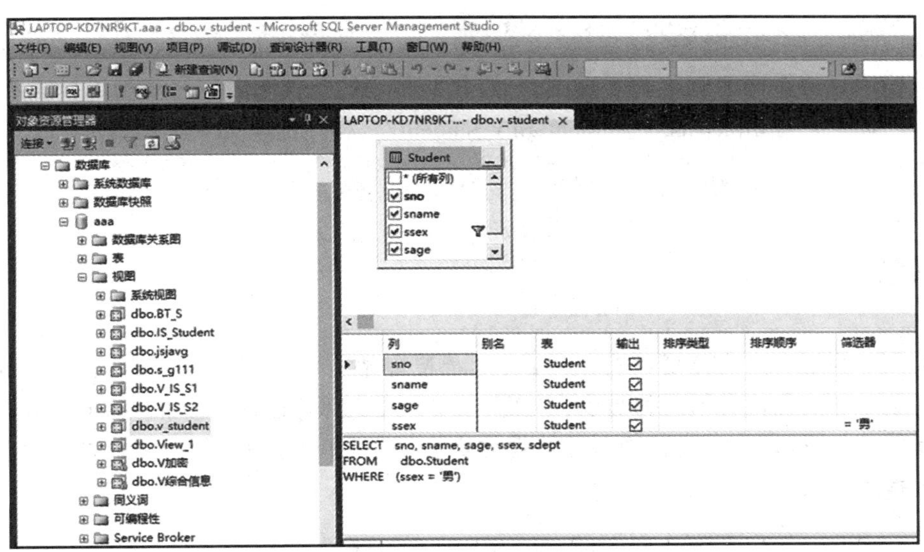

图 9-3 视图的设计窗口

2. 使用 T-SQL 命令修改视图的定义

语法格式为：

```
ALTER VIEW 视图名 [WITH<视图名>[,…]]
      AS  SELECT 语句[;]
      [WITH CHECK OPTION]
```

其中，视图名、SELECT 语句等参数与 CREATE VIEW 语句中的含义相同。

【例 9-11】修改了视图 v_student，在该视图中增加了出生年份字段，并且计算出每个学生的出生年份。程序清单如下：

```
ALTER VIEW dbo.v_student(学号,姓名,性别,年龄,系,出生年龄)
 AS
SELECT sno,sname,ssex,sage,sdept,year(getdate())-sage
FROM Student
```

9.2.4 删除视图

对于不再使用的视图，可以使用 SSMS 或者 T-SQL 语句中的 DROP VIEW 命令删除它。

1. 通过“对象资源管理”删除视图

在对应数据库中的“视图”下选择需要删除的视图，右击鼠标，在弹出的快捷菜单上选择“删除”命令，出现“删除”对话框，单击“确定”按钮即可删除指定的视图。

2. 使用 T-SQL 命令删除视图

使用 T-SQL 删除视图的语法形式如下：

```
DROP VIEW {view_name} [,…n]
```

可以使用该命令同时删除多个视图，只需在要删除的各视图名称之间用逗号隔开即可。

【例 9-12】同时删除视图 v_student 和 v_student2。程序清单如下：

```
DROP VIEW v_student,v_student2
```

本章小结

索引是加快表的查询速度的有效手段，但是增加索引的不利方面，要正确创建和使用索引。视图是基于数据库基本表的虚表，它实际上不包含数据，它的数据全部来自基本表。视图提供了数据库的逻辑独立性，并增加了数据的安全，封装了复杂的查询，为用户提供了从不同角度看数据的方法。

习　题

一、单选题

1. 索引是在基本表的列上建立的一种数据库对象，使用它能够加快数据的(　　)。

A. 删除速度　　B. 查询速度

C. 插入速度　　D. 修改速度

2. “CREATE UNIQUE INDEX IDX_Sno on S(sno)”将在 S 表上创建名为 IDX_sno 的(　　)。

A. 唯一索引　　　　B. 非聚集索引
C. 聚集索引　　　　D. 唯一聚集索引

3. 下面几项中,关于视图的叙述,不正确的是(　　)。

A. 视图是一张虚表,所有的视图中不含有数据
B. 数据库中的视图只能使用所属数据库的表,不能访问其他数据库的表
C. 视图既可以通过表得到,也可以通过其他视图得到
D. 用户不允许使用视图修改表数据

4. 在视图上不能完成的操作是(　　)。

A. 更新视图　　　　B. 查询
C. 在视图上定义新的表　　　　D. 在视图上定义新的视图

5. 不允许对视图中的计算列进行修改,也不允许对视图定义中包含有统计函数或(　　)子句的视图进行修改和插入操作。

A. ORDER BY　　　　B. GROUP BY
C. HAVING　　　　D. SELECT

6. 下面语句中,正确的是(　　)。

A. 视图是一种常用的数据库对象,使用视图不可以简化数据操作
B. 使用视图可以提高数据库的安全性
C. 视图结构与 SELECT 子句所返回的结果集结构相同,但视图中的列是由算术表达式、函数或常量等产生的计算列时,必须在创建视图时指出列名
D. DELETE VIEW 语句是删除视图

7. 视图是一种常用的数据对象,它是提供查看、检索数据的另一种途径,可以简化数据库操作,当使用多个数据表来建立视图时,表的连接不能使用(　　)方式。

A. 外连接　　　　B. 内连接
C. 左连接　　　　D. 右连接

8. 下列(　　)是对视图的描述。

A. 它定义了一个有相关列和行的集合
B. 当用户修改数据时,一种特殊形式的存储过程被自动执行
C. 它是 SQL 语句的预编译集合
D. 它根据一列或多列的值,提供对数据库表的行的快速访问

二、填空题

1. 视图中的数据存储在________。对视图进行更新操作时,实际操作的是________中的数据。

2. 创建视图时,带____________的参数使用视图的定义语句加密,带__________的参数对视图执行的修改操作必须遵守定义视图时 WHERE 子句指定的条件。

3. 视图是从__________中导出的表,数据库中实际存放的是视图的________。

4. SQL Server 中不仅可以通过视图检查基表中的数据,还可以向基表中添加或修改数据,但是所插入的数据必须符合基表中的__________。

三、简答题

1. 简述索引类型及存储结构。

2. 简述视图的意义和优点。

上机实训

对于第 8 章上机实训所建立的 JWGL 数据库,以及其中的学生表 student、课程表 course、成绩表 score、教师表 teacher,完成如下操作:

(1) 在 course 表的 cname 列上建立唯一的非聚簇索引。

(2) 对成绩表 score 的 sno 和 cno 列创建复合索引。

(3) 创建一个视图 xk_view,其中包含所有选了"数据库"课程的学生学号、姓名和所在系。

(4) 创建一个视图 avggrade_view,其中包含每个系的平均分,并输出该视图的所有记录。

(5) 创建一个视图 computerteacher_view,查询计算机系老师所教授的课程,输出教师号、教师姓名、课程名。

第 10 章

SQL Server 2012 高级应用

学习目的

通过本章的学习，学生应该理解 Transact-SQL 程序设计，掌握 SQL Server 中存储过程和触发器的概念，了解二者的区别；掌握如何创建和使用存储过程及触发器，了解用户自定义函数的创建和使用，以及游标的概念和作用。

本章要点

- Transact-SQL 程序设计
- 存储过程的创建和执行
- 触发器的创建和使用
- 用户自定义函数的创建和调用
- 游标的概念及基本操作

思维导图

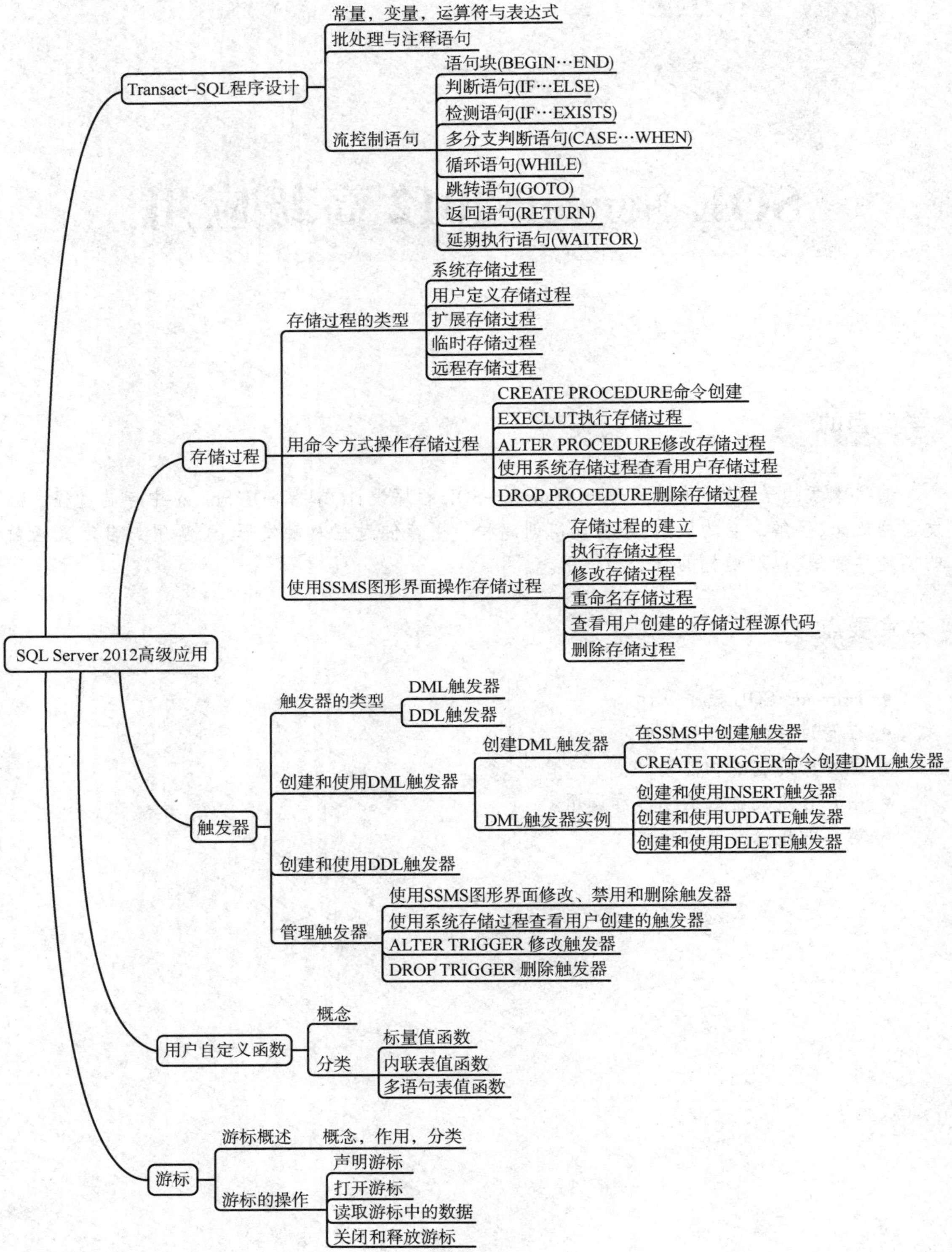

- SQL Server 2012高级应用
  - Transact-SQL程序设计
    - 常量，变量，运算符与表达式
    - 批处理与注释语句
    - 流控制语句
      - 语句块(BEGIN…END)
      - 判断语句(IF…ELSE)
      - 检测语句(IF…EXISTS)
      - 多分支判断语句(CASE…WHEN)
      - 循环语句(WHILE)
      - 跳转语句(GOTO)
      - 返回语句(RETURN)
      - 延期执行语句(WAITFOR)
  - 存储过程
    - 存储过程的类型
      - 系统存储过程
      - 用户定义存储过程
      - 扩展存储过程
      - 临时存储过程
      - 远程存储过程
    - 用命令方式操作存储过程
      - CREATE PROCEDURE命令创建
      - EXECLUT执行存储过程
      - ALTER PROCEDURE修改存储过程
      - 使用系统存储过程查看用户存储过程
      - DROP PROCEDURE删除存储过程
    - 使用SSMS图形界面操作存储过程
      - 存储过程的建立
      - 执行存储过程
      - 修改存储过程
      - 重命名存储过程
      - 查看用户创建的存储过程源代码
      - 删除存储过程
  - 触发器
    - 触发器的类型
      - DML触发器
      - DDL触发器
    - 创建和使用DML触发器
      - 创建DML触发器
        - 在SSMS中创建触发器
        - CREATE TRIGGER命令创建DML触发器
      - DML触发器实例
        - 创建和使用INSERT触发器
        - 创建和使用UPDATE触发器
        - 创建和使用DELETE触发器
    - 创建和使用DDL触发器
    - 管理触发器
      - 使用SSMS图形界面修改、禁用和删除触发器
      - 使用系统存储过程查看用户创建的触发器
      - ALTER TRIGGER 修改触发器
      - DROP TRIGGER 删除触发器
  - 用户自定义函数
    - 概念
    - 分类
      - 标量值函数
      - 内联表值函数
      - 多语句表值函数
  - 游标
    - 游标概述
      - 概念，作用，分类
    - 游标的操作
      - 声明游标
      - 打开游标
      - 读取游标中的数据
      - 关闭和释放游标

10.1 Transact-SQL 程序设计

Transact-SQL 是微软在 SQL 语言基础上发展起来的扩充语言。它包含两个部分:一部分是 SQL 语句的标准语言部分,利用这些标准的 SQL 语言编写的应用程序和脚本,可以自如地移植到其他数据库管理系统中执行;另一部分是在标准 SQL 语句上增加了如语句的注释、变量、运算符、函数和流程控制等语言元素,使其功能更加强大。

在 Microsoft SQL Server 2012 系统中,主要使用 SQL Server Management Studio 的查询分析器对 Transact-SQL 语句进行交互执行。

10.1.1 常量,变量,运算符与表达式

1. 常量

常量是表示特定数据值的符号,也被称为文字值或标值量。常量的格式取决于它所表示的值的数据类型。根据常量值的不同类型,分为字符串常量、整型常量、实型常量、日期时间常量、货币常量、唯一标识常量。对于字符常量或时间日期型常量,需要使用单引号引起来。举例说明如下:

(1) 字符串常量

字符串常量分为 ASCII 字符串常量和 Unicode 字符串常量

①ASCII 字符串常量用单引号括起来。例如,'This is a book.','May 1, 2012'。

②Unicode 字符串常量与 ASCII 字符串常量相似,但它前面有一个 N 标识符(N 代表 SQL-92 标准中的国际语言 National Language),N 前缀必须为大写字母。例如 N'China',N'How do you do!'。

(2) 整型常量

按照整型常量的不同表示方式,又分为二进制整型常量、十六进制整型常量、十进制整型常量。例如,十进制整型常量:98321;十六进制整型常量:0x7809AEFD001。

(3) 实型常量

实型常量有定点表示和浮点表示两种方式。

例如,定点表示:1890.1204,浮点表示:101.5E5。

(4) 日期时间常量

用单引号将表示日期时间的字符串引起来。

例如,'2019-06-09','April 20,2020'。

(5)货币常量

货币常量是以“$”作为前缀的一个整型或实型常量数据。

例如,$450.56,$1000。

(6) 唯一标识常量

唯一标识常量是用于表示全局唯一标识符(GUID)值的字符串。可使用字符串或十六进

制字符串格式指定。

例如，'6F9816FF'，0xff19966868b11d。

2. 变量

变量用于临时存放内存中的数据，变量中的数据随着程序的执行而变化。变量有名称及其数据类型两个属性。变量名用于标识该变量，变量的数据类型确定了该变量存放值的格式及允许的运算。

(1) 变量名

变量名必须是一个合法的标识符。

常规标识符是以 ASCII 字母、Unicode 字母、下划线、@ 或#开头，后续可跟一个或若干个 ASCII 字符、Unicode 字符、下划线、@ 或#，但不能全为下划线_、@ 或#。标识符允许的最大长度为 128 个字符。

(2) 变量的分类

①全局变量。

全局变量由系统提供并且预先声明，其以@@前缀开头，可直接使用。

全局变量的作用范围是整个系统，通常利用全局变量来检测系统的设置值或执行查询命令后的状态值。表 10-1 所示为 SQL Server 常用的全局变量。

表 10-1　SQL Server 常用的全局变量

全局变量	注　释
@@rowcount	前一条命令处理的行数
@@error	前一条 SQL 语句报告的错误号
@@trancount	事务嵌套的级别
@@transtate	事务的当前状态
@@tranchained	当前事务的模式(链接的、非链接的)
@@servername	本地 SQL Server 的名称
@@version	SQL Server 和 OS 版本级别
@@spid	当前进程 id
@@identify	上次 INSERT 操作中使用的 identify 值
@@nestlevel	存储过程/触发器中的嵌套层
@@fetch_status	游标中上条 FETCH 语句的状态
@@LANGUAGE	返回当前所使用的语言名称
@@LANGID	返回当前使用的语言的本地语言标识符 (ID)
@@SERVICENAME	返回 SQL Server 正在其下运行的注册表项的名称

更多的全局变量请查阅 SQL Server 2012 文档和教程。

【例 10-1】使用全局变量来查询 SQL Server 实例当前使用的语言和当前所使用语言的标识符。

```
SELECT 'SQL 语言' =@@LANGUAGE,ID=@@LANGID
```

②局部变量。

在 SQL Server 系统中,变量也被称为局部变量,是可以保存单个特定类型数据值的对象。

一般地,经常在批处理和脚本中使用变量,这些变量可以作为计数器计算循环执行的次数或控制循环执行的次数;也可以保存数据值以供控制流语句测试;或者保存存储过程返回代码要返回的数据值或函数返回值。

在 Transact-SQL 语言中,可以使用 DECLARE 语句声明变量。在声明变量时,需要注意:第一,为变量指定名称,并且名称的第一个字符必须是@;第二,指定该变量的数据类型和长度;第三,默认情况下将该变量值设置为 NULL。

可以在一个 DECLARE 语句中声明多个变量,变量之间使用逗号分隔开。变量的作用域是可以引用该变量的 Transact-SQL 语句的范围。变量的作用域从声明变量的地方开始到声明变量的批处理的结尾。

声明局部变量的语法格式为:

```
DECLARE @局部变量名  [AS] 数据类型 [=值]
```

其中:

数据类型:为任何系统提供的数据类型或用户定义的数据类型。局部变量的数据类型不能是 text、ntext 和 image。

=值:变量的初始值,可以是常量或表达式。

例如,DECLARE @ age int=20　--声明整数类型的局部变量@ age,并赋初值为 20。

有两种为变量赋值的方式:使用 SET 语句为变量赋值和使用 SELECT 语句选择列表中当前所引用值来为变量赋值。SET 和 SELECT 命令的语法格式:

```
SET @局部变量 =表达式
SELECT @局部变量 =表达式
```

说明:@ 局部变量:是除了 coursor、text、ntext、image 及 table 外的任何类型的变量名。变量名必须以"@"开头;表达式:任何有效的 SQL Server 表达式。

【例 10-2】定义局部变量@ myvar,并赋值一字符串。

```
DECLARE @myvar char(20)="This is a test";
SELECT @myvar
```

【例 10-3】计算两个整数变量的和,然后显示其结果。

```
DECLARE @x int=10
DECLARE @y int=20
DECLARE @z int
SET @z=@x+@y
Print @z
```

注意:这里 PRINT 语句的作用是向客户端返回用户定义消息。其语法格式为:

```
PRINT msg_str |@local_variable |string_expr
```

其中的参数:

msg_str:字符串或 Unicode 字符串常量。

@ local_variable:任何有效的字符数据类型的变量,它的数据类型必须为 char 或 varchar,

或者能够隐式转换为这些类型的数据。

string_expr:返回字符串的表达式。可包括串联的文字值、函数和变量。

【例 10-4】 创建一个名为 sex 的局部变量,在 SELECT 语句中使用该局部变量查找 student 表中所有女同学的学号和姓名。

```
Use school
Go
DECLARE @sex char(2)
SET @sex='女'
SELECT sno,sname  from student where ssex=@sex
```

3. 运算符

运算符是一种符号,用来指定要在一个或多个表达式中执行的操作。在 Microsoft SQL Server 2012 系统中,可以使用的运算符可以分为算术运算符、逻辑运算符、赋值运算符、字符串串联运算符、位运算符、一元运算符和比较运算符等。

(1) 算术运算符

可以用于对两个表达式进行数学运算。算术运算符包括加(+)、减(-)、乘(＊)、除(/)和取模(%)等。表 10-2 所示为所有的算术运算符及其可操作的数据类型。

表 10-2　算术运算符及其可操作的数据类型

算数运算符	数据类型
+、-、＊、/	int、smallint、tinyint、numeric、decimal、float、real、money、smallmoney
%	int、smallint、tinyint

如果表达式中有多个算术运算符,则先计算乘、除和求余,然后计算加减法。如果表达式中所有算术运算符都具有相同的优先顺序,则执行顺序为从左到右。括号中的表达式比所有其他运算都要优先。算术运算的结果为优先级较高的参数的数据类型。

(2) 位运算符

位运算符用于对数据进行按位与(&)、或(|)、异或(^)、求反(~)等运算。在 T-SQL 语句中进行整型数据的位运算时,SQL Server 先将它们转换为二进制数,然后再进行计算。其中与、或、异或运算需要两个操作数,求反运算符仅需要一个操作数。表 10-3 所示的是位运算符及其可操作的数据类型。

表 10-3　位运算符及其可操作的数据类型

位运算符	左操作数	右操作数
&	int、smallint、tinyint	int、smallint、tinyint、bigint
|	int、smallint、tinyint	int、smallint、tinyint、binary
^	binary、varbinary、int	int、smallint、tinyint、bit
~	无左操作数	int、smallint、tinyint、bit

▶做 & 运算时,只有当两个表达式中的两个位值都为 1 时,结果中的位才被设置为 1,否则,结果中的位被设置为 0。

▶做|运算时,如果两个表达式的任一位为 1 或者两个位均为 1,则结果的对应位被设置为 1;如果表达式中的两个位都不为 1,则结果中该位的值被设置为 0。

▶做^运算时,如果在两个表达式中,只有一位的值为 1,则结果中该位的值被设置为 1;如果两个位的值都为 0 或者都为 1,则结果中该位的值被清除为 0。

▶做~运算时,如果表达式的某位为 1,则结果中该位为 0,否则相反。

(3) 比较运算符

比较运算符用来比较两个表达式的值,可用于字符、数字或日期数据。SQL Server 中的比较运算符有等于(=)、小于(<)、大于(>)、小于等于(<=)、大于等于(>=)、不等于(<>)或不等于(!=)、不大于(!>)、不小于(!<),比较运算符返回布尔值,其值为 TRUE、FALSE 和 UNKNOWN,如表达式 2=3 的运算结果为 FALSE;一般带有一个或两个 NULL 表达式的运算符返回 UNKNOWN。

(4) 逻辑运算符

逻辑运算符用来把多个逻辑表达式连接起来进行测试,以获得其真实情况。逻辑运算符和比较运算符一样,返回带有 TRUE、FALSE 或 UNKNOWN 值的布尔数据类型。逻辑运算符及其含义见表 10-4。

表 10-4 逻辑运算符及其含义

运算符	含义
AND	如果两个布尔表达式都为 TRUE,那么结果为 TRUE
OR	如果两个布尔表达式中的一个为 TRUE,那么结果就为 TRUE
NOT	对任何其他布尔运算符的值取反
LIKE	如果操作数与一种模式相匹配,那么值为 TRUE
IN	如果操作数等于表达式列表中的一个,那么值为 TRUE
ALL	如果一系列的比较都为 TRUE,那么值为 TRUE
ANY	如果一系列的比较中有一个为 TRUE,那么值为 TRUE
BETWEEN	如果操作数在某个范围之内,那么值为 TRUE
EXISTS	如果子查询包含一些行,那么值为 TRUE

例如,NOT TRUE 为假;TRUE AND FALSE 为假;TRUE OR FALSE 为真。

逻辑运算符通常和比较运算符一起构成更为复杂的表达式。

(5) 连接运算符

连接运算符(+)用于两个字符串数据的连接,通常也称为字符串运算符。在 SQL Server 中对字符串的其他操作可通过字符串函数进行。字符串连接运算符的操作数类型有 char、varchar 和 text 等。例如,print 'SQL Server'+'2012'通过"+"运算符将两个字符串连接成一个字符串'SQL Server 2012'。

(6) 运算符的优先级别

不同运算符具有不同的运算优先级。在一个表达式中,运算符的优先级决定了运算的顺序。表 10-5 列出了 SQL Server 中各种运算符的优先顺序。

表 10-5　SQL Server 中各种运算符由高到低的优先顺序

优先级	1	2	3	4	5	6	7	8
运算符	+(强制正),-(强制负),(),~	*,/,%	+(加法或字符串连接),-(减法)	>,<,>=,<=,=,!=,!>,!<	NOT	AND	ALL,ANY,BETWEEN,IN,LIKE,OR	=（赋值运算符）

4. 表达式

在 Transact-SQL 语言中,表达式是标识符、变量、常量、标量函数、子查询及运算符等的组合。一个表达式通常可以得到一个值,与常量和变量一样,一个表达式的值也具有某种数据类型,可以是字符类型、数值类型、日期时间类型。根据表达式值的类型,表达式可分为字符型表达式、数值型表达式、日期时间型表达式。

表达式可以根据值的结果分为标量表达式和行表达式两种类型。

简单表达式结果是一个值,如一个数值、一个字符串或一个日期,这种表达式叫作标量表达式。如 1+2,‘a’>‘b’。

如果表达式是由不同类型组成的一行值,则这种表达式叫作行表达式。例如(学号,姓名,所在系)。当学号列为 0912101,姓名为李永,所在系为计算机系时,则这个表达式的值为(‘0912101’,‘李永’,‘计算机系’)。

若表达式的结果为 0 个、1 个或多个行表达式的集合,那么这个表达式就叫作表表达式。表表达式一般用在 SELECT 及 SELECT 语句的 WHERE 子句中。

10.1.2　批处理与注释

1. 批处理

批处理是指用户传递给服务器的一个完整的语句组。它由一条或多条 SQL 语句组成,以 GO 为结束标志。批处理的语句作为一个整体进行编译和运行,如果批处理中某条语句出现错误,则对该批处理语句的分析就会失败,从而不能执行该批处理。

例如:

```
Use school
SELECT * FROM student
UPDATE student SET sage=sage+1
Go
```

在使用批处理时应注意以下规则:

①CREATE DEFAULT、CREATE VIEW、CREATE FUNCTION、CREATE PROCEDURE、CREATE RULE、CREATE TRIGGER 和 CREATE SCHEMA 等语句不能在批处理中与其他语句组合使用。批处理必须以 CREATE 语句开始,所有跟在该批处理后的其他语句将被解释为第一个 CREATE 语句定义的一部分。

②不能在同一个批处理中更改表,然后引用新列。

③如果 EXECUTE 语句是批处理中的第一句,则不需要 EXECUTE 关键字。如果

EXECUTE 语句不是批处理中的第一句,则需要 EXECUTE 关键字。

2. 注释

所有的程序设计语言都有注释。注释是程序代码中不执行的文本字符串,用于对代码进行说明或在调试代码过程中要临时跳过某些语句或语句成分。

一般地,注释主要描述程序名称、作者名称、变量说明、代码更改日期及算法描述等。

在 Microsoft SQL Server 系统中,支持两种注释方式,即双连字符(--)注释方式和正斜杠星号字符对(/＊…＊/)注释方式,如图 10-1 所示。

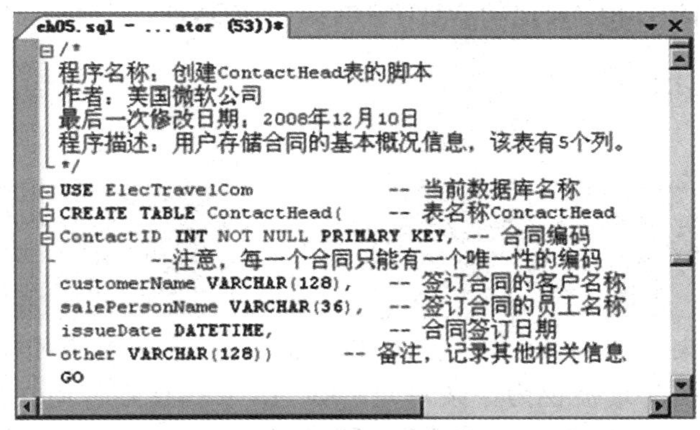

图 10-1 注释语句的使用

3. 脚本

脚本是存储在文件中的一组 T-SQL 语句的集合,这些语句可以包含在一个批处理中,也可以包含在多个批处理语句中。如果某个脚本中不包含任何 GO 命令,则该脚本将被作为一个批处理来执行。使用脚本可以将创建和维护数据库时进行的操作保存到一个磁盘文件中,这样不仅以后可以重复地使用此段代码,还可以将此代码复制到其他计算机上执行。

可以将用户在查询编辑器中输入的 SQL 语句保存到一个磁盘文件上,这个磁盘文件叫作脚本文件,它是一个纯文本文件。以后用户可以在查询编辑器中打开、修改和执行脚本文件,也可以通过记事本打开和修改脚本文件。

(1) 保存脚本

①激活查询编辑器上部的脚本编辑器窗格(即书写脚本的地方),如果激活的是下半部分的结果窗格,则保存的将是结果窗格中的内容。

②选择“文件”菜单的“保存”命令,或者单击工具栏上的“保存查询/结果”图标按钮。

③如果文件没有被保存过,则出现“另存文件为”对话框,在这里可以选择一个目标文件夹,并输入一个文件名(默认扩展名为 . sql),然后单击“保存”按钮;如果文件被保存过,则直接使用当前的文件名即可。

(2) 在查询编辑器中使用脚本文件

可以在查询编辑器中打开保存的脚本文件,然后执行脚本。打开脚本文件的方法为:

①选择“文件”菜单中的“打开”→“文件”命令,或单击工具栏上的“打开文件”图标按钮,弹出“打开文件”对话框。

②在此对话框中选择要打开的脚本文件,然后单击“打开”按钮即可。

这时新打开的脚本会显示在查询编辑器的脚本编辑窗格中，用户可以在这里对脚本进行编辑或执行脚本。

10.1.4 流控制语句

SQL Server 2012 中提供了丰富的流程控制语句。所谓流程控制语句，是指那些用来控制程序执行和流程分支的语句。

用来编写流程控制模块的语句主要包括：BEGIN…END 语句、IF…ELSE 语句、CASE 语句、WHILE 语句、GOTO 语句、BREAK 语句、WAITFOR 语句、CONTINUE 语句和 RETURN 语句。

1. 语句块(BEGIN…END)

语句块语法如下：

```
BEGIN
  <SQL 语句或程序块>
END
```

BEGIN…END 用来设定一个语句块，可以将多条 Transact-SQL 语句封装起来构成一个语句块，在处理时，整个语句块被视为一条语句。BEGIN…END 经常用在条件语句中，如 IF…ELSE 或 WHILE 循环中。BEGIN…END 语句可以嵌套使用。

2. 判断语句(IF…ELSE)

通常计算机按顺序执行程序中的语句，但是在许多情况下，语句执行的顺序及是否执行依赖于程序运行的中间结果，在这种情况下，必须根据某个变量或表达式的值作出判断，以决定执行哪些语句或不执行哪些语句。这时可以利用 IF…ELSE 语句做出判断，选择执行某条语句或语句块。判断语句语法如下：

```
 IF  <条件表达式>
     <命令行或语句块1>
[ ELSE [条件表达式]
    <命令行或语句块2> ]
```

【例 10-5】某地到北京的邮路里程为 1 128 千米，通过邮局想往北京城区寄“特快专递”邮件，应在 24 小时内到达，计费标准为每克 1.2 元，但超过 100 克，超过数每克 0.5 元，现有 180 克的邮件，请求出邮件的邮费。利用条件分支编程解决该实际问题。

```
DECLARE @yz real,@ w int
Set @w=180
If @w<=100
  Set @yz=@ w*0.12
  Set @yz=100*0.12+(@w-100)*0.05
Print '邮件的质量是:'+cast(@w as varchar(20))+'克'
Print '邮费是:'+cast(@yz as varchar(20))+'元'
```

【例 10-6】从数据库 school 中的 SC 数据表中求出学号 0912101 同学的平均成绩，如果此

成绩大于或等于 60 分，则输出“pass”信息，否则，输出“fail”信息。

```
Use school
Go
If (SELECT AVG(grade) FROM SC WHERE sno='0912101')>=60
   PRINT'pass'
 ELSE
   PRINT'fail'
Go
```

3. 检测语句(IF…EXISTS)

IF…EXISTS 语句用于检测数据是否存在，而不考虑与之匹配的行数。对于存在性检测而言，使用 IF…EXISTS 要比使用 COUNT(*)>0 好，效率更高，因为只要找到第一个匹配的行，服务器就会停止执行 SELECT 语句。检测语句语法如下：

```
IF  [NOT]  EXISTS  (SELECT 查询语句)
        <命令行或语句块 1>
 [ELSE]
   <命令行或语句块 2>
```

EXISTS 后面的查询语句结果不为空，则执行其后的命令行或程序块 1，否则，执行 ELSE 后面的命令行或程序块 2。当采用 NOT 关键字时，与上面的功能相反。

【例 10-7】从 school 数据库中的 student 表中读取学号为 0912103 同学的记录，如果存在，则输出“存在记录”，否则，输出“不存在记录”。

```
Use school
GO
DECLARE @mass VARCHAR(10)
IF EXISTS (SELECT * FROM student WHERE SNO='0912103')
 SET @mass='存在记录'
ELSE
 SET @mass='不存在记录'
PRINT @mass
GO
```

4. 多分支判断语句(CASE…WHEN)

CASE…WHEN 结构提供了比 IF…ELSE 结构更多的选择和判断机会，使用它可以很方便地实现多分支判断，从而避免多重 IF…ELSE 语句嵌套使用。多分支判断语句 CASE…WHEN 语法有以下两种格式。

第一种格式语法如下：

```
CASE <表达式>
    WHEN <表达式> THEN <运算式>
    WHEN <表达式> THEN <运算式>
   [ELSE <表达式>]
END
```

该语句的执行过程是将 CASE 后面的表达式的值与各 WHEN 子句中的表达式值进行比较，如果相等，则返回 THEN 后面的表达式值并跳出 CASE 语句；否则，返回 ELSE 子句中表达式的值。当 CASE 语句中不包含 ELSE 子句时，如果所有比较失败，CASE 语句将返回 NULL。

第二种格式语法如下：

```
CASE
    WHEN <条件表达式> THEN <运算式>
    WHEN <条件表达式> THEN <运算式>
  [ELSE <运算式>]
END
```

该语句的执行过程是首先测试 WHEN 后的条件表达式的值，如果其为真，则返回 THEN 后的表达式值；否则，测试下一个 WHEN 子句中表达式的值。如果所有 WHEN 子句后的表达式的值均为假，则返回 ELSE 后表达式的值。当 CASE 语句中不包含 ELSE 子句时，如果所有表达式都为假，CASE 语句将返回 NULL。

【例 10-8】从成绩数据表 SC 中查询成绩情况，凡是成绩值为 NULL 的，输出“未考”；小于 60 分，输出“不及格”；60～70 分，输出“及格”；70～80 分，输出“中等”；80～90 分，输出“优良”；90～100 分，输出“优秀”。

```
SELECT sno,sc = CASE WHEN grade<60 THEN '不及格'
             WHEN grade>=60 AND grade<70 THEN '及格'
             WHEN grade>=70 AND grade<80 THEN '中等'
             WHEN grade>=80 AND grade<90 THEN '优良'
             WHEN grade>=90 THEN '优秀'
             ELSE '未考'
END
FROM SC
```

5. 循环语句(WHILE)

循环语句可以设置重复执行 SQL 语句或语句块的条件，只要指定的条件为 TRUE(条件成立)，就重复执行语句。

循环语句语法如下：

```
WHILE <条件表达式>
BEGIN
    <命令行或程序块>
    [BREAK]
    [CONTINUE]
    [命令行或程序块]
END
```

【例 10-9】计算输出 1～100 之间能够被 3 整除的数的总和及个数。

```
DECLARE @s SMALLINT,@i SMALLINT,@num SMALLINT
SET @s=0
SET @i=1
```

```
SET @nums=0
WHILE (@i<=100)
    BEGIN
     IF (@i%3=0)
     BEGIN
        SET @s=@s+@i
        SET @nums=@nums+1
    END
     SET @i=@i+1
 END
PRINT @s
PRINT @nums
```

6. 跳转语句(GOTO)

使用跳转语句 GOTO 可以改变程序执行的流程,使程序跳到标有标识符的指定程序行,再继续往下执行,作为跳转目标的标识符可以是数字与字符的组合,但必须以":"结尾。但在用 GOTO 语句调用标识符时,只写标识符名称,不必加冒号。其语法格式如下:

定义标签:

```
Label:
```

改变执行:

```
GOTO label
```

7. 返回语句(RETURN)

返回语句用于结束当前程序的执行,返回到上一个调用它的程序或其他程序,在括号内可指定一个返回值。返回语句可使程序从批处理、存储过程、触发器中无条件退出,不再执行 RETURN 之后的任何语句。返回语句语法如下:

```
RETURN ([整数值])
```

语句中的(整数值)是返回的整型值。如果没有指定返回值,SQL Server 系统会根据程序执行的结果返回一个内定状态值。返回的内定状态值见表 10-6。

表 10-6 RETURN 命令返回的内定状态值

返回值	含义	返回值	含义
0	程序执行成功	-7	资源错误,如此盘空间不足
-1	找不到对象	-8	非致命的内部错误
-2	数据类型错误	-9	已达到系统的极限
-3	死锁	-10、-11	致命的内部不一致性错误
-4	违反权限原则	-12	表或指针破坏
-5	语法错误	-13	数据库破坏
-6	用户造成一般错误	-14	硬件错误

8. 延期执行语句(WAITFOR)

WAITFOR 语句用来暂时停止程序执行,直到所设定的等待时间已过或所设定的时刻已到,才继续往下执行。其中,时间必须为 DATETIME 类型的数据,延迟时间和时刻均采用“HH:MM:SS”格式。在 WAITFOR 语句中不能指定日期,并且时间长度不能超过 24 小时。

延期执行语句语法如下：

```
WAITFOR { DELAY <'时间'> | TIME <'时间'> }
  sql_statement
```

DELAY:用来设定等待的时间间隔,最多可达 24 小时。

TIME:用来设定等待结束的时间点。

sql_statement:设定的等待时间已过或所设定的时刻已到,要继续执行的 SQL 操作语句。

【例 10-10】计算 10 以内整数的和,若和大于 30,则结束,并等待 3 秒后输出结果。

```
Declare @x int,@sum int
Select @x=0,@sum=0
While @x <=10
  Begin
        Set @x=@x+1
        Set @sum=@sum+@x
        If @sum>30
        Break
  End
Waitfor delay '00:00:03'
Print '等秒后输出'
Print'最后结果是:'+cast(@sum as varchar(50))
```

10.2 存储过程

在很多情况下,有些 Transact-SQL 语句和应用程序代码需要被反复使用,不但带来烦琐的输入,还会由于客户机不断地逐条向 SQL Server 发送大量的这些重复的命令语句,而导致数据库系统运行效率降低。对此,SQL Server 可以将需要被反复执行的 Transact-SQL 语句和控制流语句集中起来,预编译到集合并保存到服务器端,由 SQL Server 数据库服务器来完成,应用程序只需调用它的名称,即可实现某个特定的任务,这种机制就是存储过程,它使得管理数据库、显示关于数据库及其用户信息的工作更为容易。

存储过程是一种被存储在数据库内、允许用户声明变量、可由应用程序调用、根据条件执行的具有很强编程功能的数据库对象,是一个被命名的存储在服务器上的 Transact-SQL 语句的集合。使用存储过程有如下优点：

①加快系统执行速度。存储过程在创建时进行了预编译,存储过程执行一次后,其执行规

划就驻留在高速缓冲存储器中,以后每次执行存储过程,只需从高速缓冲存储器中调用已编译好的二进制代码执行,不需要重新编译,节省了时间,提高了系统性能。

②实现代码重用。存储过程一旦创建,以后即可在程序中调用任意多次,可以实现模块化程序设计,改进应用程序的可维护性,并允许应用程序统一访问数据库。

③封装复杂操作。当对数据库进行复杂操作时(如对多个表进行更新、删除时),可用存储过程将此复杂操作封装起来与数据库提供的事务处理结合在一起使用。

④增强安全性。使用存储过程可以完成所有数据库操作,并可通过编程方式控制上述操作对数据库信息访问的权限,可设定特定用户具有对指定存储过程的执行权限,也可以强制应用程序的安全性,参数化存储过程有助于保护应用程序不受 SQL 注入式攻击,从而确保数据库的安全。

⑤降低网络负载。存储过程存储在服务器上,并在服务器端运行,执行速度快,客户端通过调用存储过程,可使应用程序和数据库服务器间的通信量小,降低网络负载。

⑥方便用户手工操作。可将一些初始化的任务定义为存储过程,当系统启动时自动执行,而不必在系统启动后再进行手工操作,大大方便了用户的使用。

10.2.1 存储过程的类型

在 SQL Server 中,存储过程可以分为五类:系统存储过程、用户定义的存储过程、扩展存储过程、临时存储过程和远程存储过程。

1. 系统存储过程

这些系统存储过程存储在系统数据库 master 和 msdb 中,可以作为命令执行各种操作,其前缀是“sp_”,在调用时不必在存储过程前加上数据库名。系统存储过程主要用于从系统表中获取信息,为系统管理员管理 SQL Server 提供帮助,为用户查看数据库对象提供方便。例如,执行 sp_helptext 系统存储过程可以显示规则、默认值、未加密的存储过程、用户函数、触发器或视图的文本信息;执行 sp_depends 系统存储过程可以显示有关数据库对象相关性的信息;执行 sp_rename 系统存储过程可以更改当前数据库中用户创建对象的名称。

本书介绍了一些系统存储过程,要了解更多的系统存储过程,可参考 SQL Server 联机丛书。

2. 用户定义存储过程

用户定义的存储过程是由用户为完成某一特定功能,在用户数据库中编写的存储过程,可以接受输入参数、向客户端返回表格或者标量结果和消息、调用数据定义语言(DDL)和数据操作语言(DML),然后返回输出参数。建议不要以“sp_”为前缀。

用户定义的存储过程有两种类型:Transact-SQL 或者 CLR。

①T-SQL 存储过程是指保存的 Transact-SQL 语句集合,可以接受和返回用户提供的参数。存储过程也可能从数据库向客户端应用程序返回数据。例如,存储过程中可能包含根据客户端应用程序返回数据。例如,Web 应用程序可能使用存储过程根据联机用户指定的搜索条件返回有关的信息。

②CLR 存储过程是指对 Microsoft.NET 框架公共语言运行时(CLR)方法的引用,可以接受

和返回用户提供的参数。它们在.NET 框架程序集中是作为类的公共静态方法实现的。

3. 扩展存储过程

扩展存储过程是在 SQL Server 环境外对动态链接库(Dynamic-Link Libraries,DLL)函数的调用,是保存在动态链接库中从动态链接中执行的 C++代码,一般以"xp_"为前缀,它们以与存储过程相似的方式来执行。

4. 临时存储过程

用户创建存储过程时,存储过程名的前面加上"##",表示创建全局临时存储过程。在存储过程名前面加上"#",表示创建局部临时存储过程。局部临时存储过程只在创建它的会话中可用,当前会话结束时除去。全局临时存储过程可以在所有会话中使用,即所有用户均可以访问该过程。它们都在 tempdb 数据库上。

5. 远程存储过程

远程存储过程是在远程服务器的数据库中创建和存储的过程。这些存储过程可被各种服务器访问,向具有相应许可权限的用户提供服务。

这里着重介绍用户存储过程的建立和使用。

10.2.2 用命令方式操作存储过程

在使用存储过程之前,需要先创建一个存储过程。可以通过以下三种方法创建和执行存储过程:使用 SSMS 图形界面、使用向导、通过 T-SQL 语句。

因为使用 SSMS 图形界面及使用向导创建存储过程,都需要创建存储过程的命令,所以这里先介绍通过 T-SQL 语句操作存储过程。

1. 通过 T-SQL 语句创建存储过程

其语法格式:

```
CREATE {PROC |PROCEDURE} [架构名 .]过程名[;组号]          /* 定义过程名 */
    [{@参数[类型架构名 .]数据类型}                          /* 定义参数的类型 */
     [VARYING][ =default] [OUT |OUTPUT][READONLY]   /* * 定义参数的属性 */
     ]
     [FOR REPLICATION]
     AS
     {  <SQL 语句>                              /* 执行的操作 */
       .......
     }
```

说明:

①过程名:在架构中必须唯一,可在过程名前面使用"#"来创建局部临时过程,使用符号"##"来创建全局临时过程。对于 CLR 存储过程,不能指定临时名称。PROC 是 PROCEDURE 的缩写。

②@ 参数:为存储过程的形参。在 CREATE PROCEDURE 语句中可以声明一个或多个参数。除非定义了参数的默认值或者将参数设置为等于另一个参数,否则,用户必须在调用过程时为每个声明的参数提供值。

③数据类型:参数的数据类型。所有数据类型均可以用作存储过程的参数。不过 cursor 数据类型只能用于 OUTPUT 参数。如果指定的数据类型为 cursor,则还必须指定 VARYING 和 OUTPUT 关键字。对于 CLR 存储过程,不能指定 char、varchar、text、next、image、cursor 和 table 作为参数。如果参数的数据类型为 CLR 用户定义类型,则必须对此类型有 EXECUTE 权限。

④Default:参数的默认值。如果定义了 dafault 值,则无须指定此参数的值即可执行过程。默认值必须是常量或 NULL。如果过程使用带 like 关键字的参数,则可包含下列通配符:%、_、[ ]、[^]。

⑤Output:指示参数是输出参数。此选项的值可以返回给调用 EXECUTE 的语句。使用 OUTPUT 参数将值返回给过程的调用方。除非是 CLR 过程,否则 text、ntext 和 image 参数不能用作 OUTPUT 参数。OUTPUT 关键字的输出参数可以为游标占位符,CLR 过程除外,<SQL 语句>要包含在过程中的一个或多个 T-SQL 语句中。

⑥READONLY:指定不能在存储过程的主体中更新和修改参数,如果参数类型为用户定义的表类型,则必须指定 READONLY。

⑦FOR REPLICATION:用于说明不能在订阅服务器上执行为复制创建的存储过程,如果指定了 FOR REPLICATION,则无法声明参数。

⑧VARYING:指定作为输出参数支持的结果集。该参数由存储过程动态构造,其内容可能发生改变,仅适用于 cursor 参数。

⑨SQL 语句:代表过程体要执行的 T-SQL 语句,其中可包含一条或多条 T-SQL 语句,除了 DCL、DML 与 DDL 命令外,还能包含过程式语句,如变量的定义与赋值、流控制语句等。

2. 执行存储过程

执行存储过程可通过 EXECUTE 或 EXEC 命令完成,其语法格式为:

```
[{EXEC |EXECUTE}]
{[@返回状态=]
  {模块名 |@模块名变量}
{[@参数名=]{值 |@变量[OUTPUT] |[DEFAULT]}]
}
}
```

说明:

①@ 返回状态:为可选的整型变量,保存存储过程的返回状态。在使用该变量前,必须对其声明。EXEC 是 EXECUTE 的缩写。

②模块名:要调用的存储过程名称。

③@ 模块名变量:

④@ 参数名:是过程参数,在 CREATE PROCEDURE 语句中定义。参数名称前必须加上符号“@”。

⑤值:过程中参数的值。如果参数名称没有指定,参数值必须以 CREATE PROCEDURE 语句中定义的顺序给出。如果参数值是一个对象名称、字符串或通过数据库名称或所有者名

称进行限制,则整个名称必须用单引号括起来。如果参数值是一个关键字,则该关键字必须用双引号括起来。

⑥@ 变量:是用来保存参数或者返回参数的变量。

⑦OUTPUT:指定存储过程必须返回一个参数。该存储过程的匹配参数也必须由关键字 OUTPUT 创建。使用游标变量作参数时使用该关键字。

⑧DEFAULT:根据过程的定义,提供参数的默认值。当过程需要的参数值是没有事先定义好的默认值,或缺少参数,或指定了 DEFAULT 关键字时,就会出错。

【例 10-11】返回"0912101"号学生的成绩。该存储过程不使用任何参数。建立该存储过程的程序代码如下:

```
USE school
GO
CREATE PROC cj_in
 AS
 SELECT * FROM SC  WHERE sno='0912101'
GO
```

定义存储过程后,执行该存储过程:EXEC cj_in 或者 cj_in。

执行结果如图 10-2 所示。

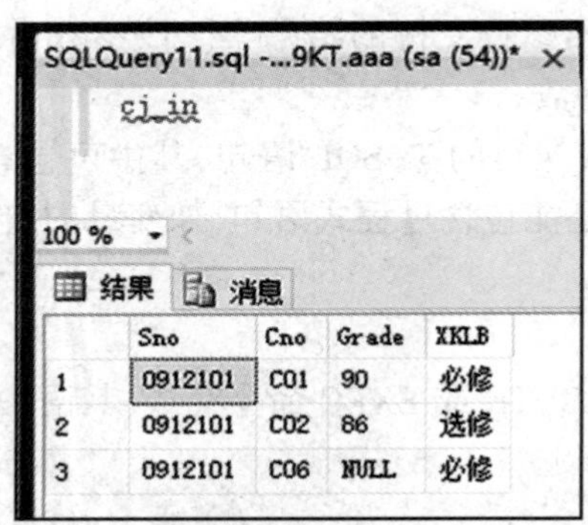

图 10-2 执行结果

【例 10-12】创建带有输入参数的存储过程 p_cj2,对 sc 表查询指定课程号(作为输入参数)的学生成绩信息。建立该存储过程的代码如下:

```
CREATE    PROCEDURE  p_cj2
 @kch  char(8)='c01'            --有默认值的输入形参:接收外部传递的数据
AS
SELECT   *   FROM    sc  WHERE   cno=@kch
GO
```

定义存储过程后,执行该存储过程:

```
EXEC  p_cj2                              --(1)使用默认值执行存储过程
EXEC  p_cj2'c02'                    --(2)按位置传递参数
EXEC  p_cj2  @kch='c03'              --(3)通过参数名传递参数
```

【例 10-13】创建并执行带输入参数的存储过程 p_xsqk,对 school 数据库查询指定学号(作为输入参数)的学生姓名、课程号、成绩。建立该存储过程的代码如下:

```
CREATE   PROCEDURE  p_xsqk   @xh  char(7)
AS
SELECT  sname,cno,grade  FROM student, sc
    WHERE student.sno=sc.Sno AND student.sno= @xh
GO
```

定义存储过程后,执行该存储过程:

```
EXEC  p_xsqk  '0912101'                --(1)按位置传递参数
EXEC  p_xsqk  @xh='0912102'    --(2)通过参数名传递参数
```

【例 10-14】创建并执行带输入和输出参数的存储过程 p_cj3,对 school 数据库查询指定学号(作为输入参数)学生所选课程的课程名和成绩(两个作为输出参数)。建立该存储过程的代码如下:

```
CREATE  PROC  p_cj3
    @xh  char(6),  @kcm char(13) output,  @cj int output
AS
SELECT  @kcm=course.cname, @cj=grade  FROM sc, course
     WHERE sc.cno=course.Cno and  sno=@xh
GO
```

定义存储过程后,执行该存储过程:

```
DECLARE  @xh  char(6),  @kcm  char(13) ,  @cj  int
SET   @xh='0912101'
EXEC  p_cj3   @xh ,  @kcm  output ,   @cj  output
PRINT   @xh+'学号所选修的课程是' + @kcm +  '。其成绩是' + cast(@cj  as varchar
(5))
```

注意:在执行带有输出参数的存储过程时,一定要先声明输入和输出实参变量。形参名与实参变量名不一定要相同,但数据类型和参数位置必须匹配。

3. 修改存储过程

可使用 ALTER PROCEDURE 命令修改已存在的存储过程。该命令的语法格式为:

```
ALTER {PROC |PROCEDURE}[架构名 .]过程名
[{@ 参数 [类型架构名 .] 数据类型}
[VARYING][ =default] [OUT |OUTPUT]
]
  [FOR REPLICATION]
   AS
   {  <SQL 语句>
     …
   }
```

各参数含义与 CREATE PROC 的相同,这里不再重复。如果原来的过程定义是用 WITH

ENCRYPTION 或 WITH RECOMPILE 创建的，那么只有在 ALTER PROCREDURE 中也包含这些选项时，这些选项才有效。

4. 使用系统存储过程查看用户存储过程

如果希望查看存储过程的定义信息，还可以使用 OBJECT_DEFINITION 系统函数、sp_helptext 系统存储过程等。

①sp_help，用于显示存储过程的参数及其数据类型。其语法为：

```
sp_help [[@objname=] name]
```

说明：参数 name 为要查看的存储过程的名称。

②sp_helptext，用于显示存储过程的源代码。其语法为：

```
sp_helptext [[@objname=] name]
```

说明：参数 name 为要查看的存储过程的名称。

③sp_depends，用于显示与存储过程相关的数据库对象。其语法为：

```
sp_depends [@objname=]'object'
```

说明：参数 object 为要查看依赖关系的存储过程的名称。

④sp_stored_procedures，用于返回当前数据库中的存储过程列表。其语法为：

```
sp_stored_procedures[[@sp_name=]'name']
                [,[@sp_owner=]'owner']
        [,[@sp_qualifier =]'qualifier']
```

说明：

[@sp_name =] 'name' 用于指定返回目录信息的过程名；

[@sp_owner =] 'owner' 用于指定过程所有者的名称；

[@qualifier =] 'qualifier' 用于指定过程限定符的名称。

5. 删除存储过程

使用 DROP PROCEDURE 语句来当前的数据库中删除用户定义的存储过程，基本语法如下：

```
DROP PROCEDURE [数据库名.]<存储过程名>
```

【例 10-15】 删除例 10-11 中创建的存储过程 cj_in。

```
DROP PROCEDURE cj_in
```

如果另一个存储过程调用某个已被删除的存储过程，SQL Server 2012 将在执行调用进程时显示一条错误消息。但是，如果定义了具有相同名称和参数的新存储过程来替换已被删除的存储过程，那么引用该过程的其他过程仍能成功执行。

9.2.3 使用 SSMS 图形界面操作存储过程

1. 存储过程的建立

打开 SQL Server Management Studio 窗口，选中某个 SQL Server 服务器中的数据库，这里选中

“school”数据库→“可编程性”→“存储过程”，右击“存储过程”选项，弹出快捷菜单，在快捷菜单中选择“新建存储过程”命令，则出现“新建存储过程模板”对话框，如图 10-3 所示。在“创建存储过程模板”的文本框中，修改要创建的存储过程的名称，然后输入存储程序语句。此操作与 SQL 命令方式相同。完成建立存储过程的命令后，单击“执行”按钮 ! 执行(X)，即可创建该存储过程。

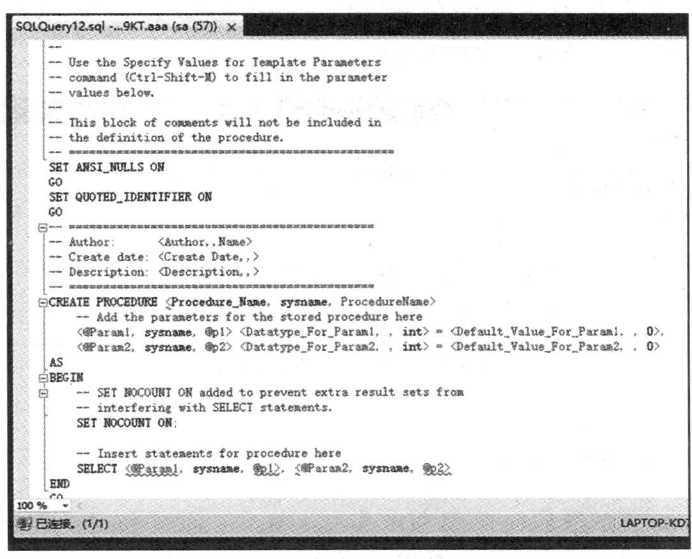

图 10-3　创建存储过程的模板

2. 执行存储过程

使用 SQL Server Management Studio 执行存储过程 p_xsqk，对 school 数据库查询指定学号（作为输入参数）的学生姓名、课程号、成绩。

其操作步骤为：在“对象资源管理器”中展开“数据库”→“school”→“可编程性”→“存储过程”节点，选择 p_xsqk，右击，在弹出的快捷菜单中选择“执行存储过程”命令，如图 10-4 所示。在“值”下面的文本框输入实参学号“0912101”，则得到该学号学生的姓名、课程号及成绩情况，如图 10-5 所示。

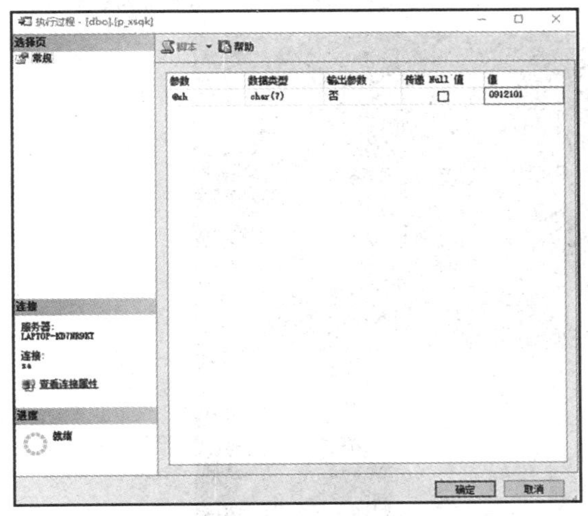

图 10-4　输入参数

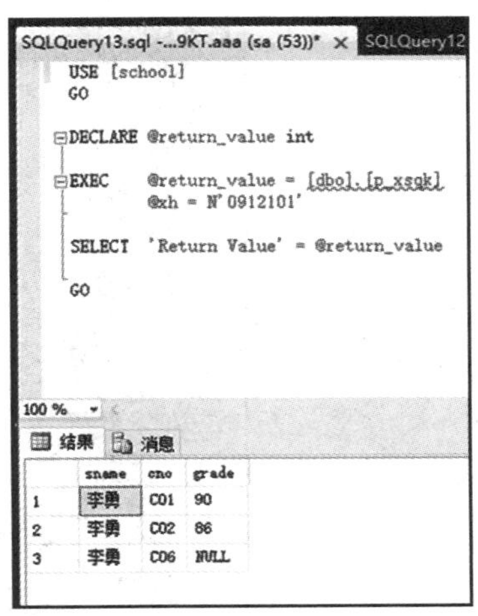

图 10-5　执行 p_xsqk 存储过程结果

3. 修改存储过程

使用 SQL Server Management Studio 修改例 10-16 所创建的存储过程 p_cj2。

其操作步骤为：在“对象资源管理器”中展开“数据库”→“school”→ “可编程性”→“存储过程”→“p_cj2”节点，右击，在出现的快捷菜单中选择“修改”命令，弹出修改存储过程窗口，如图 10-6 所示。可以在该文本框中修改存储过程。

```
SQLQuery15.sql -...9KT.aaa (sa (55))*
USE [school]
GO
/****** Object:  StoredProcedure [dbo].[p_cj2]    Script Date: 2020/7/17 22:27:20 ******/
SET ANSI_NULLS ON
GO
SET QUOTED_IDENTIFIER ON
GO
ALTER   PROCEDURE   [dbo].[p_cj2]
    @kch  char(8)='c01'          --有默认值的输入形参：接收外部传递的数据
AS
SELECT  *  FROM   sc  WHERE  cno= @kch
```

图 10-6　修改存储过程窗口

4. 重命名存储过程

下面通过一个例子介绍如何使用 SQL Server Management Studio 重命名存储过程。将例 10-12 创建的存储过程 p_xsqk 重命名为 p_xhcj。

操作步骤为：在“对象资源管理器”中展开“数据库”→“school”→“可编程性”→“存储过程”→“dbo.p_xsqk”节点，右击，在出现的快捷菜单中选择“重命名”命令，此时存储过程名称 p_xsqk 变成可编辑的，直接修改为 p_xhcj。

5. 查看用户创建的存储过程源代码

在 SQL Server Management Studio 图形界面中，在“对象资源管理器”展开指定的服务器和数据库，选择并依次展开“可编程性”→“存储过程”→“dbo.p_xsqk”节点，右击，单击“编写存储过程脚本为”→“CREATE 到”→“新查询编辑器窗口”，如图 10-7 所示，则可以看到存储过程的源代码。

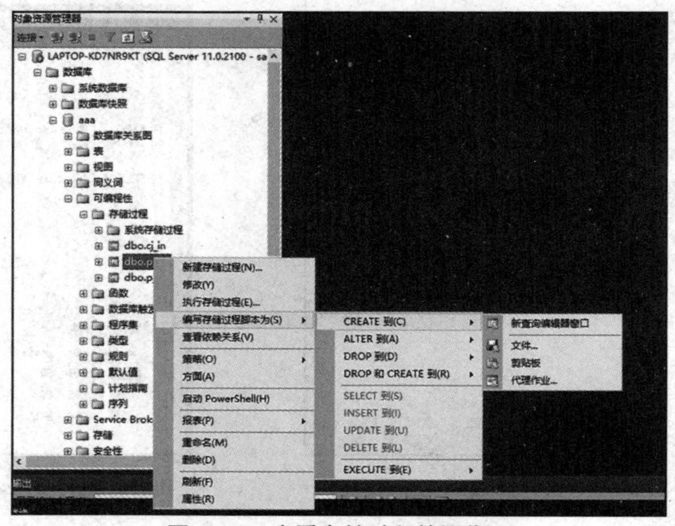

图 10-7　查看存储过程的源代码

6. 删除存储过程

在 SQL Server Management Studio 图形界面中,在“对象资源管理器”展开指定的服务器和数据库,选择并依次展开“可编程性”→“存储过程”,选择要删除的存储过程,右击,在弹出的快捷菜单中选择“删除”菜单项,即可完成删除存储过程的操作。

10.3 触 发 器

触发器是一种特殊的存储过程,是一个在修改指定表中的数据时执行的存储过程。触发器也是 SQL 语句集,它在执行操作事件时自动触发执行。触发器与存储过程的区别:

①触发器是自动执行的,而存储过程需要显示调用才能执行。

②触发器是建立在表或视图之上的,而存储过程是建立在数据库之上的。删除表就删除了该表之上的所有触发器,与该表有关的存储过程仍然存在,只有删除数据库才能删除该数据库上的所有存储过程。

10.3.1 触发器的类型

在 SQL Server 2012 系统中,按照触发事件的不同,可以把提供的触发器分成两大类型:DDL 触发器和 DML 触发器。

1. DML 触发器

在数据库中发生数据操作语言(DML)事件时将启用。DML 事件包括在指定表或视图中修改数据的 INSERT 语句、UPDATE 语句或 DELETE 语句。DML 触发器可以查询其他表,还可以包含复杂的 Transact-SQL 语句。将触发器和触发它的语句作为可在触发器内回滚的单个事务对待。如果检测到错误(例如,磁盘空间不足),则整个事务即自动回滚。

2. DDL 触发器

当服务器或数据库中发生数据定义语言(DDL)事件时,将调用这些触发器。与 DML 触发器不同的是,它相应的触发事件是由数据定义语言引起的事件,包括 CREATE、ALTER 和 DROP 语句。DDL 触发器用于执行数据库管理任务,如调节和审计数据库运转。DDL 触发器只能在触发事件发生后才会调用执行,即它只能是 AFTER 类型的。如果要防止对数据库架构进行某些更改、希望数据库中发生某种情况以响应数据库架构中的更改或者要记录数据库架构中的更改或者事件,可以使用 DDL 触发器。

10.3.2 创建和使用 DML 触发器

当数据库中发生数据操作语言(DML)事件时,将调用 DML 触发器,从而确保对数据的处理必须符合由这些 SQL 语句所定义的规则。DML 触发器的主要优点如下:

①DML 触发器可以通过数据库中的相关表实现级联更改。

②DML 触发器可以防止恶意或错误的 INSERT、UPDATE 及 DELETE 操作,并强制执行比

CHECK 约束定义的限制更为复杂的其他限制。与 CHECK 约束不同，DML 触发器可以引用其他表中的列。

③DML 触发器可以评估数据修改前后表的状态，并根据该差异采取措施。

当创建一个 DML 触发器时，必须指定如下选项：名称；在其上定义触发器的表；触发器将何时激发；激活触发器的数据修改语句，有效选项为 INSERT、UPDATE 或 DELETE，多个数据修改语句可激活同一个触发器；执行触发操作的编程语句。

▶ DML 触发器所使用的 deleted 和 inserted 逻辑表

DML 触发器所使用的 deleted 和 inserted 逻辑表在结构上和触发器所在的表的结构相同，SQL Server 会自动创建和管理这些表。可以使用这两个临时的驻留内存的表测试某些数据修改的效果及设置触发器操作的条件。这两个表的作用如下：

①deleted 表用于存储 delete、update 语句所影响的行的副本。在执行 delete 或 update 语句时，行从触发器表中删除，并传输到 Deleted 表中。

②inserted 表用于存储 insert 或 update 语句所影响的行的副本，在一个插入或更新事务处理中，新建的行被同时添加到 Inserted 表和触发器表中。Inserted 表中的行是触发器表中新行的副本。

▶ DML 触发器的类型

①insert 触发器：在表或视图中执行插入记录操作时触发。

②update 触发器：在表或视图中执行修改记录操作时触发。

③delete 触发器：在表或视图中执行删除记录操作时触发。

1. 创建 DML 触发器

①在 SQL Server Management Studio 中创建触发器。

在 SSMS 图形界面中，在"对象资源管理器"展开指定的服务器和数据库→表→触发器，右击触发器选项，从弹出的快捷菜单中选择"新建触发器"选项，如图 10-8 所示，则会出现触发器编辑窗口，如图 10-9 所示。

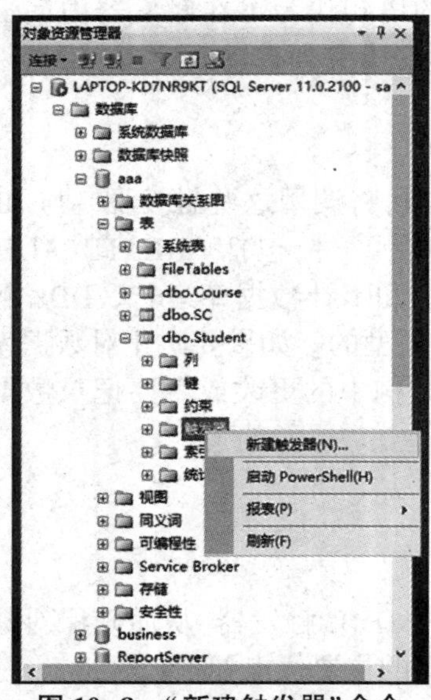

图 10-8 "新建触发器"命令

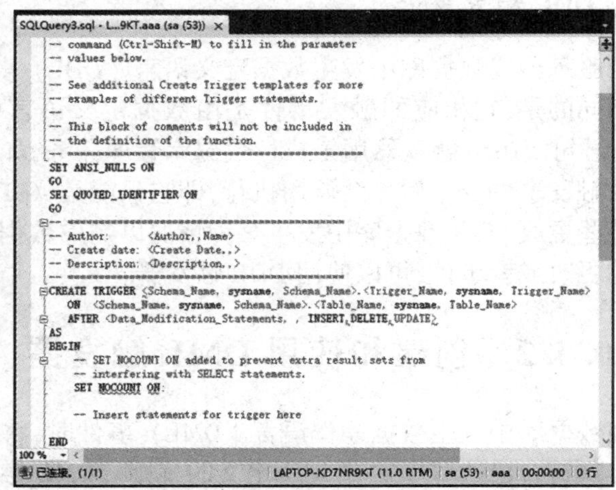

图 10-9 新建触发器编辑窗口

打开“新建触发器”的编辑窗口,可在窗口中修改要创建的触发器的名称,然后输入触发器的 SQL 语句。此操作与 SQL 命令方式相同。完成建立触发器的命令后,单击“执行”按钮 ! 执行(X),即可完成触发器的建立。

②使用 CREATE TRIGGER 命令创建 DML 触发器。

对于不同的触发器,其创建的语法多数相似,区别与定义表示触发器的特性有关。创建一个触发器定义的基本语法如下:

```
CREATE TRIGGER [schema_name.]触发器名
 ON {表名|视图名}
 [WITH  ENCRYPTION]
  {FOR |AFTER |INSTEAD OF}
{[INSERT] [,] [UPDATE] [,]  [DELETE]}
  [WITH APPEND]
[NOT FOR REPLICATION]
AS
 SQL 语句 [ ...n]
```

说明:

触发器名:要创建的触发器的名称。

表名|视图名:是在其上执行触发器的表或视图,有时称为触发器表或触发器视图。可以选择是否指定表或视图的所有者名称。

WITH ENCRYPTION:可选项,对 CREATE TRIGGER 语句的文本进行加密。

FOR,AFTER,INSTEAD OF:指定了触发器激活的时机,其中 FOR,AFTER 创建后触发器,即在触发 SQL 语句指定的操作都已成功完成后触发;INSTEAD OF 创建替代触发器,指定执行触发器而不是执行触发 SQL 语句,从而替代触发语句的操作。

DELETE,INSERT,UPDATE:为激活触发器的事件类型。其中,INSERT 为 INSERT 触发器;UPDATE 为 UPDATE 触发器;DELETE 为 DELETE 触发器。必须至少指定一个选项。在触发器定义中,允许使用以任意顺序组合的这些关键字。如果指定的选项多于一个,需用逗号分隔这些选项。

SQL 语句:指定触发器所执行的 T-SQL 语句。

【例 10-16】对 school 数据库的 sc 表建立触发器。说明 inserted 和 deleted 表的作用。程序清单如下:

```
CREATE TRIGGER tr1
ON sc
FOR INSERT, UPDATE, DELETE
AS
PRINT 'inserted 表:'
Select * from inserted
PRINT 'deleted 表:'
Select * from deleted
Go
```

当执行插入操作 insert into sc values('0912103','c03',78,'必修')时,执行结果如

图 10-10所示，提示信息如图 10-11 所示。

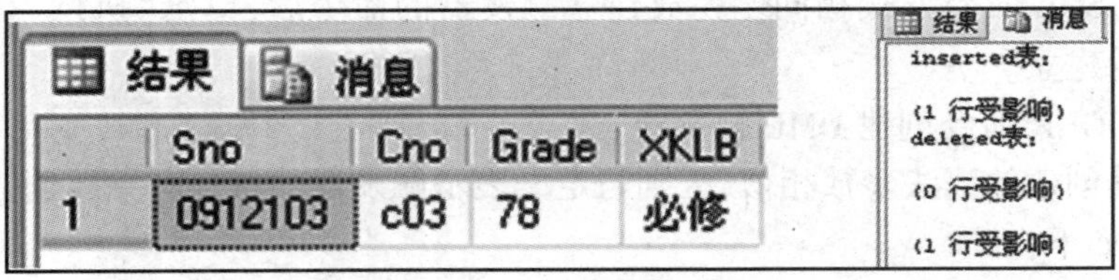

结果 消息

	Sno	Cno	Grade	XKLB
1	0912103	c03	78	必修

结果 消息
inserted表：
(1 行受影响)
deleted表：
(0 行受影响)
(1 行受影响)

图 10-10 执行结果

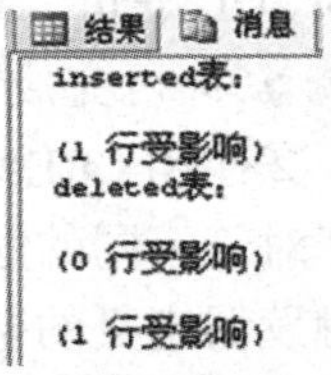

结果 消息
inserted表：
(1 行受影响)
deleted表：
(0 行受影响)
(1 行受影响)

图 10-11 提示信息

看到 inserted 表中存放着插入的记录。

【例 10-17】在 school 数据库的 student 表上创建一个名为 tr_delete_stu 的触发器，当要删除指定学号的行时，激发该触发器，撤销删除操作，并给出提示信息“不能删除 student 表中的信息！”。程序清单如下：

```
CREATE  TRIGGER  tr_delete_stu
      ON  student  AFTER  DELETE
       AS
       ROLLBACK  TRANSACTION
       PRINT '不能删除 student 表中的信息！'
 GO
```

当执行 DELETE student WHERE sno= '0912101' 时，系统将提示“不能删除 student 表中的信息！”。

【例 10-18】在 student 表上创建一个触发器。当更新了某位学生的学号信息时，就激活触发器级联更新 score 表中相关成绩记录中的学号信息，并使用 print 语句返回一个提示信息。

题意分析：用 update 语句修改了 student 表中的学号，那么 score 表中的该学号也应同时修改，否则，将引起数据不一致。

解决方案设计：①创建外键约束（不允许修改，或者允许级联更新）；此方法在前面章节已经讲过，此处不再重复。②用触发器实现自动级联修改。

建立 update 触发器的程序清单如下：

```
CREATE  TRIGGER  tr_update_stu1
ON  STUDENT  AFTER  UPDATE
AS
DECLARE  @原学号  char(6), @新学号  char(6)
SELECT  @原学号=deleted.sno, @新学号= inserted.sno
FROM   DELETED, INSERTED   WHERE deleted.sname = inserted.sname
PRINT   '准备级联更新 sc 表中的学号信息….'
UPDATE score SET  sno=@新学号  WHERE  sno=@原学号
PRINT  '已经级联更新了 sc 表中原学号为'+ @原学号 +'的成绩信息。'
```

建立了该触发器后，应当执行：

```
UPDATE student  SET  sno='0912111'  where  sno='0912101'
```

操作后,会看到 sc 表中学号为“0912101”的记录也都改为“0912111”。

注意:DML 触发器所使用的 deleted 和 inserted 逻辑表在结构上和触发器所在的表的结构相同,SQL Server 会自动创建和管理这些表。可以使用这两个临时的驻留内存的表测试某些数据修改的效果及设置触发器操作的条件。这两个表的作用有:①deleted 表用于存储 delete、update 语句所影响的行的副本。在执行 delete 或 update 语句时,行从触发器表中删除,并传输到 deleted 表中。②inserted 表用于存储 insert 或 update 语句所影响的行的副本,在一个插入或更新事务处理中,新建的行被同时添加到 inserted 表和触发器表中。Inserted 表中的行是触发器表中新行的副本。

2. DML 触发器实例

(1) 创建和使用 INSERT 触发器

INSERT 触发器通常被用来更新时间标记字段,或者验证被触发器监控的字段中数据满足要求的标准,以确保数据的完整性。

【例 10-19】建立一个触发器,当向 sc 表中添加数据时,如果添加的数据与 student 表中的数据不匹配(没有对应的学号),则将此数据删除。

程序清单如下:

```
CREATE TRIGGER sc_ins ON sc
FOR INSERT
AS
BEGIN
DECLARE @bh char(5)
Select @bh=Inserted.sno from Inserted
If not exists(select sno from s where s.sno=@bh)
Delete sc where sno=@bh
END
```

【例 10-20】创建一个触发器,当插入或更新成绩列时,该触发器检查插入的数据是否处于设定的范围内。程序清单如下:

```
CREATE TRIGGER sc_insupd
ON sc
FOR INSERT, UPDATE
AS
DECLARE @cj int
SELECT @cj=inserted.grade from inserted
IF (@cj<0 or @cj > 100)
BEGIN
RAISERROR ('成绩的取值必须在 0 到 100 之间', 16, 1)
ROLLBACK TRANSACTION
END
```

(2) 创建和使用 UPDATE 触发器

当在一个有 UPDATE 触发器的表中修改记录时,表中原来的记录被移动到删除表中,修改过的记录插入表中。触发器可以参考删除表和插入表及被修改的表,以确定如何完成数据库操作。

【例 10-21】创建一个修改触发器,该触发器防止用户修改表 SC 的学生成绩。程序清单如下:

```
CREATE TRIGGER tri_s_upd
 ON SC
 FOR UPDATE
 AS
 IF UPDATE(grade)
 BEGIN
 RAISERROR('不能修改入学成绩',16,10)
 ROLLBACK TRANSACTION
 END
 GO
```

当要修改 SC 表的 grade 成绩字段时,触发该触发器。

(3) 创建和使用 DELETE 触发器

DELETE 触发器通常用于两种情况:第一种情况是为了防止那些确实需要删除但会引起数据一致性问题的记录的删除,第二种情况是执行可删除主记录的子记录的级联删除操作。

【例 10-22】建立一个与 student 表结构一样的表 s1,当删除表 s 中的记录时,自动将删除掉的记录存放到 s1 表中。程序清单如下:

```
CREATE TRIGGER tr_del ON student /*建立触发器*/
FOR DELETE/*对表删除操作*/
AS insert s1 select * from deleted /*将删除掉的数据送入表 s1 中*/
GO
```

【例 10-23】当删除表 student 中的记录时,自动删除表 sc 中对应学号的记录。程序清单如下:

```
CREATE TRIGGER tr_del_s ON student
FOR DELETE
BEGIN
DECLARE @bh char(5)
SELECT @bh=deleted.sno FROM deleted
DELETE  SC  WHERE sno=@bh
END
```

10.3.3 创建和使用 DDL 触发器

和 DML 触发器一样,DDL 触发器也是被自动执行的,但与 DML 触发器不同的是,DDL 触发器不响应表或视图的 INSERT、UPDATE 或 DELETE 等记录操作语句,而是响应数据定义语句(CREATE、ALTER 和 DROP)的操作。DDL 触发器用于管理任务,如审核和控制数据库的操作。DDL 触发器一般用于以下目的:

①防止对数据库结构进行某些更改。

②希望数据库中发生某种情况以响应数据库结构中的更改。

③记录数据库结构中的更改或事件。

DDL 触发器只能在运行 DDL 语句后才能触发。DDL 触发器不能作为 INSTEAD OF 触发器使用。可以创建响应以下语句的 DDL 触发器:

①一个或多个特定的 DDL 语句。

②预定义的一组 DDL 语句。可以在执行属于一组预定义的相似事件的任何 T-SQL 事件后触发 DDL 触发器。例如,希望在执行 CREATE TABLE、ALTER TABLE 或 DROP TABLE 等 DDL 语句后触发 DDL 触发器,则可以在 CREATE TRIGGER 语句中指定 FOR DDL_TABLE_EVENTS。

③选择触发器 DDL 触发器的特定 DDL 语句。

并非所有的 DDL 事件都可用于 DDL 触发器中,有些事件只适用于异步非事务语句。例如 CREATE DATABASE 事件不能用于 DDL 触发器中。

使用 CREATE TRIGGER 命令创建 DDL 触发器,基本语法格式如下:

```
CREATE TRIGGER 触发器名称
ON {ALL SERVER |DATABASE}
{FOR |AFTER} {event_type |event_group}[,…n]
AS sql_statement
```

说明:

①ALL SERVER:将 DDL 触发器的作用域用于当前服务器。如果指定了此参数,则只要当前服务器中的任何位置上出现 event_type 或 event_group,就会激发该触发器。

②event_type | event_group:T-SQL 语言事件的名称或事件组名称,事件执行后,将触发该 DDL 触发器。例如 DROP_TABLE 为删除表事件、ALTER_TABLE 为修改表结构事件、CREATE_TABLE 为建表事件等。

③sql_statement:触发条件和操作。触发器条件指定其他标准,用于确定尝试的 DDL 语句是否导致执行触发操作。尝试 DDL 操作时,将执行 T-SQL 语句中指定的触发器操作。

【例 10-24】 在 SCHOOL 数据库中创建一个 DDL 触发器 safe,用来防止该数据库中的任一表被修改或删除。程序清单如下:

```
USE SCHOOL
GO
CREATE TRIGGER safe
ON  DATABASE
AFTER DROP_TABLE,ALTER_TABLE
AS
BEGIN
  RAISERROR('不能修改表结构',16,2)
  ROLLBACK
END
GO
```

当执行以下程序:

```
USE SCHOOL
GO
ALTER TABLE student ADD nation char(10)
GO
```

时,则出现如图 10-12 所示消息框,提示修改 student 表结构时出错,并且修改 student 表结构保持不变。

```
消息
消息 50000，级别 16，状态 2，过程 safe，第 6 行
不能修改表结构
消息 3609，级别 16，状态 2，第 1 行
事务在触发器中结束。批处理已中止。
```

图 10-12　消息框

10.3.4　管理触发器

可以把触发器看作是特殊的存储过程,因此所有适用于存储过程的管理方式都适用于触发器。

1. 使用 SSMS 图形界面修改、禁用和删除触发器

10-1

操作步骤参见视频 10-1。

2. 查看用户创建的触发器

可以使用 sp_helptext、sp_help 和 sp_depends 等系统存储过程来查看触发器的有关信息,也可以使用 sp_rename 系统存储过程来重命名触发器。

可供使用的系统存储过程及其语法形式如下：

①sp_help。用于查看触发器的一般信息,如触发器的名称、属性、类型和创建时间。其语法格式为：

```
sp_help '触发器名'
```

②sp_helptext。用于显示触发器的正文信息。其语法为：

```
sp_helptext '触发器名'
```

③sp_depends。用于显示和触发器相关的数据库对象。其语法为：

```
sp_depends '触发器名'
```

④sp_rename。用于重命名触发器。其语法为：

```
sp_rename  '旧触发器名','新触发器名'
```

3. 利用 T-SQL 语句修改和删除触发器

(1) 触发器的修改

同其他数据库对象一样,在定义好触发器之后,可利用 SQL 语句对定义好的触发器的代

码进行修改。修改触发器的 SQL 语句为 ALTER TRIGGER,其语法格式为:

```
ALTER TRIGGER 触发器名称
On 表名
{FOR |AFTER|INSERT OF}{[INSERT][,][DELETE][,][UPDATE]}
AS
  SQL 语句 [⋯n]
```

(2) 触发器的删除

当确认不再需要某个触发器时,可以将其删除。删除触发器的 SQL 语句为 DROP TRIGGER,其语法格式为:

```
DROP TRIGGER 触发器名 [,⋯n ]
```

10.4 用户自定义函数

用户自定义函数(User Defined Functions,UDF)是由用户自己根据需要使用 SQL 语句编写的函数,它可以提供系统函数无法提供的功能,是 SQL Server 提供的另一强大功能。借助用户自定义函数,数据库开发人员可以重复使用编程代码、加快开发速度、提高工作效率;可以实现复杂的运算操作。

10.4.1 用户自定义函数介绍

用户自定义函数(UDF) 是有序的 T-SQL 语句集合,用于查询或存储过程等程序段中,是准备好的代码片段。该语句集合能够预先优化和编译,它可以接受参数、处理逻辑,然后返回某些数据,类似于系统函数的使用方法;可以作为一个单元来调用,通过 Execute 命令来执行,类似于存储过程的使用方法,但是用户定义函数不能用于改变数据库状态。自定义函数是由用户自己根据需要使用 SQL 语句编写的函数,它可以提供系统函数无法提供的功能。

1. 存储过程和用户自定义函数的不同点

(1) 功能权限不同

用户自定义函数不能更改表、系统或数据库参数,不能发送电子邮件,不能用于执行一组修改全局数据库状态的操作。而存储过程则没有这些限制,其功能强大,可以执行包括修改表等一系列数据库操作,也可创建在 SQL Server 启动时自动运行的存储过程。

(2) 调用机制不同

用户自定义函数类似于标准编程语言(如 VB. NET 或 C++)中使用的函数。函数可以有多个输入变量,并且有一个值输出,在使用时就像使用系统函数一样,在查询语句中调用,而存储过程必须要用 EXEC 命令来执行。存储过程可以使用非确定函数,而自定义函数不允许在用户定义函数主体中内置非确定函数。

(3) 返回值及使用方法不同

实际上,用户自定义函数和存储过程的主要区别在于返回结果的方式。为了能支持多种不同的返回值,用户自定义函数比存储过程有更多限制。可以在使用存储过程的时候传入参数,也可以以参数的形式得到返回值,存储过程可以返回值或记录集,不过该值是为了指示成功或失败的,而非返回数据。可以在使用用户自定义函数的时候传入参数,但是可以不传出任何值。用户自定义函数还可以返回标量(scalar)值,这个值可以是大部分 SQL Server 的数据类型,用户自定义函数还可以返回表。存储过程的返回值不能被直接引用,而自定义函数的返回值可以被直接引用。

2. 用户自定义函数的类型

根据函数返回值类型的不同,可以将用户自定义函数分为标量值函数或表值函数。其中表值函数又可分为内联表值函数(行内函数)或多语句函数。

(1) 标量值函数

标量值函数的最大特点是返回一个确定类型的单值标量值,即标量值,其返回值类型为除 TEXT、NTEXT、IMAGE、CURSOR、TIMESTAMP 和 TABLE 类型外的其他数据类型。需要注意的是,在创建一个标量值函数时,需要显示式地使用 BEGIN 和 END 关键字来定义函数体,函数体语句定义在 BEGIN…END 语句内。在 RETURNS 子句中定义返回值的数据类型,并且函数的最后一条语句必须为 RETURN 语句。

(2) 内联表值函数

内联表值函数以表的形式返回一个返回值,即它返回的是一个表。内联表值函数没有由 BEGIN…END 语句括起来的函数体,其返回的表是由一个位于 RETURN 子句中的 SELECT 命令从数据库中筛选出来的。内联表值函数功能相当于一个参数化的视图。

(3) 多语句表值函数

多语句表值函数可以看作标量函数和内联表值函数的结合体。它的返回值是一个表,但它和标量型函数一样,有一个用 BEGIN…END 语句括起来的函数体,返回值的表中的数据是由函数体中的语句插入的。由此可见,它可以进行多次查询,对数据进行多次筛选与合并,弥补了内联表值函数的不足。

如果从创建函数的语法来分析标量值函数或表值函数,它们之间的区别如下:

①如果 RETURNS 子句指定一种标量数据类型,则函数为标量值函数。可以使用多条 Transact-SQL 语句定义标量值函数。

②如果 RETURNS 子句指定 TABLE,则函数为表值函数。

内联表值函数(行内函数)或多语句函数在实现上的区别如下:

①如果 RETURNS 子句指定的 TABLE 不附带列的列表,则该函数为内联表值函数。

②如果 RETURNS 子句指定的 TABLE 类型带有列及其数据类型,则该函数是多语句表值函数。

创建自定义函数时,不论什么类型的函数,除语法外的创建过程完全相同。下面详细介绍创建各类自定义函数的语法格式。

10.4.2 创建和调用用户自定义函数

1. 创建和调用标量值函数

(1) 在 SQL Server Management Studio 中创建标量值函数

在 SQL Server Management Studio 中创建自定义函数的方法都是类似的。SQL Server Management Studio 只起到了提供代码编辑环境的作用,具体代码需要用户自己完成。在 SQL Server Management Studio 中创建标量值函数的操作步骤如下。

①启动并登录 SQL Server Management Studio,在"对象资源管理器"面板中展开数据库"school"→"可编程性"。

②右击"函数"分支,在弹出的快捷菜单中选择"新建"→"标量值函数"命令,弹出函数编辑窗口。系统已经给出了函数的基本语句模板。

③输入函数语句,单击"执行"按钮将函数保存在系统中。

(2) 用 T-SQL 命令语句创建和调用标量值函数

标量值函数返回在 RETURNS 子句中定义的类型的单个数据值。可以使用所有标量数据类型,包括 bigint 和 sql_variant。不支持 timestamp 数据类型、用户定义数据类型和非标量类型(如 table 或 cursor)。在 BEGIN…END 块中定义的函数主体包含返回该值的 Transact-SQL 语句系列。创建标量值函数语法格式如下:

```
Create Function[ owner_name.]函数名
([{ @parameter_name [AS] scalar_parameter_data_type [ = default ] } [ ,…n ] ] )
Returns 返回值数据类型
[With {Encryption |Schemabinding}[,…n]]
[AS]
{BEGIN
SQL 语句(function_body)
RETURN scalar_expression ( 必须有 Return 子句 )
END}
```

参数说明:

▶ owner_name:拥有该用户定义函数的用户 ID 的名称。

▶ 函数名:用户定义函数的名称。函数名称必须符合标识符的规则,对其所有者来说,该名称在数据库中必须是唯一的。

▶ @ parameter_name:用户定义函数的参数。所有的参数前都必须加@ 。一个用户自定义函数可以接收 0 个或多个参数,最多可以有 1 024 个参数。输入的参数可以是除 TIMESTAMP、CURSOR 和数据表 TABLE 之外的其他 SQL Server 数据库数据类型。

▶ scalar_parameter_data_type:参数的数据类型。所有标量数据类型(包括 bigint 和 sql_variant)都可用作用户定义函数的参数。不支持 timestamp 数据类型和用户定义数据类型。不能指定非标量类型(例如 cursor 和 table)。

▶ create 后的返回,单词是 returns,而不是 return。returns 后面跟的不是变量,而是返回值的类型。返回值数据类型可以是 SQL Server 支持的任何标量数据类型,除 text、ntext、image、 cursor、timestamp 和 table 以外。

▶ With 附加选项：如果需要对函数体进行加密，可使用 With Encryption；如果需要将创建的函数与引用的数据库绑定，可以使用 With Schemabinding。

▶ AS 后为创建的函数体。

▶ 在 BEGIN…END 语句块中，是 RETURN。

▶ function_body：指定一系列 Transact-SQL 语句定义函数的值，这些语句合在一起不会产生副作用。function_body 只用于标量型函数和多语句表值型函数。在标量型函数中，function_body 是一系列合起来求得标量值的 Transact-SQL 语句；在多语句表值型函数中，function_body 是一系列填充表返回变量的 Transact-SQL 语句。

▶ scalar_expression：指定标量型函数返回的标量值。

调用标量值函数的语法格式如下：

```
Print  [ owner_name.]函数([实参]) 或  select[ owner_name.]. 函数([实参])
```

其中，如未显示命名 owner_name，通常就用 dbo 替代，dbo 是系统自带的一个公共用户名。

【例 10-25】设计一个自定义函数来获取数据库 school 的 student 数据表中每个系所包含的学生人数。在"查询编辑器"中输入下面的 T-SQL 脚本如下：

```
USE school
GO
CREATE FUNCTION dbo.CountRS(@sdept char(20))
RETURNS INT
AS
BEGIN
RETURN (
          SELECT COUNT( * )
          FROM dbo.student
          WHERE sdept = @pID
      )
END
GO
```

在上述 SQL 脚本中，创建了一个名为 CountRS 的自定义函数，该函数包含一个字符型参数，该参数作为一个保存系名的参数被传入函数体中，完成查询操作。函数返回一个整型参数，该参数中保存着指定类型的产品种类数。单击"执行"按钮，创建名为 CountRS 的用户自定义函数。

单击 SQL Server Management Studio 左部的"对象资源管理器"中的数据库 school 节点，并依次展开"可编程性"→"函数"→"标量值函数"，即可发现刚刚创建的标量值函数 CountRS。展开该函数节点，可查看它的输入参数，如图 10-13 所示。

继续在"查询编辑器"中输入下面的 T-SQL 脚本：

```
declare @sd char(20)
set @sd='计算机系'
PRINT   '属于'+@sd+'的有'+CONVERT(VARCHAR(3),dbo.CountRS(@sd))+'人。'
GO
```

运行的结果如图 10-14 所示。

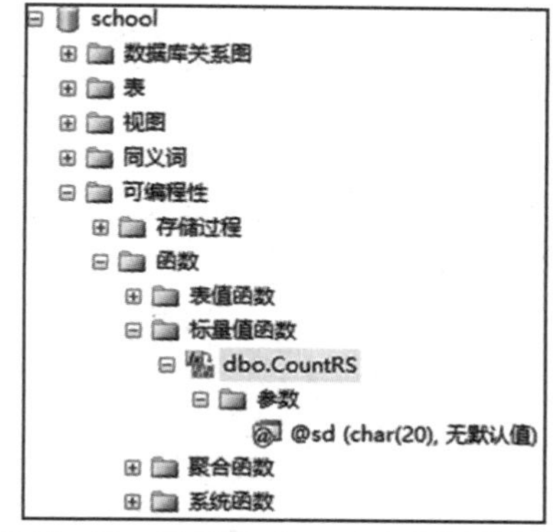

图 10-13　建好的 CountRS 标量值函数

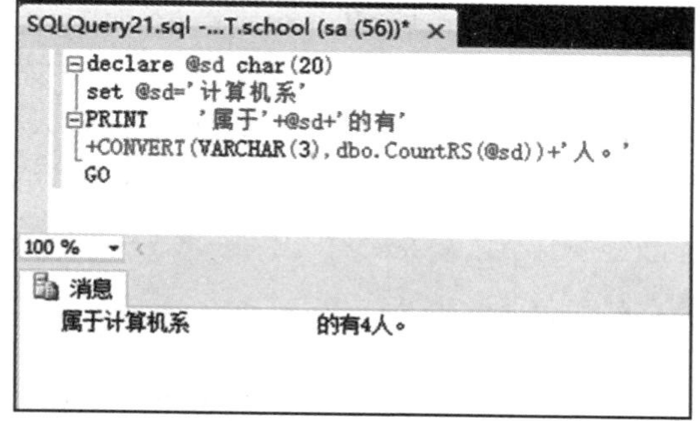

图 10-14　运行结果

2. 创建和调用内联表值函数

内联表值函数以表的形式返回一个返回值,即它返回的是一个表。

(1) 在 SQL Server Management Studio 中创建内联表值函数

①在“对象资源管理器”面板中展开“school”数据库→“可编程性”,右击“函数”分支,在弹出的快捷菜单中选择“新建”→“内联表值函数”命令,弹出函数编辑窗口。系统已经给出了函数的基本语句模板。

② 输入函数语句,单击“执行”按钮将函数保存在系统中。

③在生成的模板中有一处是与标量函数的模板不同的,就是 RETURNS 语句中返回的类型被固定为 TABLE 类型。

(2) 用 T-SQL 命令语句创建和调用内联表值函数

内联表值型函数没有由 BEGIN-END 语句括起来的函数体。其返回的表是由一个位于 RETURN 子句中的 SELECT 命令从数据库中筛选出来的。内联表值函数功能相当于一个参数化的视图。创建内联表值函数的语法格式如下:

```
Create Function [ owner_name.]函数名
([{@parameter_name [AS] scalar_parameter_data_type [ = default ]} [ ,…n ] ])
RETURNS table
[With {Encryption|Schemabinding}]
AS
RETURN [ ( ) select-stmt [ ] ]
```

参数说明:

▶[owner_name.]、函数名、@ parameter_name、scalar_parameter_data_type、returns、With 附加选项:含义同标量值函数中说明。

▶table:指定表值型函数的返回值为表。只能返回 table,所以 RETURNS 后面一定是 table。在内联表值型函数中,通过单个 SELECT 语句定义 table 返回值。内联表值函数没有相关联的返回变量。

▶AS:AS 后没有 BEGIN…END,只有一个 RETURN 语句来返回特定的记录。

▸ select-stmt：是定义内嵌表值型函数返回值的单个 SELECT 语句。

（3）调用标量值函数的语法格式

```
SELECT  *  FROM [ owner_name.]函数名（实参表）
```

其中，如未显示命名 owner_name，通常就用 dbo 替代，dbo 是系统自带的一个公共用户名。

【例 10-26】设计一个自定义函数 fun2，输入系名，能够返回数据库 school 中 student 表中所有学号 sno、姓名 sname、性别 ssex 和 sage 年龄字段的值。

```
CREATE FUNCTION dbo.fun2(@dept char(20))
RETURNS TABLE
AS
Return(SELECT sno ,sname ,ssex,sage
        from student
      Where sdept =@dept)
GO
```

单击 SQL Server Management Studio 左部的“对象资源管理器”中的数据库“school”节点，并依次展开“可编程性”→“函数”→“表值函数”，即可发现刚刚创建的标量值函数 fun2。展开该函数节点，可查看它的输入参数，如图 10-15 所示。

继续在“查询编辑器”中输入下面的 T-SQL 脚本：

```
select * from fun2('计算机')
```

运行的结果如图 10-16 所示。

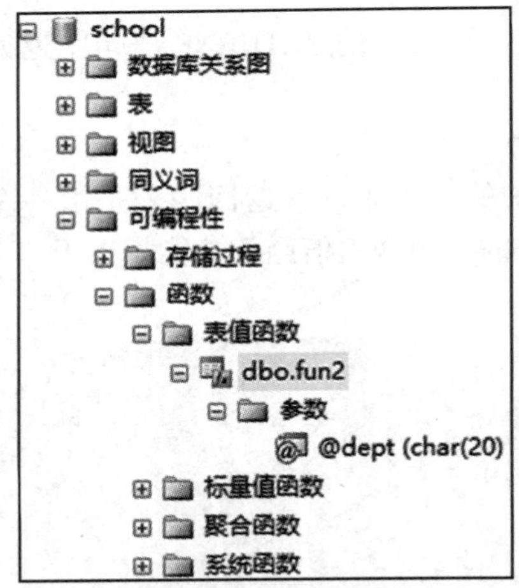

图 10-15　建好的 fun2 表值函数

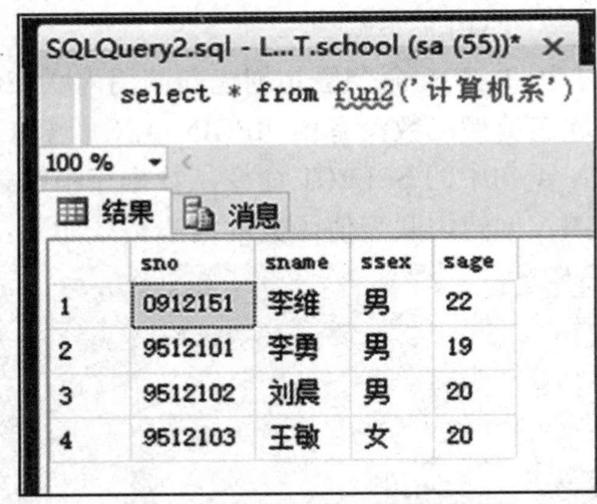

	sno	sname	ssex	sage
1	0912151	李维	男	22
2	9512101	李勇	男	19
3	9512102	刘晨	男	20
4	9512103	王敏	女	20

图 10-16　调用 fun2 的运行结果

3. 创建和调用多语句表值函数

（1）在 SQL Server Management Studio 中创建多语句表值函数

①在“对象资源管理器”面板中展开“school”数据库→“可编程性”，右击“函数”分支，在弹出的快捷菜单中选择“新建”→“多语句表值函数”命令，弹出函数编辑窗口。系统已经给出了函数的基本语句模板。

②输入函数语句,单击"执行"按钮将函数保存在系统中。

③ 在生成的模板中,有一处与内联表值函数的模板不同,就是 RETURNS 语句中返回的表类型,默认存放的是要设计的表结构。

(2) 用 T-SQL 命令语句创建和调用多语句表值函数

多语句表值函数可以看作标量函数和内联表值函数的结合体。它的返回值是一个表,但它和标量型函数一样,有一个用 BEGIN…END 语句括起来的函数体。返回值的表中的数据是由函数体中的语句插入的。由此可见,它可以进行多次查询,对数据进行多次筛选与合并,弥补了内联表值函数的不足。创建多语句表值函数语法格式如下:

```
Create Function [owner_name.]函数名
( [ { @parameter_name [AS] scalar_parameter_data_type [ = default ] } [ ,...n ] ] )
RETURNS @return_variable TABLE
<表变量字段定义 >
[With {Encryption |Schemabinding} ]
AS
BEGIN
SQL 语句(function_body)
Return
END
< function_option > ::= { ENCRYPTION | SCHEMABINDING }
< table_type_definition > ::= ( { column_definition |table_constraint } [ ,...n ] )
```

参数说明:

▸[owner_name.]、函数名、@ parameter_name、scalar_parameter_data_type、RETURNS、With 附加选项:含义同标量值函数中说明。

▸RETURNS 后面直接定义返回的表类型,首先是定义表名,表明前面要加@ ,然后是关键字 TABLE,最后是表的结构。

▸TABLE:指定表值型函数的返回值为表。只能返回 TABLE,所以 RETURNS 后面一定是 TABLE。在多语句表值型函数中,@ return_variable 是 TABLE 变量,用于存储和累积应作为函数值返回的行。

▸在 BEGIN…END 语句块中,直接将需要返回的结果插入 RETURNS 定义的表中就可以了,在最后返回时,会将结果返回。

▸function_body:指定一系列 Transact-SQL 语句定义函数的值,这些语句合在一起不会产生副作用。function_body 只用于标量型函数和多语句表值型函数。在多语句表值型函数中,function_body 是一系列填充表返回变量的 Transact-SQL 语句。

▸函数体中的有效 SQL 语句类型同标量值函数。

▸最后只需要 Return,Return 后面不跟任何变量。

(3) 调用标量值函数的语法格式

```
SELECT  *  FROM [ owner_name.]函数名 (实参表)
```

其中,如未显示命名 owner_name,通常就用 dbo 替代,dbo 是系统自带的一个公共用户名。

【例 10-27】 在 school 数据库中创建 SCORE_TABLE 函数。通过学号查询该学生表各选修课的课程名和成绩。

```
CREATE FUNCTION score_table(@stuid char(7))
Returns @t_score TABLE
(cname varchar(20),grade tinyint)
AS
BEGIN
   INSERT   INTO @T_score
   SELECT CName,grade
   FROM SC,Course
  WHERE sc.cno=course.cno and sc.sno=@stuid and grade<60
RETURN
END
```

调用此函数获取来自学号的信息，在查询分析器中输入如下语句：

```
Select * from  dbo.score_table('9521102')
GO
Select * from  dbo.score_table('9521103')
GO
```

执行结果如图 10-17 所示。可知 9521102 号学生高等代数不及格，成绩为 50 分；9521103 号学生没有不及格的课程。

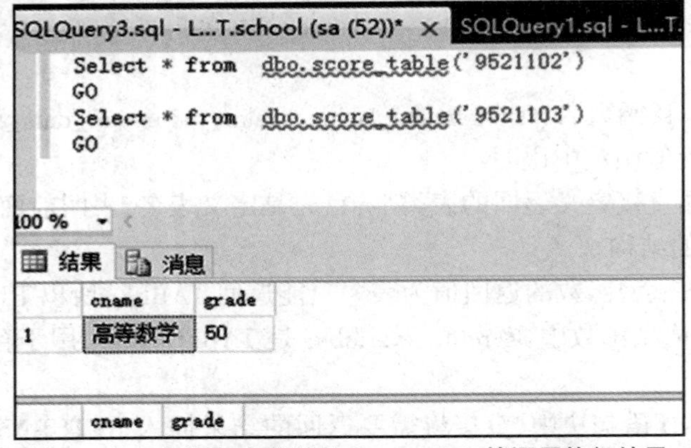

图 10-17　多语句表值函数 score_table 的调用执行结果

注意：调用多语句表值函数和调用内联表值函数一样，调用时不需制定架构名。与编程语言中的函数不同的是，SQL Server 自定义函数必须具有返回值。Schemabinding 用于将函数绑定到它引用的对象上。函数一旦绑定，则不能删除、修改，除非删除绑定。

10.5　游　　标

在数据库开发过程中，如果只需要操作一条数据记录，使用 Select 或者 Insert 语句即可实现。但是有时需要从某一结果集合中去获取一条条记录，这时必须使用游标来解决。

10.5.1 游标概述

1. 游标的定义

游标(Cursor)是处理数据的一种方法,它使用户可逐行访问由 SQL Server 返回的结果集。为了查看或者处理结果集中的数据,游标提供了在结果集中一次一行或者多行向前进或向后浏览数据的能力,也可以移动游标定位到所需要的行中进行操作数据。游标相当于一个指针,它可以指定结果中的任何位置,然后允许用户对指定位置的数据进行处理。

2. 游标的作用

在数据库中,游标非常重要,它提供了一种灵活操作从表中检索出来的数据集的方法,能把对集合的操作转换成对单个记录的处理。就本质而言,游标实际上是一种能从包括多条数据记录的结果集中每次提取一条记录的机制。用 SQL 语言从数据库中检索数据后,结果放在内存的一块区域中,并且结果往往是一个含有多个记录的集合。游标机制允许用户在 SQL Server 内逐行地访问这些记录,按照用户自己的意愿来显示和处理这些记录。

一般复杂的存储过程都会伴随着游标的使用,游标可以实现:定位到结果集中的某一行;对当前位置的数据进行读写;可以对结果集中的数据单独操作,而不是整行执行相同的操作;成为面向集合的数据库管理系统和面向行的程序设计之间的桥梁。

3. 游标的类型

根据用途,可分为 API 游标、Transact-SQL 游标、客户端游标。

①API 游标。主要应用在服务器上,每一次客户端应用程序调用 API 游标函数,都会由 SQL Server OLE DB 提供者、ODBC 驱动器或 DB_library 的动态链接库(DLL)将这些客户请求传送给服务器,由服务器对 API 游标函数进行处理。

②Transact-SQL 游标。该游标基于 Declare Cursor 语法,主要用于 Transact-SQL 脚本、存储过程及触发器中。Transact-SQL 游标主要用在服务器上,处理由客户端发送到服务器的 Transact-SQL 语句,或是批处理、存储过程、触发器中的 Transact-SQL 进行管理。Transact-SQL 游标不支持提取数据块或多行数据。

③客户端游标。主要是当在客户机上缓存结果集时才使用,该游标将使用默认结果集把整个结果集高速缓存在客户端上。所有的游标操作都在客户端的高速缓存中进行。

注意:*客户端游标仅支持静态游标而非动态游标。*

由于服务器游标并不支持所有的 Transact-SQL 语句或批处理,所以客户游标常常仅被用作服务器游标的辅助。因为在一般情况下,服务器游标能支持绝大多数的游标操作。

由于 API 游标和 Transact-SQL 游标使用在服务器端,所以被称为服务器游标,也被称为后台游标,而客户端游标被称为前台游标。

根据处理特性,可分为静态游标、动态游标、只进游标和键集驱动游标。

根据移动方式,可分为滚动游标和前向游标。

根据是否允许修改，可分为只读游标和只写游标。

10.5.2 游标的基本操作

使用游标的一般步骤：声明游标、打开游标、提取数据、关闭游标和释放游标。

1. 声明游标

在使用游标之前，首先需要声明游标。使用 DECLARE CURSOR 语句可以定义 Transact-SQL 服务器游标的属性，例如游标的滚动行为和用于生成游标所操作的结果集查询。具体的语法形式如下：

```
DECLARE cursor_name [ INSENSITIVE ] [ SCROLL ] CURSOR
        FOR select_statement
        [ FOR { READ ONLY | UPDATE [ OF column_name1,column_name2,…] } ]
```

其中，

①cursor_name：是所定义的 Transact-SQL 服务器游标的名称且必须符合标识符的命名规则。

②INSENSITIVE：定义一个游标，以创建将由该游标使用的数据的临时复本。

③SCROLL：制订所有的提取选项（FIRST、LAST、PRIOR、NEXT、RELATIVE、ABSOLUTE）均可用。FIRST 取第一行数据；LAST 取最后一行数据；PRIOR 取前一行数据；NEXT 取后一行数据；RELATIVE 按相对位置取数据；ABSOLUTE 按绝对位置取数据。

④select_ statement：是定义游标结果集的标准 SELECT 语句。在游标声明的 select_ statement 中，不允许使用关键字 COMPUTE、COMPUTE BY 和 INTO。

⑤READ ONLY：禁止通过该游标进行更新。

⑥UPDATE [OF column_name1,column_name2,…]：定义游标中可更新的列。如果指定了 OF column_name1,column_name2,…，则只允许修改所列出的列；如果指定了 UPDATE，但为指定列的列表，则可以更新所有列。

【例 10-28】声明一个游标 cursor1，语句使用：

```
DECLARE cursor1 SCROLL CURSOR
       FOR
       SELECT * FROMstudent
```

2. 打开游标

在使用游标提取数据之前，需要先将游标打开，其语法如下：

```
OPEN { { [ GLOBAL ] cursor_name } | cursor_variable_name }
```

其中，

①GLOBAL：指定 cursor_name 是指全局游标。

②cursor_name：已声明的游标的名称。如果全局游标和局部游标都使用 cursor_name 作为其名称，那么如果指定了 GLOBAL，则 cursor_name 指的是全局游标；否则，cursor_name 指的是

局部游标。

③cursor_variable_name:游标变量的名称,该变量引用一个游标。

例如,打开在例 10-27 中创建的游标 cursor1。

```
OPEN cursor
```

在游标打开后,可以使用全局变量@ @ CURSOR_ROWS 查看打开的游标的数据行。

例如,查看游标"cursor1"返回的行数,语句使用:

```
SELECT @@CURSOR_ROWS 'cursor1 游标行数'
```

在查询页中输入以上代码,单击"执行"按钮,执行结果如图 10-18 所示。

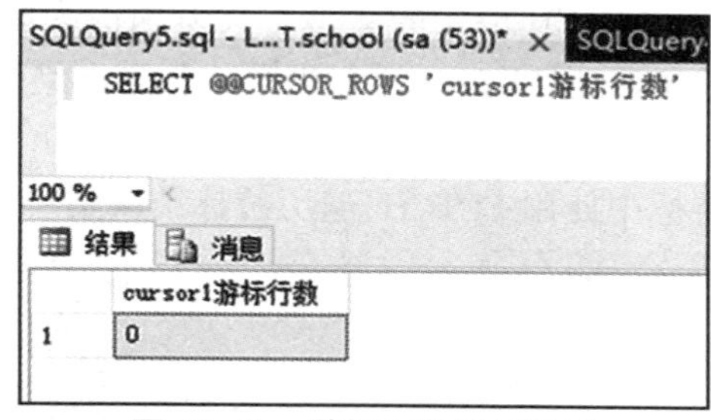

图 10-18　游标行数显示结果

3. 提取数据

游标打开之后,便可以使用游标提取某一行的数据。FETCH 语句可以通过 Transact-SQL 服务器游标检索特定行,其语法如下:

```
FETCH
  [ [ NEXT |PRIOR |FIRST |LAST |ABSOLUTE { n |@nvar } |RELATIVE { n |@nvar } ]
FROM
        ]
    { { [ GLOBAL ] cursor_name } |@cursor_variable_name }
    [ INTO @variable_name1,@variable_name2,…]
```

其中,

①NEXT:紧跟当前行返回结果行,并且当前行递增为返回行。如果 FETCH NEXT 为对游标的第一次提取操作,则返回结果集中的第一行。NEXT 为默认的游标提取选项。

②PRIOR:返回紧邻当前行前面的结果行,并且当前行递减为返回行。如果 FETCH PRIOR 为对游标的第一次提取操作,则没有行返回并且游标置于第一行之前。

③FIRST:返回游标中的第一行并将其作为当前行。

④LAST:返回游标中的最后一行并将其作为当前行。

⑤ABSOLUTE { n | @ nvar }:如果 n 或@ nvar 为正,则返回从游标头开始向后的第 n 行,并将返回行变成新的当前行。如果 n 或@ nvar 为负,则返回从游标末尾开始向前的第 n 行,并将返回行变成新的当前行。如果 n 或@ nvar 为 0,则不返回行。n 必须是整数常量,并且@ nvar的数据类型必须为 smallint、tinyint 或 int。

⑥RELATIVE { n | @ nvar }:如果 n 或@ nvar 为正,则返回从当前行开始向后的第 n 行,

并将返回行变成新的当前行。如果 n 或@ nvar 为负，则返回从当前行开始向前的第 n 行，并将返回行变成新的当前行。如果 n 或@ nvar 为 0，则返回当前行。在对游标进行第一次提取时，如果在将 n 或@ nvar 设置为负数或 0 的情况下指定 FETCH RELATIVE，则不返回行。n 必须是整数常量，nvar 的数据类型必须为 smallint、tinyint 或 int。

⑦INTO @ variable_name1，@ variable_name2，…：允许将提取操作的数据放到局部变量中。列表中的各个变量从左到右与游标结果集中的相应列相关联。各变量的数据类型必须与相应的结果集列的数据类型匹配，或是结果集列数据类型所支持的隐式转换。变量的数目必须与游标选择列表中的列数一致。

在提取数据过程中，常常需要用到全局变量@ @ FETCH_STATUS 返回针对连接当前打开的任何游标发出的上一条游标 FETCH 语句的状态。其返回值为整型 0、-1、-2。返回值 0 表明 FETCH 语句成功；返回值-1 表明 FETCH 语句失败或行不在结果集中；返回值-2 表明提取的行不存在。

【例 10-29】在简单的游标中使用 FETCH，遍历游标结果集。

```
USE school
GO
DECLARE stu_cursor CURSOR
      FOR
      SELECT sname FROM student
      WHERE sdept ='计算机系'
      ORDER BY sage
OPEN stu_cursor                          --打开游标
FETCH NEXT
FROM stu_cursor                          --执行第一次提取
WHILE @@FETCH_STATUS=0                   --判断是否可以继续提取
BEGIN
     FETCH NEXT FROM stu_cursor
END
CLOSE stu_cursor                         --关闭游标
DEALLOCATE stu_cursor                    --释放游标
GO
```

4. 关闭游标

打开游标之后，SQL Server 服务器会专门为游标开辟一定的内存空间存放游标操作的数据结果集，同时，游标的使用也会根据具体情况对某一些数据进行封锁。所以，在不使用游标的时候一定要关闭，以通知服务器释放游标所占的资源。

使用 CLOSE 语句释放当前结果集，然后解除定位游标的行上的游标锁定，从而关闭一个开放的游标。CLOSE 将保留数据结构，以便重新打开，但在重新打开游标之前，不允许提取和定位更新。必须对打开的游标发布 CLOSE，不允许对仅声明或已关闭的游标执行 CLOSE。关闭游标的语法如下：

```
CLOSE { { [ GLOBAL ] cursor_name } | cursor_variable_name }
```

其中，

①GLOBAL：指定 cursor_name 是指全局游标。

②cursor_name：打开的游标的名称。

③cursor_variable_name：与打开的游标关联的游标变量的名称。

CLOSE 语句用来关闭游标，释放 SELECT 语句的查询结果。例如，关闭已经打开的游标 cursor1：

```
CLOSE cursor1
```

5. 释放游标

游标结构本身会占用一定的计算机资源，所以，在使用完游标后，为了回收被游标占用的资源，应该将游标释放。释放游标使用 DEALLOCATE 语句，语法格式如下：

```
DEALLOCATE { { [ GLOBAL ] cursor_name } |@cursor_variable_name }
```

例如，用下列语句可以释放游标 cursor1：

```
DEALLOCATE cursor1
```

本章小结

Transact-SQL 中的标识符、批处理、常量、变量、运算符、表达式及流控制语句是 SQL Server 程序设计的关键，也是建立存储过程及触发器的基础。

存储过程是预编译的代码段，编译后的可执行代码保存在内存中，因此可以提高数据的操作效率。由于存储过程支持输入和输出参数，因此可灵活满足不同用户的操作需求。

触发器用于实现使用声明完整性约束实现不了的复杂的约束条件和业务规则，从而提高执行效率。

游标是一种缓存机制，借助游标，可以在游标中定位到指定的数据行，从而访问数据行中的数据。

习　题

一、单选题

1. 下列(　　)不是常量。

A. N' a BOY'　　B. 0xABC　　C. 2020-7-17　　D. 3.0

2. 下列说法错误的是(　　)。

A. 当语句体包含一个以上语句时，需要采用 BEGIN…END

B. 多重分支只能用 CASE 语句

C. WHILE 中循环体可以一次不执行

D. 注释内容不会产生任何动作

3. 存储过程通过(　　)与外界进行交互。

A. 表　　B. 输入参数　　C. 输出参数　　D. 游标

4. 存储过程的修改不能采用(　　)。

A. 以 SSMS 界面方式修改以命令方式创建的存储过程

B. ALTER PROCEDURE

C. 先删除后创建

D. CREATE PROCEDURE

5. 关于存储过程的说法,错误的是(　　)。

A. 用户存储过程方便用户完成某些功能

B. 用户存储过程方便用户批量执行 T-SQL 命令

C. 用户存储过程不能调用系统存储过程

D. 应用程序可以调用用户存储过程

6. 关于触发器的正确说法是(　　)。

A. DML 触发器控制表记录　　B. DDL 触发器实现数据库管理

C. DML 触发器不能控制所有数据完整性

D. 触发器中的 T-SQL 代码在事件产生时执行

7. 声明游标可以使用(　　)。

A. CREATE CURSOR　　B. ALTER CURSOR

C. SET CURSOR　　D. DECLARE CURSOR

8. 从游标中检索行的语句是(　　)。

A. SELECT　　B. DECLARE　　C. FETCH　　D. DEALLOCATE

9. 游标关闭后,不能对其进行的操作是(　　)。

A. 提取　　B. 修改　　C. 删除　　D. 以上都是

10. 用于关闭游标并释放所有用于缓存的内存的命令是(　　)。

A. CLOSE　　B. DECLARE　　C. FETCH　　D. DEALLOCATE

11. 释放与游标关联的所有数据结构的语句用(　　)。

A. CLOSE　　B. DEALLOCATE　　C. DECLARE　　D. FETCH

12. 打开一个游标用(　　)。

A. OPEN　　B. DEALLOCATE　　C. DECLARE　　D. FETCH

二、填空题

1. 在 SQL Server 服务器上,存储过程是一组预先定义并________的 Transact-SQL 语句。

2. 用户自定义函数分为__________函数、__________函数和__________函数 3 种。

3. 创建用户自定义函数使用的 T-SQL 语句是____________。

4. SQL 语言引入了游标的概念,这是为了实现__________操作功能而引入的。

三、简答题

1. 什么是存储过程?

2. 使用存储过程有什么好处?

3. 什么是触发器? 其主要功能是什么?

4. 触发器分为哪几种?

5. inserted 表和 deleted 表各存放什么内容?

上机实训

1. 输出字符串“SQL Server”中的每一个字符及其ASCII。

2. 按照月份划分所处季节。

3. 计算1+2+3+…+100的结果。

4. 对于第8章上机实训所建立的JWGL数据库,以及其中的学生表student、课程表course、成绩表score、教师表teacher,完成如下操作:

(1) 创建一个视图avggrade_view,其中包含每个系的平均分,并输出该视图的所有记录。

(2) 设计一个无参数存储过程,从JWGL数据库的student、course、score 3个表中查询选课学生的学号、姓名、课程名、成绩、学分,并执行。

(3) 创建带参数的存储过程pc_conut,统计每个教师的课时数。

(4) 创建一个存储过程pc_grade,输入一个系名,得到该系的学生的姓名、性别、课程号、成绩。

(5) 建立一个触发器,当向sc表中添加数据时,如果添加的数据与student表中的数据不匹配(没有对应的学号),则将此数据删除。

(6) 创建一个触发器,当插入或更新成绩列时,该触发器检查插入的数据是否处于设定的范围内。

(7) 创建一个修改触发器,该触发器防止用户修改score表的学生成绩。

(8) 建立一个与student表结构一样的s1表,当删除表s中的记录时,自动将删除掉的记录存放到s1表中。

(9) 当删除表student中的记录时,自动删除表score中对应学号的记录。

第11章

SQL Server 2012 安全管理

学习目的

通过本章的学习，使学生了解 SQL Server 2012 数据库安全管理，掌握在 Microsoft SQL Server Management 中利用命令和图形化界面创建和管理登录名、用户、角色，设置权限等操作。

本章要点

- 了解 SQL Server 身份验证模式的设置方法
- 掌握登录名的创建和管理
- 掌握登录名和数据库用户的区别与关系
- 掌握数据库用户的创建和管理
- 了解固定服务器角色的特点
- 掌握数据库角色的创建和管理
- 掌握权限的类型和管理方法
- 掌握数据库架构的定义和使用

思维导图

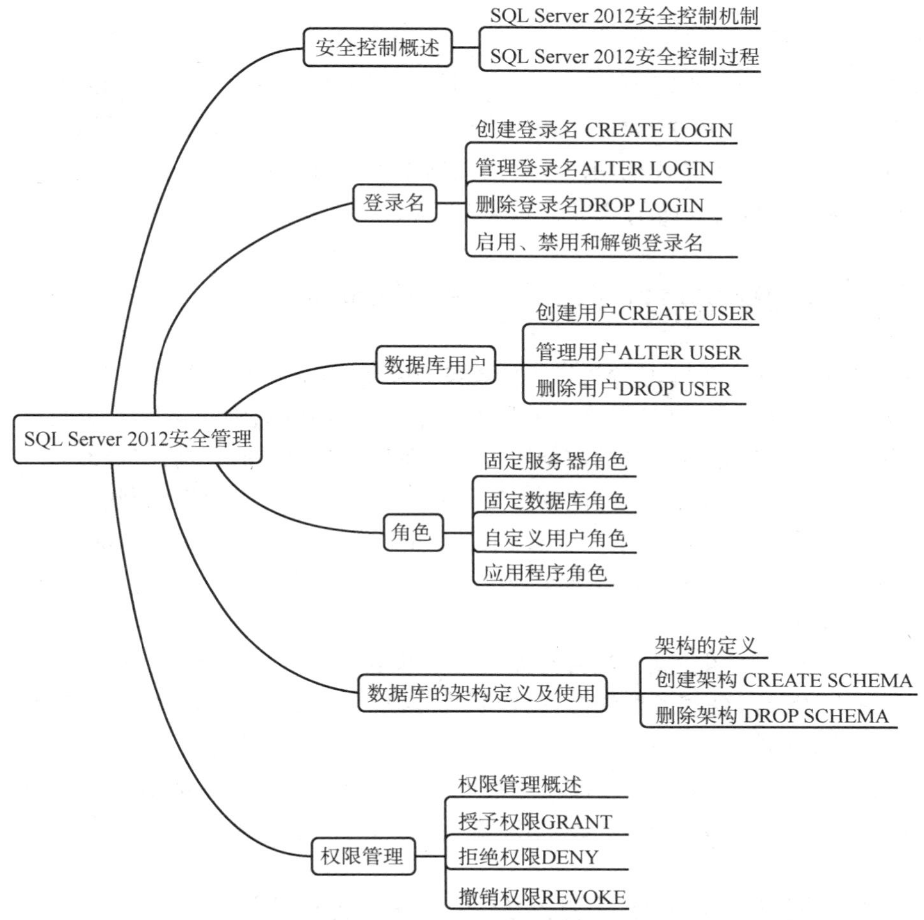
SQL Server 2012安全管理
安全控制概述
SQL Server 2012安全控制机制
SQL Server 2012安全控制过程
登录名
创建登录名 CREATE LOGIN
管理登录名ALTER LOGIN
删除登录名DROP LOGIN
启用、禁用和解锁登录名
数据库用户
创建用户CREATE USER
管理用户ALTER USER
删除用户DROP USER
角色
固定服务器角色
固定数据库角色
自定义用户角色
应用程序角色
数据库的架构定义及使用
架构的定义
创建架构 CREATE SCHEMA
删除架构 DROP SCHEMA
权限管理
权限管理概述
授予权限GRANT
拒绝权限DENY
撤销权限REVOKE

11.1　安全控制概述

数据的安全管理是数据库服务器应实现的重要功能之一，SQL Server 2012 采用多种保护措施。用户如果要对数据库进行操作，首先要通过身份验证登录服务器，登录以后如果要对数据库进行操作，必须是该数据库的用户或者是数据库角色的成员，并且要有相应的权限。本章详细讲述 SQL Server 2012 这些安全机制的具体实现。

11.1.1　SQL Server 2012 安全控制机制

Microsoft SQL Server 2012 系统提供了一整套有效的、完善的保护数据安全的机制，包括用户、角色、权限、架构等手段，新增了强大的加密和密钥管理功能、强身份验证功能及增强型审核功能，使用预设和部署均为安全的数据库解决方案来保护数据的安全，有效地实现对系统访问和数据访问的控制，要解决的安全问题决定了数据库管理系统安全性机制的前提。

安全问题一：系统登录。这是要解决的最基本的问题。在登录数据库系统时，确保只有合法的用户才能登录到系统，这也是数据库管理系统提供的基本功能。在 SQL Server 2012 系统中，通过身份验证模式和主体解决这个问题。

安全问题二：系统访问。这也是要解决的一个基本的安全问题，合法用户登录到系统后，可以执行哪些访问动作、使用哪些资源、操作哪些对象？在 SQL Server 2012 系统中，通过安全对象和权限设置来解决这个问题。

安全问题三：所有者。数据库中的对象归谁所有？当用户所有者被删除时，其所有的对象应该怎么处理？在 SQL Server 2012 系统中，这个问题是通过用户和架构分离来解决的。

11.1.2　SQL Server 2012 的安全控制过程

SQL Server 2012 的安全性机制主要是通过 SQL Server 的安全性主体和安全对象来实现的。

1. 主体

主体是可以请求 SQL Server 资源的实体。主体可以是个体、组域、进程。例如，数据库用户是一种主体，可以按照自己的权限在数据库中执行操作和使用相应的数据。

主体按作用范围被分为三类：Windows 级别主体、SQL Server 级别主体、数据库级别主体。

Windows 级别的主体包括 Windows 域登录名和 Windows 本地登录名。SQL Server 级的主体包括 SQL Server 登录名和服务器角色。数据库级的主体包括数据库用户和数据库角色及应用程序角色。它们之间的关系如图 11-1 所示。

Microsoft SQL Server 2012 系统有多种不同的主体，不同主体间的关系是典型的层次结构关系，位于不同层次上的主体在系统中影响的范围也不同。位于层次比较高的主体，其作用范围比较大;位于层次比较低的主体,其作用范围比较小。

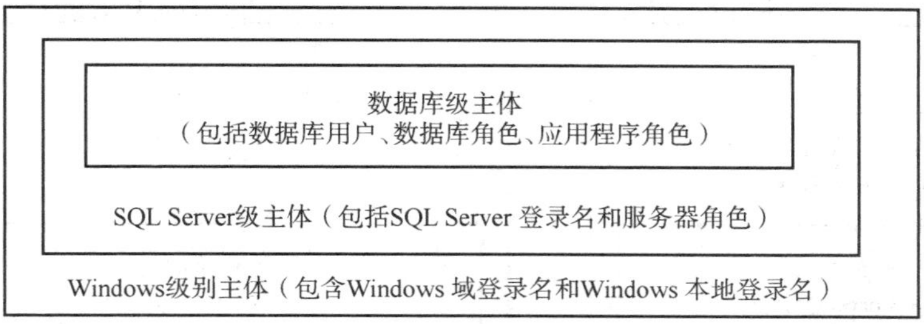

数据库级主体
(包括数据库用户、数据库角色、应用程序角色)

SQL Server级主体(包括SQL Server 登录名和服务器角色)

Windows级别主体(包含Windows 域登录名和Windows 本地登录名)

图 11-1　各主体间包含关系

2. 安全对象

安全对象是 SQL Server 数据库引擎授权系统控制对其进行访问的资源,是在 SQL Server 权限体系下控制的对象。因为所有的对象(从服务器,到表,到视图触发器等)都在 SQL Server 的权限体系控制之下,所以,在 SQL Server 中的任何对象都可以被称为安全对象。

和主体一样,安全对象间也是有层级,对父层级上的安全对象应用的权限会被其子层级的安全对象所继承。SQL Server 中将安全对象分为三个层次,分别为服务器级别、数据库级别、架构级别,各级别包含的具体的对象有:

(1) 服务器级别

所包含的安全性对象主要有登录名、固定服务器角色等。其中,登录名用于登录数据库服务器,而固定服务器角色用于给登录名赋予相应的服务器访问权限。

(2) 数据库级别

所包含的安全对象主要有用户、角色、应用程序角色、证书、对称秘钥、非对称密钥、程序集、全文目录、DDL 事件和架构等。

(3) 架构级别

所包含的安全对象主要有表、视图、函数、存储过程、类型、同义词和聚合函数等。架构的作用是将数据库中的所有对象分成不同的集合,每一个集合就称为一个架构,每个集合之间都没有交集。

这三个层级从上到下依次包含,关系如图 11-2 所示。

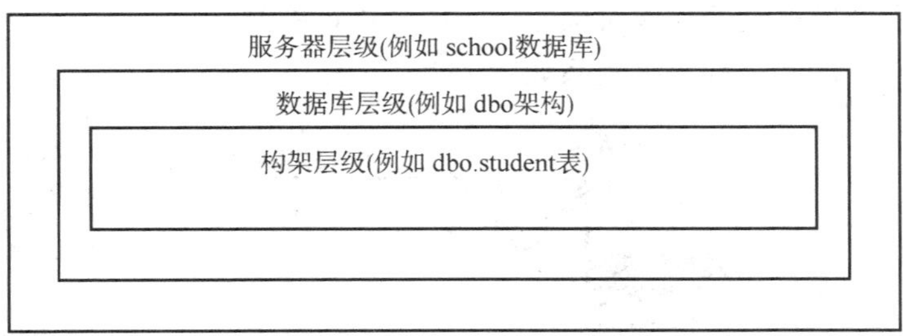

图 11-2　安全对象层级间包含关系

主体和安全对象的结构关系如图 11-3 所示。

SQL Server 2012 的安全机制根据安全主体和安全对象的不同,通常划分为三个等级:

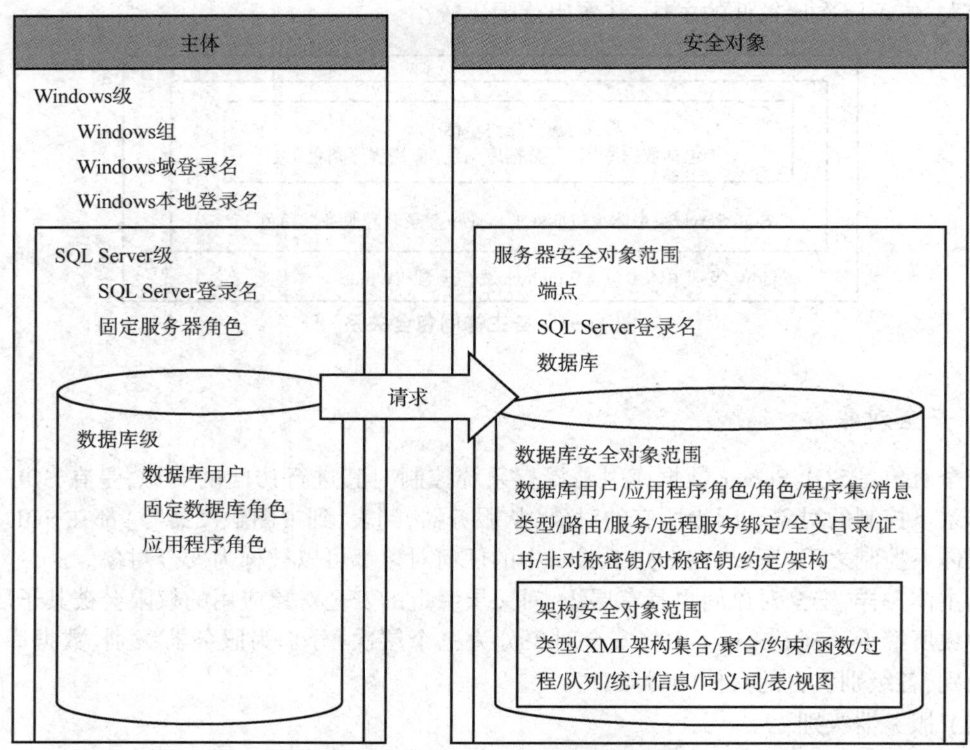

图 11-3　主体和安全对象的结构示意图

（1）服务器级别的安全机制

该级别安全性主要通过登录账户进行控制，要想访问一个数据库服务器，必须拥有一个登录账户。登录账户可以是 Windows 账户或组或 SQL Server 的登录账户。登录账户可以属于相应的服务器角色或者权限组合。

（2）数据库级别的安全机制

该级别安全性主要是通过用户账户进行控制的，访问数据库前，用户必须具有该数据的账户身份。用户账户通过登录账户进行映射，属于固定的数据角色或自定义数据角色。

（3）数据对象级别的安全机制

该级别的安全性通过设置数据对象的访问权限进行控制。

SQL Server 2012 的安全性等级关系如图 11-4 所示。

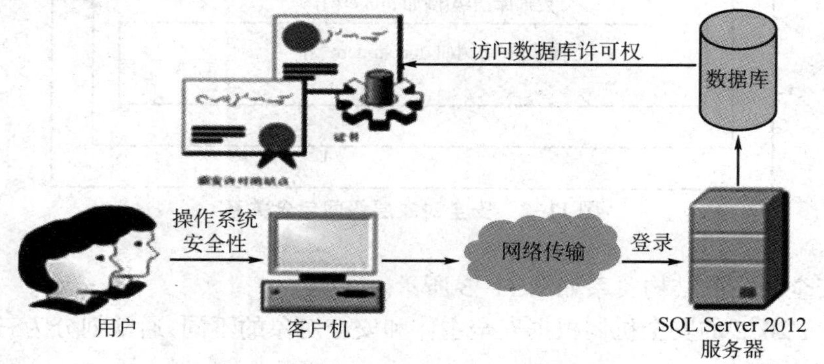

图 11-4　SQL Server 2012 的安全性等级

3. SQL Server 身份验证模式

(1) Windows 身份验证模式

默认模式是 Windows 身份验证模式,它使用操作系统的身份验证机制对需要访问服务器的用户进行身份验证,从而提供了很高的安全级别。

在该模式中,用户通过 Microsoft Windows 用户账户连接时,SQL Server 使用 Windows 操作系统中的信息验证账户名和密码。Windows 身份验证模式使用 Kerberos 安全协议,通过强密码的复杂性验证提供密码策略强制、账户锁定支持、支持密码过期等。

Windows 身份验证模式允许使用存储在本地计算机的安全账户管理器 SAM 数据库中的现有账户,或者,如果该服务器是活动目录域的一个成员,则可以使用 Micorsoft Windows 活动目录数据库中的账户。

使用 Windows 身份验证模式的好处包括:允许 SQL 或数据库管理员使用已经存在的账户,从而减少管理开销,以及允许他们使用强大的身份验证协议,例如 Kerberos 或 Windows NT LAN Manager(NTLM)。在 Windows 身份验证模式中,SQL 并不存储或需要访问用于身份验证的密码信息。Windows 身份验证提供程序将负责验证用户的真实性。

(2) 混合模式

另一种方式是 SQL Server 和 Windows 身份验证模式,允许基于 Windows 的身份验证和基于 SQL 的身份验证,又被称为混合模式。

在该模式中,当客户端连接到服务器时,既可能采取 Windows 身份验证,也可能采取 SQL Server 身份验证。如果选择"混合模式",则可以输入并确认 SQL Server 系统管理员(sa)密码。在设备与 SQL Server 成功建立连接之后,用于 Windows 身份验证和混合模式的安全机制相同。

混合模式允许创建 SQL Server 独有的登录名,这些登录名没有相应的 Windows 或活动目录账户。这可以帮助那些不属于企业的用户通过身份验证,并获得访问数据库中安全对象的权限。当使用 SQL 登录名时,SQL Server 将用户名和密码信息存储在 master 数据库中,它负责对这些平局进行身份验证。

11.2 登 录 名

登录名即登录服务器时所用的用户名,在进行安全登录之前,要进行登录名的管理,管理登录名包括创建登录名、设置密码策略、查看登录名信息及修改和删除登录名等。

登录的安全管理可以通过 Microsoft SQL Server Management Studio 图形化工具和执行系统存储过程命令完成。

11-1
11-2

1. 创建登录名

(1) 通过 SQL Server Management Studio 图形界面创建

①建立 Windows 验证模式的登录名。操作步骤参见视频 11-1。

②建立 SQL Server 验证模式的登录名。操作步骤参见视频 11-2。

(2) 通过 Transact-SQL 语句创建

使用 CREATE LOGIN 语句,既可以将 Windows 登录名映射到 SQL Server 系统中创建基于 Windows 登录名的登录名,也可以创建 SQL Server 自身的登录名。SQL Server 登录名必须通过 SQL Server 身份验证,因此,在创建 SQL Server 登录名时,需要指定该登录名的密码策略。CREATE LOGIN 的语法结构为:

```
CREATE LOGIN 登录名
WITH PASSWORD ='密码'[HASHED][MUST_CHANGE]
    [,<选项列表>[,…]]                    /*WITH 子句用于创建 SQL Server 登录名*/
|FROM
{
  WINDOWS[WITH<Windows 选项>[,…]]
   |CERTIFICATE 证书名
   |ASYMMETRIC KEY 非对称密钥名
}
```

有四种类型的登录名:Windows 登录名、SQL Server 登录名、证书映射登录名和非对称密钥映射登录名。这里只具体介绍前两种。

①建立 Windows 验证模式的登录名。

建立 Windows 登录名使用 FROM 子句,在 FROM 子句的语法格式中,Windows 关键字指定将登录名映射到 Windows 登录名,其中,<Windows 选项>为创建 Windows 登录名的选项,DEFAULT_DATABASE=数据库指定默认数据库;DEFAULT_LANGUAGE=语言指定默认语言。

注意:在创建 Windows 登录名时,首先要确认该 Windows 用户是否已经建立,在指定登录名时,要符合"[域\用户名]"的格式,其中"域"为本地计算机名。

【例 11-1】以命令方式创建 Windows 登录名 abc(假设 Windows 用户 abc 已经建立,本地计算机名为"1501teacher"),默认数据库为 school。可在查询分析器中输入程序清单如下:

```
Use school
GO
CREATE LOGIN [1501teacher\abc]
  FROM WINDOWS
   WITH DEFAULT_DATABASE=school
```

命令执行成功后,在"登录名"→"安全性"列表上可看到该登录名。

②建立 SQL Server 验证模式的登录名。

建立 SQL Server 登录名使用 WITH 子句,其中,PASSWORD 用于指定正在创建的登录名的密码;HASHED 选项指定在 PASSWORD 参数后输入的密码已经过哈希运算,如果未选择此选项,则在将作为密码输入的字符串存储到数据库之前,对其进行哈希运算;如果指定 MUST_CHANGE 选项,则 SQL Server 会在首次使用新登录名时提示用户输入新密码。

<选项列表>:用于指定在创建 SQL Server 登录名时的如下选项:

▶ SID:指定新 SQL Server 登录名的全局唯一标识符。如果未选择此选项,则自动指派。

▶ DEFAULT_DATABASE:指定默认数据库。如果未指定此选项,则默认数据库将设置为 master。

▶ DEFAULT_LANGUAGE:指定默认语言。如果未指定此选项,则默认语言将设置为服务器当前默认语言。

▶ CHECK_EXPIRATION:指定是否对此登录名强制实施密码过期策略,默认值为 OFF。

【例 11-2】使用 CREATE LOGIN 语句创建 SQL Server 登录名 SQL1。可在查询分析器中输入程序清单:

```
CREATE LOGIN SQL1  WITH PASSWORD = 'abc123'
```

2. 管理登录名

(1)用 SSNS 图形界面来管理登录名

创建登录名之后,展开"对象资源管理器"服务器"安全性"节点,可以在登录名列表中看见新添加的登录名。可以在需要修改的登录账户上单击右键,选择相应命令进行管理。

①在新建的"SQL1"登录名上单击右键,选择"重命名"命令,将登录名改为"SQLlogin",如图 11-5 所示。

图 11-5 重命名

②在新建的“SQLlogin”登录名上单击右键，选择“属性”命令，弹出“登录属性”对话框，在其中可以修改登录账户的属性。

③如果要删除“SQLlogin”账户，在“SQLlogin”登录名上单击右键，选择“删除”命令即可。

(2)使用 T-SQL 语句来管理登录名

修改登录名的语法格式为：

```
ALTER  LOGIN   登录名
{ ENABLE |DISABLE |WITHPASSWORD='password' [OLD_PASSWORD='oldpassword']
}
```

说明：

▸登录名：指定正在更改的 SQL Server 登录账号。

▸ENABLE | DISABLE：启动或禁用此登录名。

▸PASSWORD='password'：仅适用于 SQL Server 登录账号。指定正在更改的登录账号的密码。

▸OLD_PASSWORD='oldpassword'：仅适用于 SQL Server 登录账号。要指派新密码的登录账号的当前密码。

【例 11-3】将 abc 的登录密码改为“123”，可用如下命令：

```
ALTER  LOGIN  abc  with  password='123'
```

【例 11-4】将 abc 的登录名更改为 xyz，可用如下命令：

```
ALTER  LOGIN  abc  with  name=xyz
```

3. 删除登录名

使用 T-SQL 语句来删除登录账号，可使用 DROP LOGIN 命令。其基本格式为：

```
DROP  LOGIN  登录名
```

【例 11-5】要删除登录账号 xyz，可用如下命令：

```
DROP  LOGIN  xyz
```

注意：不能删除正在使用的登录名，也不能删除拥有任何安全对象、服务器级别对象或 SQL 代理作业的登录名。可以删除数据库用户映射到的登录名，但是这会创建孤立用户。

4. 启用、禁用和解锁登录名

通过 SQL Server Management Studio 图形工具启用、禁用和解锁登录。

启动 Microsoft SQL Server Management Studio，在“对象资源管理器”视图中，连接到适当的服务器，然后向下浏览至“安全性”，展开“安全性”文件夹和“登录名”文件夹，以列出当前的登录。右击一个登录名，从快捷菜单中选择“属性”，打开“登录属性”对话框，以查看此登录的属性。在“登录属性”对话框左侧列表中选择“状态”选项，打开“状态”页面，如图 11-6所示。

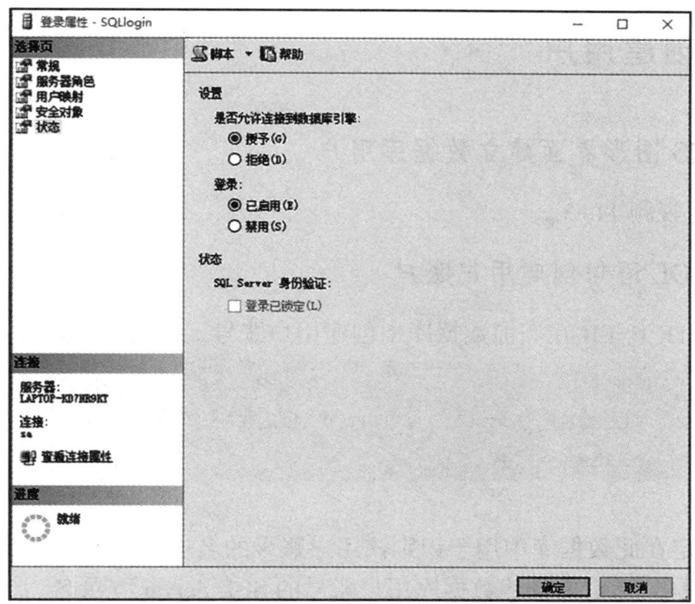

图 11-6 登录名属性“状态”页面

然后可以进行以下操作:

- 要启动登录,在“登录”选项区下选择“启用”单选按钮。
- 要禁用登录,在“登录”选项区下选择“禁用”单选按钮。
- 要解锁登录,清除“登录已锁定”复选框。

最后单击“确定”按钮,完成操作。

以上操作相当于如下 SQL 命令:

```
ALTER LOGIN 登录名 DISABLE    ——禁用登录名
ALTER LOGIN 登录名 ENABLE     ——启用登录名
```

11.3 数据库用户

数据库用户是登录名在数据库中的映射,是在数据库中执行操作和活动的行动者,是数据库级的主体。dbo 是数据库中的默认用户。SQL Server 系统安装之后,dbo 用户就自动存在了。dbo 用户拥有在数据库中操作的所有权限。默认情况下,sa 登录名在各数据库中对应的用户是 dbo 用户。

在 Microsoft SQL Server 2012 系统中,数据库用户不能直接拥有表、视图等数据库对象,而是通过架构拥有这些对象。架构将在 11.6 节中详细讨论。

数据库用户管理包括创建用户、查看用户信息、修改用户、删除用户等操作。数据库用户的管理也是可以通过 Microsoft SQL Server Management Studio 工具和 Transact-SQL 语句完成。

11.3.1 创建用户

1. 通过 SSMS 图形界面建立数据库用户

11-3

操作步骤参见视频 11-3。

2. 使用 T-SQL 语句创建用户账户

可使用 CREATE USER 在当前数据库中创建用户账号。其语句格式为：

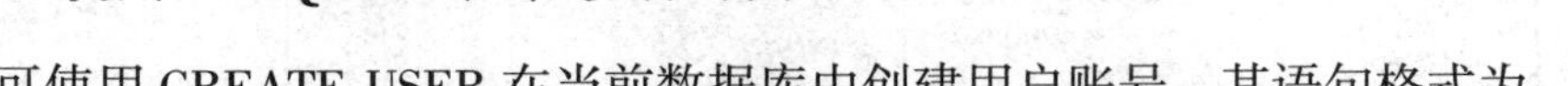

```
CREATE USER 用户名
[ {{FOR | FROM} {LOGIN 登录名} | WITHOUT LOGIN ]
[WITH DEFAULT_SCHEMA=架构名 ]
```

参数说明：

- 用户名：指定在此数据库中用于识别该用户账号的名称。
- LOGIN 登录名：指定要创建数据库用户账号的 SQL Server 登录名。
- WITHOUT LOGIN：指定不应将用户账号映射到现有登录名。
- WITH DEFAULT_SCHEMA=架构名：指定服务器为此数据库用户解析对象名称时将搜索的第一个架构，默认为 dbo。

【例 11-6】 创建名为 abc1 且具有密码"12345"的服务器登录名，然后在 school 中创建对应的数据库用户账号 user1，默认架构为 dbo，命令如下：

```
CREATE LOGIN abc1 WITH password='12345'
USE school
CREATE USER user1 for login abc1
GO
```

命令执行成功后，展开"school"数据库→"安全性"→"用户"，看到 user1 数据库用户，如图 11-7 所示。

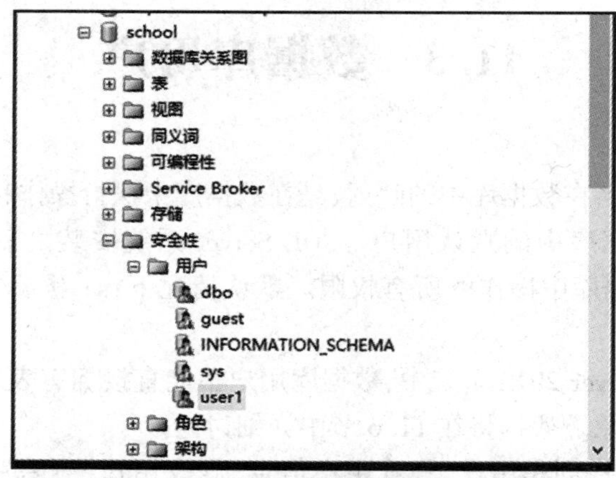

图 11-7 school 的数据库用户 user1

11.3.2 管理用户

1. 通过SSMS图形界面管理数据库用户

创建完数据库用户以后，展开目标数据库“school”下的“安全性”节点，在“用户”列表中可以看见新添加的数据库用户。可以在需要修改的数据库上单击右键，选择相应命令进行管理，如图11-8所示。

①在新建的“user1”数据库用户名上单击右键，选择“属性”命令，弹出“数据库用户-user1”对话框，在其中可以查看和修改数据库用户的属性，如图11-9所示。

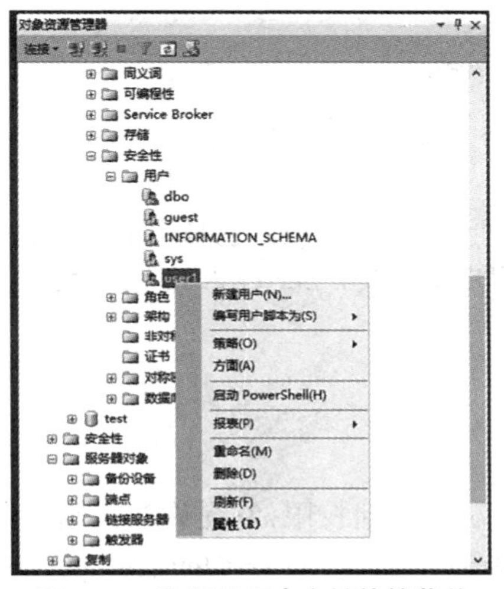

图11-8 数据库用户右键快捷菜单

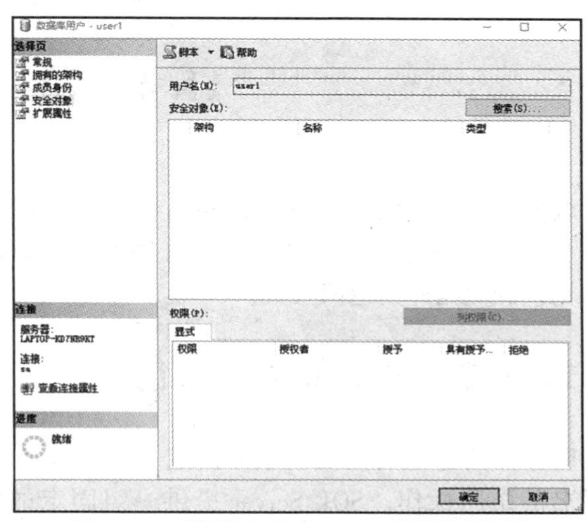

图11-9 “数据库用户-user1”属性对话框

②如果要重命名“user1”，可选择“重命名”命令。

③如果要删除“SQLuser”账户，在“SQLuser”用户名上单击右键，选择“删除”命令即可。

2. 使用T-SQL语句可以管理数据库用户

①使用T-SQL语句的ALTER USER修改数据库的用户账号。其基本格式为：

```
ALTER USER user_name
      WITH NAME=new_user_name
```

参数说明：

- user_name：要修改的用户账号名称。
- NAME=new_user_name：指定此用户账号的新名称。

【例11-7】将用户账号user1的名称更改为user123，可用如下命令：

```
USE school
Alter user1 with name= user123
```

注意：若要更改用户账号名，需要对数据库具有ALTER ANY USER权限。

②使用 T-SQL 语句的 drop user 删除数据库的用户账号，其基本格式为：

```
DROP USER user_name
```

【例 11-8】从 school 数据库中删除数据库用户账号 user1，可用如下命令：

```
USE  school
DROP  USER  user1
Go
```

注意：不能从数据库中删除拥有安全对象的用户账号。必须先删除或转移安全对象的所有权，才能删除拥有这些安全对象的数据库用户账号。一般不能删除 guest 用户账号。另外，删除时需要对数据库具有 ALTER ANY USER 权限。

11.4 角　　色

为便于管理数据库中的权限，SQL Server 提供了若干"角色"，这些角色是用于对其他主体进行分组的安全主体，类似于 Windows 操作系统中的用户组。SQL Server 2012 的角色分为服务器角色和数据库角色两大类。

11.4.1 固定服务器角色

服务器角色主要是控制服务器端对请求数据库资源的访问权限，它允许或拒绝服务器登录名的访问操作。SQL Server 提供一组固定的服务器角色，比如 sysadmin、securityadmin 等，通过将这些固定的服务器角色赋予不同的服务器登录名对象，可以实现服务器级别的权限管理。

固定服务器角色是服务器级别的主体，作用范围是整个服务器，具备执行指定操作的权限，无法更改授予固定服务器角色的权限。可以将服务器级主体(SQL Server 登录名、Windows 账户和 Windows 组)添加到服务器级角色中，这样该登录名就可以继承固定服务器角色的权限。

Microsoft SQL Server 2012 提供了 9 种固定服务器角色。固定服务器角色的每个成员都可以将其他登录名添加到该同一角色，而用户定义的服务器角色的成员则无法将其他服务器主体添加到角色。

按照从最低级别的角色(bulkadmin)到最高级别的角色(sysadmin)的顺序进行描述：

①bulkadmin：这个服务器角色的成员可以运行 BULK INSERT 语句。BULK INSERT 语句允许从文本文件中将数据导入 SQL Server 2012 数据库中，为需要执行大容量插入到数据库的域账户而设计。

②dbcreator：这个服务器角色的成员可以创建、更改、删除和还原任何数据库。这不仅是适合助理 DBA 的角色，也可能是适合开发人员的角色。

③diskadmin：这个服务器角色用于管理磁盘文件，比如镜像数据库和添加备份设备。它适合助理 DBA。

④processadmin:进程管理员,这个角色的成员可以终止在 SQL Server 实例中运行的进程。

⑤securityadmin:安全管理员,这个服务器角色的成员将管理登录名及其属性。它们可以授权(GRANT)、拒绝(DENY)和撤销(REVOKE)服务器级和数据库级权限(在它们具有数据库的访问权限的前提下),也可重置 SQL Server 2012 登录名的密码。

⑥serveradmin:服务器管理员,这个服务器角色的成员可以更改服务器范围的配置选项和关闭服务器。

⑦setupadmin:设置管理员,这个角色的成员能添加到 setupadmin,能增加、删除和配置链接服务器,并能控制启动过程,是为需要管理链接服务器和控制启动的存储过程的用户而设计的。

⑧sysadmin:系统管理员,这个服务器角色的成员可以在 SQL Server 服务器中执行任何活动,为最高管理员角色。这个角色一般适用于数据库管理员(DBA)。

⑨public:每个 SQL Server 登录名均属于 public 服务器角色。如果未向某个服务器主体授予或拒绝对某个安全对象的特定权限,该用户将继承授予该对象的 public 角色的权限。当希望该对象对所有用户可用时,只需对任何对象分配 public 权限即可。public 有两大特点:第一,初始状态时没有权限;第二,所有的数据库用户都是它的成员。public 的实现方式与其他角色不同,无法更改 public 中的成员关系,但是可以从 public 授予、拒绝或撤销权限。

1. 查看服务器角色属性

利用 Microsoft SQL Server Management Studio 可以查看服务器角色属性,操作步骤如下:

在"对象资源管理器"中依次展开"安全性"→"服务器角色"节点,如图 11-10 所示。选择其中的一个服务器,在其上单击右键,在弹出的快捷菜单中选择"属性"选项。例如,选择 securityadmin 这个服务器并右击,在快捷菜单中单击"属性"选项,打开如图 11-11 所示的"服务器角色属性"对话框,在该对话框中就可以查看 securityadmin 这个服务器角色的属性了。

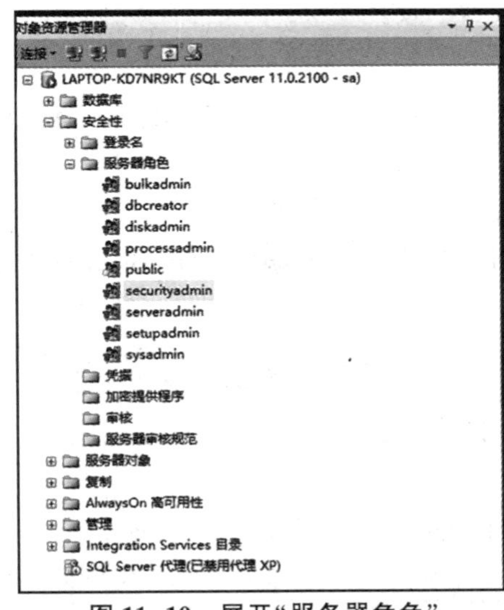

图 11-10 展开"服务器角色"

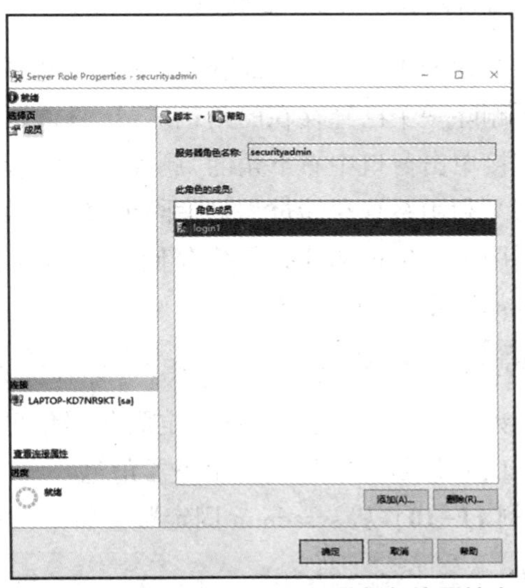

图 11-11 securityadmin 服务器角色的属性窗口

2. 添加服务器角色的角色成员

11-4

①利用 Microsoft SQL Server Management Studio 可以添加服务器角色的角色成员，操作步骤参见视频 11-4。

②利用系统存储过程添加固定服务器角色成员。

利用系统存储过程 sp_addsrvrolemember 可将某一登录名添加到一固定服务器角色中，使其成为固定服务器角色的成员。语法格式为：

```
sp_addsrvrolemember[@登录名=]'login',[@角色名=]'role'
```

说明：login 指定添加到固定服务器角色 role 的登录名，login 可以是 SQL Server 登录名或 Windows 登录名；对于 Windows 登录名，如果还没有授予 SQL Server 访问权限，将自动对其授予访问权限，固定服务器角色名 role 必须是 sysadmin、securityadmin、serveradmin、setupadmin、processadmin、diskadmin、bulkadmin 及 public 之一。

说明：①将登录名添加为固定服务器角色的成员后，该登录名就会得到与此固定服务器角色相关的权限。②不能更改 sa 角色成员资格。③不能在用户定义的事务内执行 sp_addsrvrolemember 存储过程。④sysadmin 固定服务器的成员可以将任何固定服务器角色添加到某个登录名，其他固定服务器角色的成员可以执行 sp_addsrvrolemember，为某个登录名添加同一个固定服务器角色。⑤如果不想让用户有任何管理权限，就不要将其指派给服务器角色，这样就可以将用户限定为普通用户。

【例 11-9】将 SQL Server 登录名“SQLlogin”添加到 sysadmin 固定服务器角色中。可执行如下命令：

```
EXEC sp_addsrvrolemember 'SQLlogin','sysadmin'
```

3. 删除服务器角色成员

（1）在 SSMS 图形界面删除服务器角色成员

要删除一个已经存在的角色成员，只需要选中图 11-12 所示的窗口中的某个角色成员，然后直接单击窗口中右下角的“删除”按钮，即可删除服务器角色。

（2）利用系统存储过程删除固定服务器角色成员

利用 sp_dropsrvroler 系统存储过程可从固定服务器角色中删除 SQL Server 登录名或 Windows 登录名。语法格式为：

```
sp_dropsrvroler [@登录名=]'login',[@角色名=]'role'
```

参数含义：login 为将要从固定服务器角色删除的登录名；role 为服务器角色成员，默认值为 NULL，必须是有效的固定服务器角色。

【例 11-10】从 sysadmin 固定服务器角色中删除 SQL Server 登录名 SQLlogin。

```
EXEC sp_dropsrvroler SQLlogin','sysadmin'
```

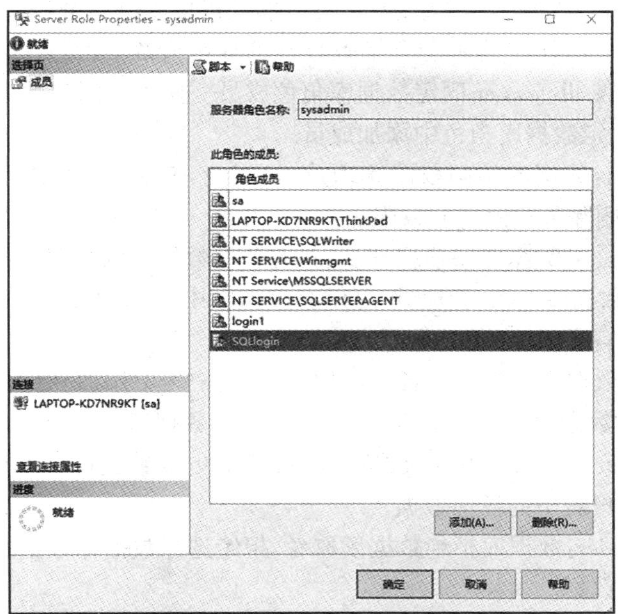

图 11-12　删除 sysadmin 服务器角色成员 SQLlogin

11.4.2　固定数据库角色

数据库角色是数据库级别的主体,也是数据库用户的集合。数据库用户可以作为数据库角色的成员,继承数据库角色的权限。数据库级角色的权限作用域为数据库范围。数据库管理人员可通过管理角色权限来管理数据库用户权限,可以向数据库级角色中添加任何数据库账户和其他 SQL Server 角色。数据库角色分为固定数据库角色和自定义数据库角色。

1. 固定数据库角色

固定数据库角色是系统默认用于组织数据库用户权限的角色,在数据库级别定义,存在于每个数据库中,在数据库级别提供管理特权分组。管理员可将任何有效的数据库用户添加为固定数据库角色成员。每个成员都获得应用于固定数据库角色的权限。用户不能增加、修改和删除固定数据库角色。

SQL Server 2012 在数据库级设置了固定数据库角色来提供最基本的数据库权限的综合管理,固定数据库角色的每个成员都可向同一个角色添加其他登录名。但是不能将非固定数据库角色添加为固定角色的成员,这会导致意外的权限升级。在数据库创建时,系统默认创建了 10 个固定数据库角色,所有数据库中都有这些角色。就像固定服务器角色一样,固定数据库角色也具有了预先定义好的权限。

各固定数据库级角色及其能够执行的操作如下:

①db_owner:数据库所有者,可以管理固定数据库角色成员身份、执行数据库的所有配置和维护活动,还可以删除数据库。该角色的权限跨越所有其他固定数据库角色。db_owner 数据库角色的成员能够向 db_owner 固定数据库角色中添加成员。

②db_securityadmin：数据库安全管理员，可以修改角色成员身份和管理数据库中的语句及对象权限。向此角色中添加主体可能会导致意外的权限升级。db_securityadmin 固定数据库角色成员虽然也可以像 db_owner 固定数据库角色成员一样管理固定数据库角色成员身份，但是不能向 db_owner 固定数据库角色中添加成员。

③db_accessadmin：数据库访问权限管理员，可以为 Windows 登录名、Windows 组和 SQL Server 登录名添加或删除数据库访问权限。

④db_backupoperator：数据库备份操作员，具有备份数据库的权限，可以备份数据库。

⑤db_ddladmin：数据库 DDL 管理员，可以在数据库中添加、修改或除去数据库中的对象，运行任何数据定义语言（DDL）命令。

⑥db_datawriter：数据库数据写入者，可以在所有用户表中添加、更改或删除数据。

⑦db_datareader：数据库数据读取者，可以查看来自数据库中所有用户表的全部数据。

⑧db_denydatawriter：数据库拒绝数据写入者，拒绝更改数据库数据的权限，不能添加、修改或删除数据库内用户表中的任何数据。

⑨db_denydatareader：数据库拒绝数据读取者，拒绝选择数据库数据的权限，不能读取数据库内用户表中的任何数据。

⑩public 角色：是一个特殊的数据库角色，在 SQL Server 2012 中，每个数据库用户都属于它。捕获数据库中用户的所有默认权限，当尚未对某个用户授予或者拒绝对安全对象的特定权限时，则该用户将继承授予该安全对象的 public 角色的权限。这个数据库角色不能被删除。无法将用户、组或角色指派给它，因为默认情况下它们即属于该角色。其含在每个数据库中，包括 master、msdb、tempdb、model 和所有用户数据库。

上述这些角色都包含与其名称相同的数据库架构（Schema），比如 db_datareader 就默认只拥有名为 db_datareader 的架构。用户可以创建角色，并让角色获取相应的架构，最后将角色（Role）与数据库用户（User）建立起联系即可。

当几个用户需要在某个特定的数据库中执行类似的动作时（这里没有相应的 Windows 用户组），就可以向该数据库中添加一个角色（role）。数据库角色指定了可以访问相同数据库对象的一组数据库用户。使用固定数据库角色可以大大简化数据库角色权限管理工作。

2. 添加固定数据库角色成员

（1）以界面方式添加固定数据库成员

在"对象资源管理器"中展开"数据库"→"school"→"安全性"→"用户"，选择一个数据库用户，如"user1"，双击或右击选择"属性"菜单，打开"数据库用户_user1"窗口，在"成员身份"选项页的"数据库角色成员身份"栏中，用户可以根据需要在数据库角色前的复选框中打钩，如在"db_owner"前勾选，为数据库用户添加相应的数据库角色，单击"确定"按钮完成添加。

查看固定数据库角色成员，在"对象资源管理器"中，在 school 数据库下的"安全性"→"角色"→"数据库角色"目录下，选择"数据库角色"，如"db_owner"，右击，选择"属性"菜单项，在"属性"窗口中的"角色成员"栏下可以看到该数据库角色的成员列表中出现了 user1 用户。

（2）利用系统存储过程添加固定数据库成员

利用系统存储过程 sp_addrolemember 可以将一个数据库用户添加到某一固定数据库角色

中,使其成为该固定数据库角色的成员,其语法格式为:

```
sp_addrolemember[@角色名=]'role',[@成员名=]'security_account'
```

参数含义:role 为当前数据库中的数据库角色名称;security_account 为添加到该角色的安全账户,可以是数据库用户或当前数据库角色。

说明:①当使用 sp_addrolemember 将用户添加到角色时,新成员将继承所有应用到角色的权限。②不能将固定数据库或固定服务器角色或者 dbo 添加到其他角色。例如,不能将 db_ower 固定数据库角色添加成为用户定义的数据库角色的成员。③在用户定义的事务中,不能使用 sp_addrolemember。④只有 sysadmin 固定服务器角色和 db_ower 固定数据库角色中的成员可以执行 sp_addrolemember,以将成员添加到数据库角色。⑤db_securityadmin 固定数据库角色的成员可以将用户添加到任何用户定义的角色。

【例 11-11】 将 school 数据库上的数据库用户 user1 添加为固定数据库角色 db_owner 的成员。其程序代码如下:

```
Use school
Go
EXEC sp_addrolemember 'db_owner','user1'
```

3. 删除固定数据库角色成员

(1) 以界面方式删除固定数据库成员

在"对象资源管理器"中展开"数据库"→"school"→"安全性"→"用户",选择一个数据库用户,如"user1",双击或右击,选择"属性",打开"数据库用户_user1"窗口,在"成员身份"选项页的"数据库角色成员身份"栏中,用户可以根据需要,将已有数据库角色前的复选框中的对钩去掉,单击"确定"按钮即完成删除固定数据库成员。

(2) 利用系统存储过程删除固定数据库角色成员

利用系统存储过程 sp_droprolemember 可以将某一成员从固定数据库角色中去掉,其语法格式为:

```
sp_droprolemember[@角色=]'role',[@成员名=]'security_account'
```

说明:删除某一角色的成员后,该成员将失去作为该角色的成员身份所拥有的任何权限;不能删除 public 角色的用户,也不能从任何角色中删除 dbo。

【例 11-12】 将数据库用户 user1 从 dbo_owner 中去除。其程序代码如下:

```
EXEC sp_droprolemember 'db_ower','user1'
```

11.4.3 自定义用户角色

当固定数据库角色不能满足需要时,比如,要求用户只需拥有对数据库的"选择""修改"和"执行"权限,或者要建立一个或几个能够访问某个数据库所有数据及执行存储过程的账户,就可以自定义一个数据库角色并赋给能够访问所有表的权限(添加、修改、删除、查询)及执行存储过程的权限,并把需要此权限的用户加入进来,但是固定数据库角色中没有一个角色能提供这组权限,所以需要创建一个自定义的数据库角色。

创建用户定义的数据库角色就是创建一组用户,这些用户具有相同的一组许可。如果一组用户需要执行在 SQL Server 中指定的一组操作且不存在对应的 NT 组,或者没有管理 NT 用户账号的许可,就可以在数据库中建立一个用户自定义的数据库角色。

管理数据库角色包括创建数据库角色、添加和删除数据库角色成员、查看数据库角色信息及修改和删除角色等。在 SQL Server 中,可以利用 Microsoft SQL Server Management Studio 图形工具和 T-SQL 语句两种方式来管理 SQL 用户自定义角色。

1. 创建自定义数据库用户角色

11-5

(1) 使用 Microsoft SQL Server Management Studio 工具创建数据库用户角色

操作步骤参见视频 11-5。

(2) 使用 T-SQL 语句创建数据库角色

建立用户自定义数据库角色可使用 CREATE ROLE 命令。其语法格式为:

```
CREATE ROLE 角色名[AUTHORIZATION 所有者名]
```

说明:①角色名 为要创建的数据库角色名称;②AUTHORIZATION 所有者名用于指定新的数据库角色的所有者,如果未指定,则执行 CREATE ROLE 的用户将拥有该角色。

【例 11-13】 在 school 数据库中创建名为 role2 的新角色,并指定 dbo 为该角色的所有者。程序清单如下:

```
Use school
Go
CREATE ROLE   role2   AUTHORIZATION dbo
```

还可以以给数据库角色添加成员的方式,来创建自定义数据库角色,使用系统存储过程 sp_addrolemember 来完成,这与 11.4.2 节介绍的相同。

【例 11-14】 将以 SQLlogin 登录名创建的 school 数据库用户 user1 添加到数据库角色 role2 中。可执行的程序代码如下:

```
EXEC sp_addrolemember 'role2' ,'user1'
```

2. 删除自定义的数据库角色

要删除自定义的数据库角色,使用 DROP ROLE 命令,其语法结构为:

```
DROP ROLE [角色名]
```

说明:①无法从数据库删除拥有安全对象的角色。若要删除拥有安全对象的数据库角色,必须首先转移这些安全对象的所有权,或从数据库删除它们。②无法从数据库删除拥有成员的角色。若要删除拥有成员的数据库角色,必须首先删除角色的所有成员。③不能使用 DROP ROLE 删除固定数据库角色。

【例 11-15】 删除数据库角色 role2。

在删除 role2 之前,首先要将 role2 中的成员删除,可使用 SSMS 界面方式,也可以使用命令方式。若使用界面方式,只需在 role2 的属性页中操作即可。确认 role2 的成员删除后,使用以下命令删除 role2。

```
DROP ROLE role2
```

11.4.4 应用程序角色

应用程序角色相对于服务器角色和数据库角色来说比较特殊,它没有默认的角色成员。应用程序角色能够使应用程序用其自身的、类似用户的特权来运行。使用应用程序角色可以只允许通过特定应用程序连接的用户访问特定数据,用户仅用他们的 SQL Server 登录名和数据库账户将无法访问数据。

使用应用程序角色的一般过程如下:创建一个应用程序角色,并给它指派权限;用户打开批准的应用程序,并登录 SQL Server;激活应用程序角色,为此,需要使用系统存储过程 sp_setapprole。

应用程序角色一旦被激活,SQL Server 就将用户作为应用程序来看待,并给用户指派应用程序角色所拥有的权限。

创建应用程序角色的步骤如下:

(1) 用 SSMS 界面操作创建应用程序角色

操作步骤参见视频 11-6。

11-6

(2) 用命令创建应用程序角色

可使用 CREATE APPLICATION 命令创建应用程序角色,语法结构如下:

```
CREATE APPLICATION ROLE [角色名]
WITH PASSWORD = [密码], DEFAULT_SCHEMA = [默认架构]
```

【例 11-16】 创建带有指定框架结构 GManager(可用 CREATE SCHEMA GManager 建立)的应用程序角色 APProle_stu。程序清单如下:

```
USE school
GO
CREATE APPLICATION ROLE APProle_stu
WITH PASSWORD ='12345' ,DEFAULT_SCHEMA =GManager
```

(3) 激活应用程序角色

激活应用程序角色可使用 sp_setapprole 来完成,其语法结构如下:

```
sp_setapprole 'role_name ', 'password'
```

【例 11-17】 激活例 11-16 中所建立的 APProle_stu 应用程序角色。程序清单如下:

```
USE school
Go
sp_setapprole 'APProle_stu ','12345'
GO
```

11.5 数据库的架构定义及使用

数据库架构的作用是将数据库中的所有对象分成不同的集合,每个集合就称为一个架构。

数据库中每一个用户都会有自己的默认架构，这个默认架构可以在创建数据库用户时由创建者设定，若不设定，则系统默认架构为 dbo。数据库用户只能对属于自己架构中的数据库对象执行相应的数据操作。操作的权限由数据库角色决定。

在 SQL Server 2012 中，数据库架构是一个独立于数据库用户的非重复命名空间，数据库中的对象都属于某一个架构。一个架构只能有一个所有者，所有者可以是用户、数据库角色等。架构的所有者可以访问架构中的对象，并且可以授予其他用户访问该架构的权限。

可以用对象资源管理器和 T-SQL 语句两种方式来创建架构，但必须具有 CREATE SCHEMA 权限。

1. 建立架构

(1) 用对象资源管理器创建架构

操作步骤参见视频 11-7。

11-7

(2) 使用 Transact-SQL 语句创建架构

使用 CREATE SCHEMA 语句不仅可以创建架构，还可以创建该架构所拥有的表、视图，并且可以对这些对象设置权限。其语法格式如下：

```
CREATE SCHEMA
{架构名 | AUTHORIZATION 所有者名 | 架构名 AUTHORIZATION 所有者名 }
[<{表定义 |视图定义 |grant 语句 |revoke 语句 |deny 语句}>]
```

参数说明：

①架构名：在数据库内标识架构的名称。架构名称在数据库中要唯一。

②AUTHORIZATION 所有者名：指定将拥有架构的数据库级主体（如用户、角色等）的名称。此主体还可以拥有其他架构，并且可以不使用当前架构作为其默认架构。

③表定义：指定在架构内创建表的 CREATE TABLE 语句。执行此语句的主体必须对当前数据库具有 CREATE TABLE 权限。

④视图定义：指定在架构内创建视图的 CREATE VIEW 语句。执行此语句的主体必须对当前数据库具有 CREATE VIEW 权限。

⑤grant 语句：指定可对除新架构外的任何安全对象授予权限的 GRANT 语句。

⑥revoke 语句：指定可对除新架构外的任何安全对象撤销权限的 REVOKE 语句。

⑦deny 语句：指定可对除新架构外的任何安全对象拒绝授予权限的 DENY 语句。

【例 11-18】 在 school 数据库中创建一个名为 GManager1 的简单架构。程序清单如下：

```
USE  school
GO
CREATE SCHEMA GManager1
GO
```

此架构为一个简单的架构。

【例 11-19】 在 school 数据库中创建一个属于 user1 用户的架构 StuManager。程序清单如下：

```
USE  school
GO
CREATE SCHEMA StuManager   AUTHORIZATION  user1
 GO
```

此架构为有明确所有者的架构。

【例 11-20】创建一个属于 user1 用户的架构 StuManager2，同时再创建一个表 StuScore。程序清单如下：

```
USE school
GO
    CREATE SCHEMA StuManager2  AUTHORIZATION  user1
    CREATE TABLE StuScore(StuID char(8),StuName VARCHAR(10),cno char(5),score
INT)
GO
```

创建架构的同时创建了一个表，执行后可以看到在表中有 StuManager2 架构的表 StuScore，如图 11-13 所示。

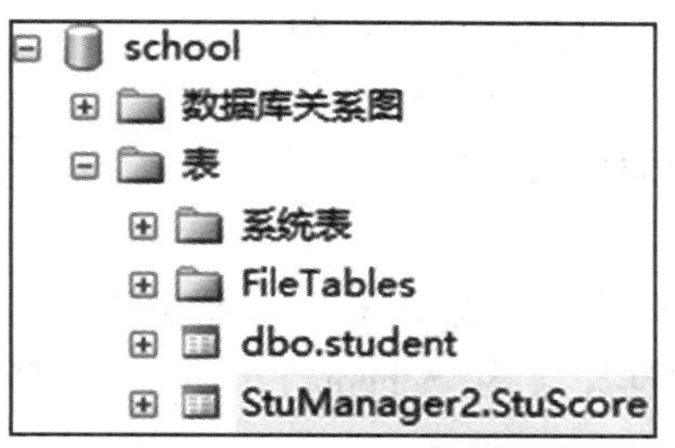

图 11-13　创建 StuManager2 架构的表 StuScore

【例 11-21】创建一个属于 user1 用户的架构 StuManager3，同时再创建一个表，并为 guest 指定 select 权限。程序清单如下：

```
USE  school
GO
CREATE SCHEMA StuManager3
AUTHORIZATION  user1
CREATE TABLE StuScore(StuID char(8),StuName VARCHAR(10),cno char(5),score
INT)
GRANT SELECT TO guest
GO
```

创建架构的同时创建了表和管理权限。

注意：架构在创建之后，就不能更改名称，除非删除该架构，然后使用新的名称创建一个新的架构。

2. 删除架构

①在“对象资源管理器”窗口中展开“数据库”→“school”→“安全性”→“架构”，选择要删

除的架构名 如 StuManager2，右击，在弹出的快捷菜单中选择“删除”菜单项即可。

②此外，可使用 DROP SCHEMA 语句删除架构。例如，要删除 StuManager3 架构，可用如下命令：

```
DROP SCHEMA StuManager3
```

注意：删除架构时，必须保证架构中没有对象，即要把属于 StuManager2 和 StuManager3 架构的表先删除掉，才能够删除 StuManager2 和 StuManager3 架构。

11.6 权限管理

当用户登录到系统中后，能执行哪些操作、使用哪些对象和资源？这是基本的安全问题，在 SQL Server 2012 系统中，通过安全对象和权限设置来解决。

权限提供了一种方法来对特权进行分组，并控制实例、数据库和数据库对象的维护和实用程序的操作。用户可以具有授予一组数据库对象的全部特权的管理权限，也可以具有授予管理系统的全部特权但不允许存取数据的系统权限。

11.6.1 权限管理概述

SQL Server 2012 中权限管理的主要对象包括服务器登录名、服务器角色、数据库用户（User）、数据库角色（Role）、数据库架构（Schema）。

1. 服务器级别对象

服务器级别对象包括两类：服务器登录名和服务器角色。

①服务器登录名对象能保证数据库系统根据对象间的关系获取相应的数据库操作权限，因此，可以把服务器登录名对象看作权限树的根部和起点。

②服务器角色是指一组固定的服务器用户，默认有 9 组，通过给用户分配固定的服务器角色，可使用户具有执行管理任务的角色权限。

2. 数据库级别对象

服务器对象的权限设置粒度过大，因此要依靠数据库级别的对象。数据库级别对象包括数据库用户（User）、数据角色（Role）、数据库架构（Schema）。这三类对象是针对每一个数据库实例的，因此可以对单个数据库实例权限进行细分。

数据库权限指明用户获得哪些数据库对象的使用权，以及用户能够对这些对象执行何种操作。用户在数据库中拥有的权限取决于两方面的因素：用户账户的数据库权限和用户所在角色的类型。而数据库用户（User）的权限来自数据库角色（Role）和数据库架构（Schema）两个对象，通过在用户中选定相应的角色和架构，可以较为方便地实现数据库中数据的分离、存取权限的分离等权限管理。

3. 权限的授予

在 SQL Server 2012 中,所有对象权限都可以授予,可以为所有特定的对象、特定类型的所有对象和所有属于特定架构的对象管理器授予权限。

在服务器级别,可以分为服务器、断点、登录和服务器角色授予对象权限,也可以为当前的服务器授予管理权限。

在数据库级别,可以为应用程序角色、程序集、非对称密钥、凭据、数据库角色、数据库、全文目录、函数、架构等授予管理权限。

权限是执行操作、访问数据的通行证,只有拥有了针对某种安全对象的指定权限,才能对该对象执行相应的操作。

4. 权限的类型

在 Microsoft SQL Server 2012 系统中,不同的分类方式可以把权限分成不同的类型。

①如果依据权限是否预先定义,可以把权限分为预先定义的权限和预先未定义的权限。

a. 预先定义的权限是指那些系统安装之后不必通过授予权限即拥有的权限。

b. 预先未定义的权限是指那些需要经过授权或继承才能得到的权限。

②如果按照权限是否与特定的对象有关,可以把权限分为针对所有对象的权限和针对特殊对象的权限。

a. 针对所有对象的权限表示这种权限可以针对 SQL Server 系统中所有的对象,例如,CONTROL 权限是所有对象都有的权限。

b. 针对特殊对象的权限是指某些权限只能在指定的对象上起作用,例如 INSERT 可以是表的权限,但是不能是存储过程的权限,而 EXECUTE 则是存储过程的权限,但不能是表的权限。

5. 对象权限

一旦有了保存数据的结构,就需要给用户授权开始使用数据库中数据的权限,可以通过用户授予对象权限来实现。利用对象权限,可以控制谁能够读取、写入或者以其他方式操作数据。SQL Server 2012 系统中共有 12 个对象权限。

①Control 权限:权限提供对象及其下层所有对象上的类似于主所有权的能力。例如,假设给用户授予了数据库上的“控制”权限,那么它们在该数据库内的所有对象(比如表和视图)上都拥有“控制”权限。

②Alter 权限:这个权限允许用户创建(CREATE)、修改(ALTER)或者删除(DROP)受保护对象及其下层所有对象。他们能够修改的唯一属性是所有权。

③Take Ownership 权限:这个权限被授权者获取所授予的安全对象的所有权。

④Impersonate 权限:这个权限允许用户模拟该对象的所有权。

⑤Create 权限:这个权限允许用户创建对象。

⑥View Definition 权限:这个权限允许用户查看用来创建受保护对象的 T-SQL 语法。

⑦Select 权限:当用户获得了选择权限时,该权限允许用户从表或者视图中读取数据。当用户在列级上获得了选择权限时,该权限允许用户从列中读取数据。

⑧Insert 权限：这个权限允许用户在表中插入新的行。

⑨Update 权限：这个权限允许用户修改表中的现有数据，但不允许添加或者删除表中的行。当用户在某一列上获得了这个权限时，用户只能修改该列中的数据。

⑩Delete 权限：这个权限允许用户从表中删除行。

⑪Reference 权限：表可以借助于外部关键字关系在一个共有列上相互链接起来；外部关键字关系设计用来保护表间的数据。当两个表借助外部关键字链接起来时，这个权限允许用户从主表上选择数据，即使他们在外部表上没有“选择”权限。

⑫Exceute 权限：这个权限允许用户执行被应用了该权限的存储过程。

在 Microsoft SQL Server 2008 系统中，针对所有对象的权限包括 CONTROL、ALTER、ALTER ANY、TAKE OWNERSHIP、INPERSONATE、CREATE、VIEW DEFINITION 等。

6. 权限状态

权限分为三种状态：授予、撤销、拒绝，可以使用如下语句来修改权限的状态。

①授予权限(GRANT)：授予权限以执行相关的操作。通过角色，所有该角色的成员继承此权限。

②撤销权限(REVOKE)：撤销授予的权限，但不会显式阻止用户或角色执行操作。用户或角色仍然能继承其他角色的 GRANT 权限。

③拒绝权限(DENY)：显式拒绝执行操作的权限，并阻止用户或角色继承权限。该语句优先于其他授予的权限。

不同的安全对象往往具有不同的权限，安全对象的常用权限见表 11-1。

表 11-1　安全对象的常用权限表

安全对象	常用权限
数据库	CREATE DATABASE、CREATE DEFAULT、CREATE FUNCTION、CREATE PROCEDURE、CREATE VIEW、CREATE TABLE、CREATE RULE、BACKUP DATABASE、BACKUP LOG
表	SELECT、DELETE、INSERT、UPDATE、REFERENCES
表值函数	SELECT、DELETE、INSERT、UPDATE、REFERENCES
视图	SELECT、DELETE、INSERT、UPDATE、REFERENCES
存储过程	EXECUTE、SYNONYM
标量函数	EXECUTE、REFERENCES

11.6.2　授予权限

在 SQL Server 2012 系统中，可以使用 GRANT 语句授予对 SQL Server 中数据库用户、数据库角色或应用程序角色的权限，将安全对象的权限授予指定的安全主体。可以使用 GRANT 语句授权的安全对象包括应用程序角色、程序集、非对称密钥、证书、约定、数据库、端点、全文目录、函数、消息类型、对象、队列、角色、路由、架构、服务器、服务、存储过程、对称密钥、系统对象、表、类型、用户、视图和 XML 架构集合等。

GRANT 语句的语法是比较复杂的，不同的安全对象有不同的权限，因此也有不同的授权

方式。

1. 以 SQL 命令方式授予权限

利用 GRANT 语句可以给数据库用户或数据库角色授予数据库级别或对象级别的权限。语法格式如下：

```
GRANT {All[PRIVILEGES]}|权限[(列[,...])][,...]
   [ON 安全对象]TO 主体[,...]
```

参数说明：

①ALL：表示授予所有可用的权限。ALL PRIVILEGES 是 SQL_92 标准的用法，对于语句权限，只有 sysadmin 角色成员可以使用 ALL；对于对象权限，sysadmin 角色成员和数据库对象所有者都可以使用 ALL，但 SQL Server 2012 不推荐使用此选项，保留该选项仅用于向前兼容。

②权限：权限名称，根据安全对象的不同，权限的取值也不同。

③列：指定表、视图或表值函数中要对其授予权限的列的名称。只能授予对列的 SELECT、REFERENCES 及 UPDATE 权限。列可以在权限子句中指定，也可以在安全对象名称之后指定。

④ON 安全对象：指定将授予其权限的安全对象。

⑤主体：主题的名称，指被授予权限的对象，可为当前数据库的用户、数据库角色、指定的数据库用户、角色。必须在当前数据库中存在，不可将权限授予其他数据库中的用户、角色。

GRANT 语句可使用两个特殊的用户账户：public 角色和 guest 用户。授予 public 角色的权限可应用于数据库中的所有用户；授予 guest 用户的权限可为所有在数据库中没有数据库账户的用户使用。

【例 11-22】给 school 数据库上的用户 user1 授予创建表的权限。程序代码如下：

```
GRANT CREATE TABLE TO user1
```

说明：授予数据库级权限时，CREATE DATABASE 权限只能在 master 数据库中被授予。

【例 11-23】在 school 数据库中给 public 角色授予 student 表的查询权限，然后将其他一些权限授予用户 user1，使 user1 对 student 表的所有操作权限。

```
Use school
Go
GRANT SELECT ON student TO public,role2
Go
GRANT INSERT ,UPDATE, DELETE,REFERENCES ON  student to user1
Go
```

2. 以 SSMS 图形界面方式授予权限

(1) 授予数据库的权限

例如，授予数据库用户 user1 对 school 数据库创建表的权限。操作步骤如下：

选择 school 数据库，右击，选择“属性”菜单项计入 school 数据库的“数据库属性”窗口，选择“权限”页，在“用户或角色”栏中选择需要授予权限的用户或角色 user1，在窗口下方列出的“权限”列表中选择相应的权限“创建表”，单击“确定”按钮即可，如图 11-14 所示。

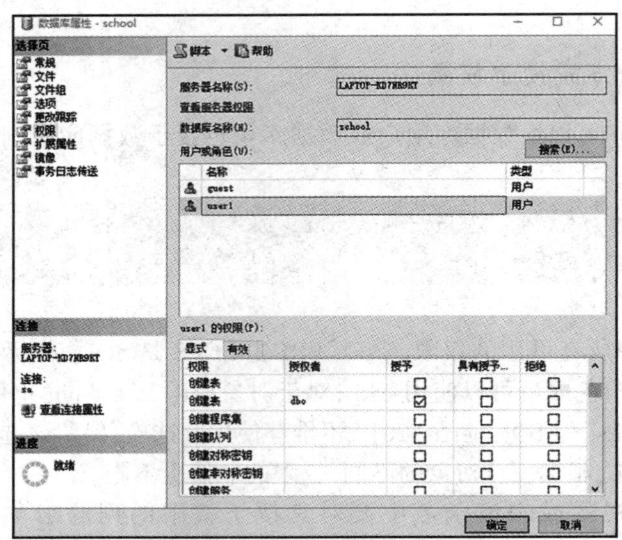

图 11-14　数据库属性窗口

如果需要授予权限的用户在列出的“用户或角色”列表中不存在，则可以单击“搜索”按钮将该用户添加到列表中再选择。单击“有效”选项卡可以查看该用户在当前数据库中有哪些权限。

（2）授予数据库对象上的权限

例如，给数据库用户 user 授予 student 表上的 SELECT、INSERT 的权限。操作步骤如下。

选择“school”数据库→“表”→“student”，右击，选择“属性”菜单项进入 student 表的属性窗口，选择“权限”选项页。单击“搜索”按钮，在弹出的“选择用户或角色”窗口中单击“浏览”按钮，选择需要授权的用户或角色 user1，然后单击“确定”按钮回到 student 表的“表属性”窗口，如图 11-15 所示。在“权限”列表中选择需要授予的权限，如“插入”，单击“确定”按钮完成授权。

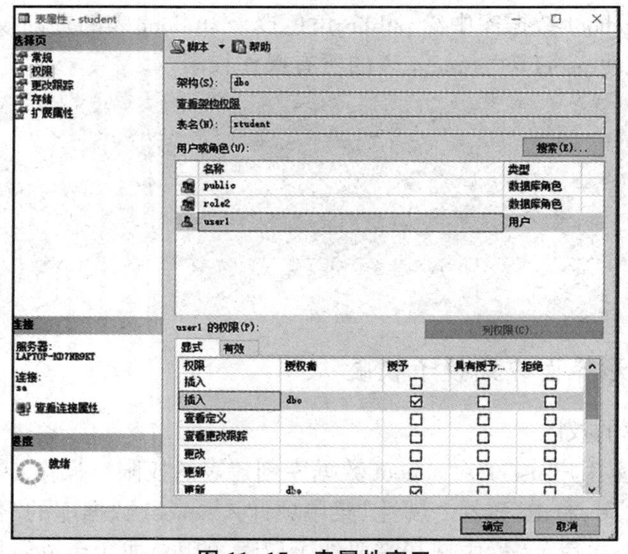

图 11-15　表属性窗口

如果要授予用户在表的列上的SELECT权限,可选择"选择"权限后单击"列权限"按钮,在弹出的"列权限"对话框中选择要授予权限的列。

11.6.3 拒绝权限

使用DENY命令可以拒绝给当前数据库内的用户授予的权限,并防止数据库用户通过其组成或角色成员资格继承权限。其语法格式为:

```
DENY {All[PRIVILEGES]} |权限[(列[,...])][,...]
    [ON 安全对象]TO 主体[,...]
    [CASCADE][AS 主体]
```

说明:CASCADE表示拒绝给指定用户或角色授予该权限,同时,对该用户或角色授予该权限的所有其他用户和角色也拒绝授予该权限。当主体具有带WITH GRANT OPTION的权限时,为必选项。DENY命令语句格式中其他各项的含义与GRANT命令中的相同。

注意:如果使用DENY语句禁止用户获得某个权限,那么以后将该用户添加到已得到该权限的组或角色时,该用户不能访问这个权限。默认情况下,sysadmin、db_securityadmin角色成员和数据库对象所有者具有执行DENY的权限。

【例11-24】 对user1用户和role2角色成员不允许使用CREATE VIEW和CREATE TABLE语句。程序清单如下:

```
DENY CREATE VIEW,CREATE TABLE TO user1,role2
```

11.6.4 撤销权限

使用REVOKE语句撤销授予或拒绝的对数据库用户、数据库角色或应用程序角色的权限。语法格式如下:

```
REVOKE[GRANT OPTION FOR]
 {
    {All[PRIVILEGES]} |权限[(列[,...])][,...]
 }
   [ON 安全对象]TO |FROM 主体[,...]
   [CASCADE][AS 主体]
```

说明:①REVOKE只适用于当前数据库内的权限,GRANT OPTION FOR表示将撤销授予指定权限的能力。②REVOKE只在指定的用户、组或角色上取消授予或拒绝的权限。

例如,给wang用户账户授予了查询student表的权限,该用户账户是role1角色的成员。如果取消了role1角色查询student表的访问权,并且已显式授予wang查询表的权限,则wang仍能查询该表。若未显式授予wang查询student表的权限,那么取消role1角色的权限后,也将禁止wang查询该表。

【例11-25】 使用REVOKE语句撤销role1角色对student表所拥有的DELETE、INSERT、UPDATE权限。程序清单如下:

```
USE school
Go
REVOKE  DELETE, INSERT, UPDATE
ON student
FROM students_mag CASCADE
```

【例 11-26】取消 user1 的授予或拒绝的在 student 表上的 SELECT 权限。

```
REVOKE SELECT ON student  FROM user1
```

本章小结

本章介绍了 SQL Server 2012 数据库的安全管理。在 SQL Server 管理平台中，可以创建和管理登录名。登录名本身并不具备访问数据库对象的权限，所以一个登录账户需要与数据库中的用户账户相关联，数据库用户必须和一个登录名相关联，在 SQL Server 管理平台中可以创建和管理数据库名。通过角色可将用户分为不同的类，相同类的用户进行统一管理，赋予相同操作权限。权限用于控制对数据库对象的访问，以及指定用户对数据库可以执行的操作，用户可以设置服务器和数据库的权限。只有拥有了针对某种安全对象的指定权限，才能对该对象执行相应的操作。

习　题

一、填空题

1. SQL Server 2012 提供了非常完善的安全管理机制，包括__________管理和对用户的管理。

2. SQL Server 的安全性管理是建立在________和________机制上的。

3. SQL Server 2012 的默认身份验证模式是__________。

4. 权限管理的主要任务是__________。

5. 角色中的所有成员________该角色所拥有的权限。

二、单选题

1. 在 SQL Server 中，服务器登录账号和用户账号之间的关系是(　　)。

A. 一对多关系　　B. 一对一关系

C. 多对一关系　　D. 多对多关系

2. SQL Server 2012 采用的身份验证模式有(　　)。

A. 仅混合模式　　B. Windows 身份验证模式和混合模式

C. 仅 Windows 身份验证模式　　D. 仅 SQL Server 身份验证模式

3. (　　)用户被隐式授予对数据库的所有权限，并且能将这些权限授予其他用户。

A. DBO　　B. guest　　C. sysadmin　　D. sys

4. SQL Server 2012 使用(　　)来集中管理数据库或服务器的权限。

A. 用户　　B. 角色　　C. 架构　　D. 登录名

5. 通过架构级别不能实现(　　)。

A. 用户操作数据库对象的权限　　B. 系统默认架构为 dbo
C. 可以操作不同数据库　　D. 用户可以加入多个架构

6. 关于权限的说法,不正确的是(　　)。
A. 可通过界面方式分配权限　　B. 可通过命令方式删除权限
C. 对象的权限包括执行何种操作　　D. 只要能够进入数据库,即可授权

7. SQL Server 默认的系统管理员登录账户是(　　)。
A. guest　　B. sa
C. BUILTIN\Administrators　　D. sa 和 BUILTIN\Administrators

8. 服务器角色是服务器级的一个对象,只能对应于(　　)。
A. 登录名　　B. 用户名　　C. 数据库名　　D. 角色名

9. 固定角色的所有成员自动继承角色的(　　)。
A. 所有权限　　B. 语句权限　　C. 对象权限　　D. 默认权限

上机实训

1. 使用 T-SQL 语句创建一个登录账号 log1,其密码为 123456。
2. 使用 T-SQL 语句为 log1 登录账号在 test 数据库中创建一个数据库用户账号 tuser。
3. 将 test 数据库中创建表的权限授予 tuser 数据库用户账号。然后收回该权限。
4. 将 test 数据库中表 s 上的 INSERT、UPDATE 和 DELETE 权限授予 tuser 数据库用户账号,然后收回该权限。

第12章 SQL Server 2012 数据库的维护

学习目的

通过本章的学习，学生应了解 SQL Server 2012 数据库备份与恢复措施，掌握数据的转换服务及导入/导出操作，了解数据库的日常维护操作。

本章要点

- 掌握数据库的备份和恢复策略
- 掌握数据库的备份与恢复操作
- 掌握异构数据库的导入/导出操作
- 能够生成与执行 SQL 脚本

思维导图

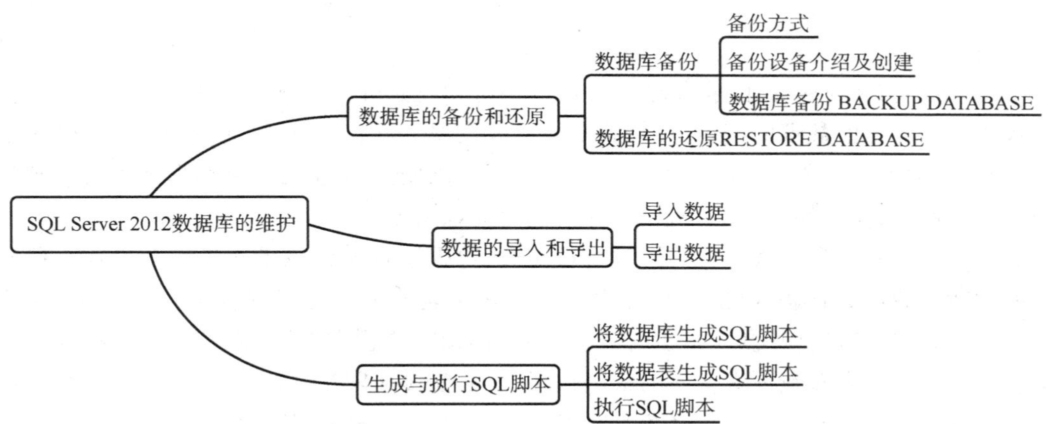
SQL Server 2012数据库的维护
数据库的备份和还原
数据库备份
备份方式
备份设备介绍及创建
数据库备份 BACKUP DATABASE
数据库的还原RESTORE DATABASE
数据的导入和导出
导入数据
导出数据
生成与执行SQL脚本
将数据库生成SQL脚本
将数据表生成SQL脚本
执行SQL脚本

12.1　数据库的备份和还原

Microsoft SQL Server 2012 提供了高性能的备份和还原机制。数据库备份可以创建备份完成时数据库内存在的数据的副本，这个副本将存放在安全可靠的位置，能在遇到故障时恢复数据库。此外，数据库备份对于例行的工作也很有用。例如，将数据库从一台服务器复制到另一台服务器、设置数据库镜像、政府机构文件归档和灾难恢复等。

对 SQL Server 数据库或事务日志进行备份时，数据库备份记录了在进行备份这一操作时数据库中所有数据的状态，以便在数据库遭到破坏时能够及时地将其恢复。SQL Server 备份数据库是动态的，在进行数据库备份时，SQL Server 允许其他用户继续对数据库进行操作。执行备份操作必须拥有对数据库备份的权限许可，SQL Server 只允许系统管理员（sysadmin）、数据库所有者（db_owner）及数据库备份执行者（db_backupoperater）备份数据库。备份是数据库系统管理的一项重要内容，也是系统管理员的日常工作。

12.1.1　数据备份

1. 备份方式

SQL Server 2012 提供了四种不同的备份方式，分别为：

（1）完整备份

完整备份是指备份整个数据库，包括事务日志部分。通过包括在完整备份中的事务日志，可以使用备份恢复到备份完成时的数据库。创建完整备份是单一操作，通常定期安排发生。完整备份使用的存储空间比差异备份使用的存储空间大，由于完成完整备份需要更多的时间，因此创建完整备份的使用频率常常低于创建差异备份的使用频率。

（2）差异备份

差异备份是指备份自上一次完整备份之后数据库中发生变化的部分。差异备份能够加快备份操作速度，减少备份时间。

（3）事务日志备份

事务日志备份是对数据库发生的事务进行备份，包括从上次进行事务日志备份、差异备份和数据库完全备份之后所有已经完成的事务。它可以在相应的数据库备份的基础上，尽可能地恢复最新的数据库记录。由于它仅对数据库事务日志进行备份，所以其需要的磁盘空间和备份时间都比数据库备份少得多。使用事物日志备份，能够将数据库恢复到特定的时间点或故障点。

（4）数据库文件和文件组备份

SQL Server 2012 可以备份数据库文件和文件组而不用备份整个数据库。当数据库非常庞大时，可以执行数据库文件或文件组备份，以节省时间。文件备份操作可以备份部分数据库，而不是整个数据库；文件组包含了一个或多个数据库文件。当 SQL Server 系统备份文件或文件组时，指定需要备份的文件，最多指定 16 个文件或文件组。

2. 备份设备

创建备份时，必须选择要将数据写入的备份设备。SQL Server 2012 可以将数据库、事务日志和文件备份到磁盘和磁带设备上。备份设备一般分为磁盘备份设备、磁带备份设备和逻辑备份设备。

（1）磁盘备份设备

磁盘备份设备是硬盘或其他磁盘存储媒体上的文件，与常规操作系统文件一样。可以在服务器的本地磁盘上或共享网络资源的远程磁盘上定义磁盘备份设备。若要通过网络备份到远程计算机上的磁盘，则使用通用命名约定（UNC）名称（格式为：\\<Systemname>\<ShareName>\<Path>\<FileName>）来指定文件的位置。在将文件写入硬盘时，SQL Server 的用户账户必须具有读写远程磁盘上的文件所需的权限。

（2）磁带备份设备

磁带备份设备的用法与磁盘设备的相同，但必须注意以下两点：①磁带设备必须物理连接到运行 SQL Server 的计算机上，SQL Server 不支持备份到远程磁带设备上。②如果磁带备份设备在备份操作过程中已满，但还需要写入一些数据，SQL Server 将提示更换新磁带并继续备份操作。

（3）逻辑备份设备

物理备份设备名称主要用来供操作系统对备份设备进行引用和管理，如 C:\Backups\Accounting\Full.bak。逻辑备份设备是物理备份设备的别名，通常比物理备份设备更能简单、有效地描述备份设备的特征。逻辑备份设备名称被永久保存在 SQL Server 2012 的系统表中。

使用逻辑备份设备的一个优点是比使用长路径简单。如果准备将一系列备份数据写入相同的路径或者磁带设备，则使用逻辑备份设备非常有用。逻辑备份设备对于标识磁带备份设备尤其有用。

3. 创建备份设备

（1）使用 SSMS 图形界面创建和删除备份设备

操作步骤参见视频 12-1。

12-1

（2）使用系统存储过程创建备份设备

在 SQL Server 中，也可以使用系统存储过程 sp_addumpdevice 语句创建备份设备，其语法形式如下：

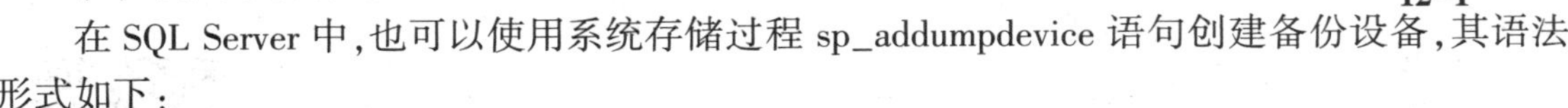

```
sp_addumpdevice {@devtype=}设备类型
[@logicalname]='逻辑名称'
[@physicalname]='物理名称'
```

说明：

- 设备类型的值可为磁盘 disk 或磁带 tape。
- 逻辑名称表示设备的逻辑名称。
- 物理名称表示设备的实际名称。

【例 12-1】 在磁盘上创建一个名为 test_backup 的备份设备，其物理名称为 E:\DATABASE\test_backup.bak。程序清单如下：

```
EXEC sp_addumpdevice 'disk','test_backup','E:\DATABASE\test_backup.bak'
```

所创建的备份设备的逻辑名为 test_backup；物理名是 E:\DATABASE\test_backup.bak。备份设备的物理文件一定不能直接保存在磁盘根目录下。

(3) 执行系统存储过程删除备份设备

在 SQL Server 中，可使用 sp_dropdevice 系统存储过程删除备份设备，语法形式如下：

```
sp_dropdevice['logical_name'][,'delfile']
```

其中，logical_name 表示设备的逻辑名称；delfile 指定是否删除物理备份文件，如果指定 delfile，则删除物理备份文件。

【例 12-2】 将 test_backup 备份设备删除。程序清单如下：

```
EXECsp_dropdevice'test_backup',delfile
```

(4) 使用多个备份设备

SQL Server 可以同时向多个备份设备写入数据，即进行并行的备份，并行备份将需备份的数据分别备份在多个设备上，这多个备份设备构成了备份集。如图 12-1 所示为在多个备份设备上进行备份及由备份的各组成部分形成备份集。

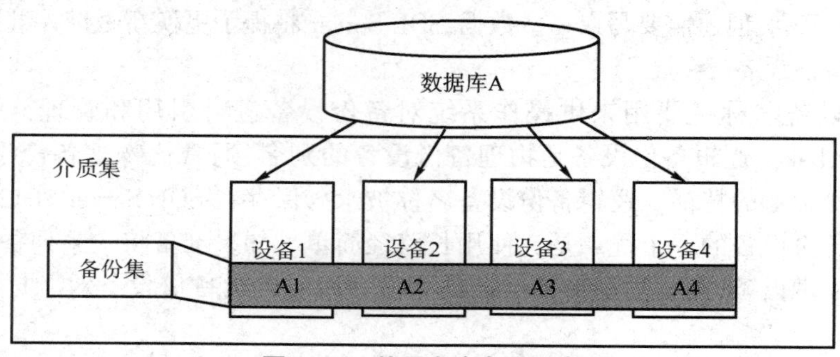

图 12-1　使用多个备份设备

4. 数据库备份

在 SQL Server 2012 中，可以使用 SQL Server Managerment Stdio 和 T-SQL 语句进行数据库备份。

(1) 完全备份数据库

◎ 使用 SSMS 图形界面进行备份数据库

具体操作步骤参见视频 12-2。

12-2

◎ 使用 SQL 语句备份数据库

按照 BACKUP DATABASE 的语法规则，书写数据库备份的 SQL 语句，完成后执行此语句，即可完成数据库备份的操作。BACKUP 语句的语法形式如下：

```
BACKUP DATABASE  数据库名            /* 被备份的数据库名 */
   TO <备份设备>[,…]                /* 指出备份目标设备 */
[MIRROR TO <备份设备>]
[WITH [FORMAT]
      [INIT |NOINIT]
[WITH NAME='名称']
```

说明：

①数据库名：指定备份的数据库。

②TO 子句：指定备份设备。它可以是逻辑备份设备，也可以直接使用物理备份设备。最多可指定 64 个备份设备。当备份设备为多个时，可以用 WITH NAME 指定名称，便于指定数据库恢复。当物理备份设备硬盘时，需要指定 TO DISK，并且物理备份设备必须输入完整的路径和文件名。当指定多个文件时，可以混合逻辑文件名和物理文件名。

③MIRROR TO 子句：备份设备组是包含 2~4 个镜像服务器的镜像媒体集中的一个镜像，若要指定镜像媒体集，应针对一个镜像服务器设备使用 TO 子句，后面跟最多 3 个 MIRROR TO 子句。备份设备必须在类型和数量上等同于 TO 子句中指定的设备。在镜像媒体集中，所有的备份设备必须具有相同的属性。

④WITH INIT 选项表示将覆盖原备份文件；NOINIT 选项表示附加在该备份文件上，默认值为 NOINIT。

⑤WITH FORMAT 选项表示可以覆盖备份文件的内容，并且分解备份集，要小心使用该选项，因为一旦一个备份集的一个成员被更改，则整个备份集都不能再使用了。

⑥NAME = '名称'：指定备份集的名称。如果未指定 NAME，它将为空。

【例 12-3】将数据库 school 完全备份到 test_backup 备份设备中。

```
BACKUP DATABASE school TO test_backup
```

或者

```
BACKUP DATABASE school TO DISK='E:\DATABASE\test_backup.bak'
```

或者

```
BACKUP DTABASE school to test_backup
WITH INIT                                    /*覆盖该设备原有的内容*/
```

【例 12-4】将数据库 school 备份到多个备份设备上。

```
Use school
Go
EXECsp_addumpdevice 'DISK','MYBACK1','E:\DATABASE\mybackup1.bak'
EXECsp_addumpdevice 'DISK','MYBACK2','E:\DATABASE\mybackup2.bak'
BACKUP DATABASE school to MYBACK1,MYBACK2
  WITH name='schoolbk'
```

◎ 查看备份设备内容

在“对象资源管理器”中展开“服务器对象”→“备份设备”，选定要查看的备份设备，右击鼠标，在弹出的快捷菜单中选择“属性”菜单项，在打开的“备份设备”窗口中显示所要查看的备份设备内容。同时打开 E 盘，在 DATABASE 目录下可以看到以 .bak 为扩展名的备份文件。

（2）差异备份数据库

对需要频繁修改的数据库进行差异备份，可以缩短备份和恢复的时间，只有当已经执行了完全数据库备份后，才能执行差异备份。在进行差异备份时，SQL Server 将备份在最近的完全数据库备份后数据库发生了变化的部分。差异备份数据库的语法格式如下：

```
BACKUP DATABASE {数据库名}
    READ_WRITE_FILEGROUPS
    [,FILEGROUP={文件组名}...]
TO <备份设备>[,...]
[MIRROR TO <备份设备>...]
[WITH DIFFERENTIAL]
```

说明：

①DIFFERENTIAL：表示差异备份的关键字。

②READ_WRITE_FILEGROUPS：指定在部分备份中备份所有读/写文件组。

③FILEGROUP：包含在部分备份中的读/写文件组的逻辑名称或变量的逻辑名称。

注意：①若在上次完全数据库备份后，数据库的某行被修改了，则执行差异备份只保存最后一次改动的值。②为了使差异备份设备与完全数据库备份设备区分开来，应使用不同的设备名。

（3）备份数据库文件或文件组

当数据库非常大时，可以进行数据库文件或文件组的备份，其语法格式如下：

```
BACKUP DATABASE {数据库名}
 <文件或文件组>[,...]
  TO <备份设备>[,...]
[MIRROR TO <备份设备>...]
```

说明：

① <文件或文件组>：指定需要备份的数据库文件或文件组，可以使用@字符串变量。

②FILE 选项：指定一个或多个包含在数据库备份中的文件命名。

③FILEGROUP 选项：指定一个或多个包含在数据库备份中的文件组命名。

使用数据库文件或文件组备份时，要注意：①必须指定文件或文件组的逻辑名；②必须执行事务日志备份，以确保恢复后的文件与数据库其他部分的一致性。③应轮流备份数据库中的文件或文件组，以使数据库中的所有文件或文件组都定期得到备份。

（4）事务日志备份

备份事务日志用于记录前一次的数据库备份或事务日志备份后数据库所做出的改变。事务日志备份需在一次完全数据库备份后进行，这样才能将事务日志文件与数据库备份一起用于恢复，当进行事务日志备份时，系统进行下列操作：

①将事务日志中从前一次成功备份结束位置开始，到当前事务日志结尾处的内容进行备份。

②标识事务日志中活动部分的开始。所谓事务日志的活动部分，指从最近的检查点或最早的打开位置开始至事务日志的结尾处。

进行事务日志备份使用 BACKUP LOG 语句。其如法格式如下：

```
BACKUP LOG
  ...
WITH
 {NORECOVERY |STANDBY=撤销文件名}
 [,NO_TRUNCATE]
```

说明：

①NORECOVERY：该选项将内容备份到日志尾部，不覆盖原有的内容。

②STANDBY：该选项将备份日志尾部，并使数据库处于只读或备用模式。其中“撤销文件名”指定容纳回滚（ROLL BACK）更改的存储文件。如果随后执行操作，则必须撤销这些回滚更改。如果指定的撤销文件名不存在，SQL Server 将创建该文件；如果该文件已存在，则 SQL Server 将重写它。

③NO_TRUNCATE：若数据库被损坏，使用该选项可以备份最近的所有数据库活动，SQL Server 将保存整个事务日志。当执行恢复时，可以恢复数据库和事务日志。

注意：BACKUP LOG 语句指定只备份事务日志，所备份的日志内容范围是从上一次成功执行了事务日志备份之后到当前事务日志的末尾，该语句大部分选项的含义与 BACKUP DATABASE 语句中同名选项的含义相同。

12.1.2　数据还原

数据库还原之前，首先要保证所使用的备份文件的有效性，并且在备份文件中包含所有要还原的数据内容。在 SQL Server 管理平台中可以直接看到备份文件的属性信息，包括文件名、备份时间和备份的数据库名称等。T-SQL 语言提供了更详细地查看备份文件信息的语句。

由于数据库的还原操作是静态的，所以，在还原数据库时，必须限制用户对该数据库进行其他操作，因而在还原数据库之前，首先要设置数据库访问属性。在 SQL Server 管理平台中，在需要还原的数据库单击鼠标右键，从弹出的快捷菜单中选择“属性”命令，打开“数据库属性”对话框，在此对话框中选择“选项”选项页，如图 12-2 所示。在“限制访问”选项中，从下拉列表中选择 single_user（单用户）属性，这样保证在还原操作时，不会受到其他操作者的影响。

1. 还原整个数据库

当存储数据库的物理介质被破坏，或整个数据库被误删除或破坏时，就要恢复整个数据库。在恢复整个数据库时，SQL Server 系统将重新创建数据库及与数据库相关的所有文件，并将文件存放在原来的位置。

（1）使用 SSMS 图形操作界面还原数据库

具体操作参见视频 12-3。

12-3

（2）使用 T-SQL 语句恢复整个数据库

T-SQL 提供了 RESTORE 语句还原数据库，其语法形式如下：

```
RESTORE  DATABASE [数据库名]
[FROM <备份设备>[,…]]
[WITH RECOVERY |NORECOVERY |STANDBY =
                {备用文件名}
]
…
```

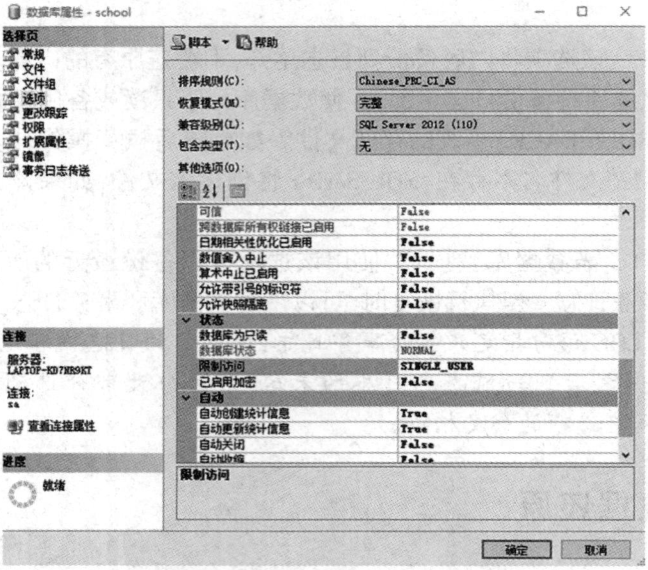

图 12-2 设置数据库限制访问属性对话框

【例 12-5】从 mybackup 备份设备中还原数据库 school。程序清单如下：

```
RESTORE DATABASE school  FROM mybackup
```

2. 恢复数据库的部分内容

对于应用程序或用户的误操作，如无效更新或误删表格等，往往只影响到数据库的某些相对独立的部分，这时 SQL Server 提供了将数据库的部分内容还原到另一个位置的机制，使损坏或丢失的数据可复制回原始数据库。

3. 恢复特定的文件或文件组

若某个或某些文件被破坏或被误删除，则可从文件或文件组备份中进行恢复，而不必进行整个数据库的恢复。

4. 恢复事务日志

使用事务日志恢复，可将数据库恢复到指定的时间点。其语法格式如下：

```
RESTORE LOG {数据库名 |@数据库名变量}
[<文件或文件组>[,...]]
[FROM <备份设备>[,...]]
[WITH
   [RECOVERY |NORECOVERY |STANDBY={备用文件名 |@备用文件名变量}]
   ...
   ,<指定时间点>
]
```

注意：执行事务日志恢复必须在进行完全数据库恢复之后才能进行。

12.2 导入/导出数据

在 SQL Server 2012 中提供了数据导入/导出功能,以使用户在不同类型的数据源之间导入和导出数据。通过数据导入/导出操作可以完成在 SQL Server 2012 数据库和其他类型数据库(如 Excel 表格、Access 数据库和 Oracle 数据库)之间进行数据的转换,从而实现各种不同应用系统之间的数据移植和共享。在 SQL Server 2012 中使用 SQL Server Management Studio 完成 SQL Server 和其他异构数据的转换操作。

12.2.1 导入数据

12-4

使用 SSMS 图形操作界面将 E:\database\学生.xls 文件导入 SQL Server 2012 中,操作步骤参见视频 12-4。

12.2.2 导出数据

12-5

使用 SQL Server Management Studio 将 school 数据库导出到 school.xls 中,操作步骤参见视频 12-5。

12.3 生成与执行 SQL 脚本

当 SQL Server 数据库无法通过分离和附加的操作时,可以将高版本的 .mdf 文件附加到低版本的服务器。例如,2008 版的无法附加到 2012 版的 SQL Server,可以通过导出 SQL 脚本的方式来备份并且还原新的数据库,这种方式适合数据不多的中小型数据表。此外,经常会遇到数据库更换服务器的情况,那么如何有效、快速、安全地将数据库搬迁呢? 可以通过导出 SQL 脚本,然后到新服务器中执行的方法来实现。具体操作包括将数据库生成 SQL 脚本、将数据表生成 SQL 脚本,以及在 SQL Server 中执行 SQL 脚本的操作。

12.3.1 将数据库生成 SQL 脚本

12-6

使用 SQL Server Management Studio 将 school 数据库生成 SQL 脚本,操作参见视频12-6。

12.3.2 将数据表生成 SQL 脚本

12-7

使用 SQL Server Management Studio 将 school 数据库中的表生成 SQL 脚本,操作参见视频 12-7。

12.3.3 执行 SQL 脚本

生成 SQL 脚本的操作相当于数据库的备份工作，在 SQL Server 执行 SQL 脚本的操作相当于数据库的还原操作。

在 SQL Server 2012 中执行 SQL 脚本的操作过程如下：

①打开 SQL Server Management Studio，登录到服务器。

②选择菜单“文件”→“打开”→“文件”，选择之前生成好的 SQL 脚本文件，单击工具栏中的“执行”按钮即可。

③在左侧的“对象资源管理器”中右击“数据库”，在弹出的快捷菜单中选择“刷新”菜单项，这时 SQL 脚本文件成功执行。

本章小结

在数据库的使用过程中，保证数据的安全可靠、正确可用是有效使用数据库的前提。为了防止因软硬件故障而导致数据的丢失和数据库的崩溃，SQL Server 2012 提供了数据库的备份与恢复机制。此外，为使数据能顺利地在 SQL Server 2012 和其他系统之间进行相互迁移，用户可以将 SQL Server 2012 数据库中的数据导出到其他数据库系统中，也可以将其他数据库系统中的数据导入 SQL Server 2012 中。本章主要介绍了在 SQL Server 2012 中数据库的备份和恢复，以及数据的导入和导出等操作。

习　题

一、填空题

1. SQL Server 2012 提供数据库完整备份、差异备份、事务日志备份和________。

2. 备份设备即用来存放备份数据的物理设备，在 SQL Server 中可以使用三种类型的备份设备，它们是________、________和________。

3. 在 SQL Server 中提供了四种数据库备份和恢复的方式，其中________备份是指将从最近一次日志备份以来所有的事务日志备份到备份设备。使用该备份方式进行恢复时，可以指定恢复到某一时间点或某一事物。

上机实训

1. 编写程序代码并执行，创建一个数据库备份设备 mydisk，对应的磁盘文件为 H:\SQL Server\dump.bak。

2. 编写程序代码并执行，将 school 数据库备份到数据库备份设备 mydisk 中。

3. 编写程序代码并执行，从 mydisk 恢复 school 数据库。

4. 将数据库 school 中的数据表导出到 school. xls 文件中。

5. 将学生.xls 数据表导入 school 数据库中。

6. 将 school 数据库生成 SQL 脚本文件。

下　篇

数据库技术实践

第13章 数据库应用程序的开发

学习目的

了解数据库应用程序的开发及互联网应用系统的结构，掌握一种数据访问的接口用于开发数据库的应用程序，并能够进行数据库的连接和完成数据库的基本操作。

本章要点

- 重点介绍数据库的访问接口
- SQL Server 数据库的连接
- 数据库应用程序的基本操作

思维导图

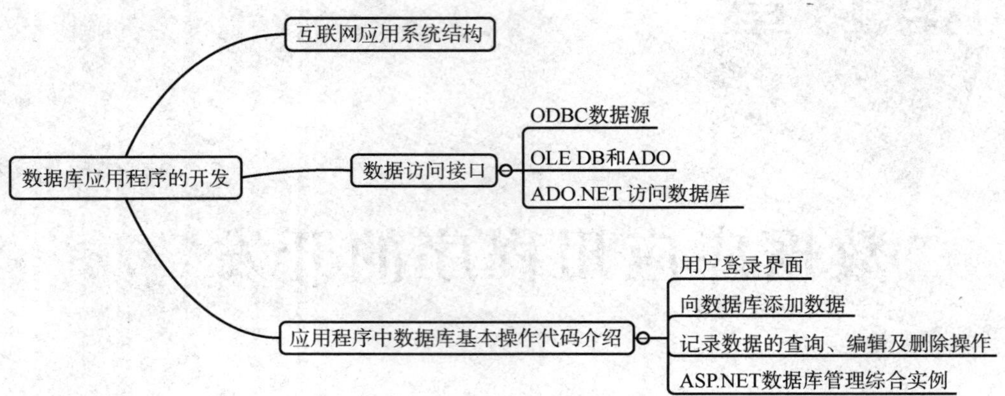
数据库应用程序的开发
互联网应用系统结构
数据访问接口
ODBC数据源
OLE DB和ADO
ADO.NET 访问数据库
应用程序中数据库基本操作代码介绍
用户登录界面
向数据库添加数据
记录数据的查询、编辑及删除操作
ASP.NET数据库管理综合实例

13.1 互联网应用系统结构

互联网计算环境依赖于因特网,因特网计算模式是非常独特的。在客户/服务器环境下,用户可能只允许访问公司内部网络的数据库系统。若要允许访问公司内部网络以外的数据库系统,客户端还需要安装其他的应用软件。

互联网计算环境之所以强大,是因为其所需的客户端软件对客户是透明的。在互联网计算环境中,应用软件可以只安装在一台服务器(Web 服务器)上。用户的个人计算机只要能够连接到互联网并且安装有 Web 浏览器,就可以操作数据库。其过程是:用户向 Web 服务器发出数据请求,Web 服务器收到请求后,按照特定的方式将请求发送给数据库服务器,数据库服务器执行这些请求并将执行后的结果返回给 Web 服务器,Web 服务器再将这些结果按页面的方式返回给客户的浏览器。最后,查询结果通过浏览器显示在用户的机器上。互联网计算环境下的最终用户应用软件的安装和维护都非常简单,客户端不再需要安装、配置应用软件的工作,这些工作只需在 Web 服务器上完成,这样就可以减少客户端与服务器端软件配置的不一致及不同版本应用软件所带来的问题。当应用软件需要修改时,只要在 Web 服务器修改即可。互联网服务器端编程应用结构如图 13-1 所示。

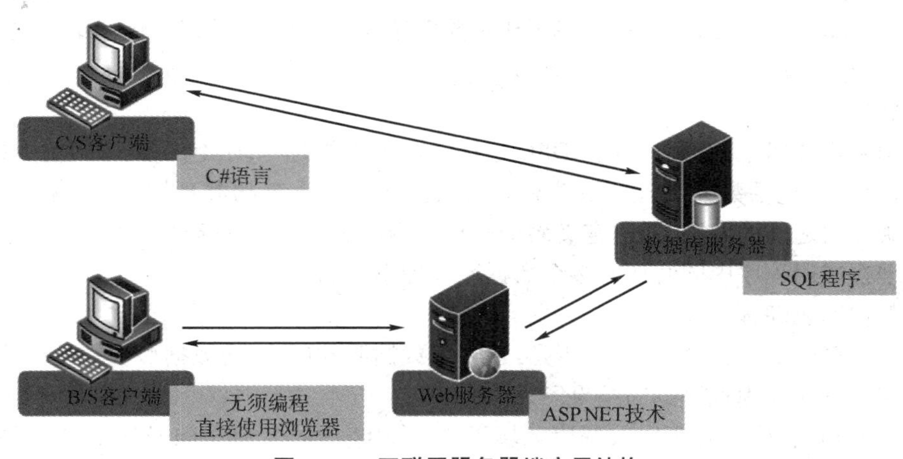

图 13-1 互联网服务器端应用结构

13.2 数据访问接口

一般的数据库管理系统都支持两类数据访问接口:一类是专用接口,一类是通用接口。专用接口是与特定的数据库管理系统有关的,不同的数据库管理系统提供的专用接口不同;而通用接口是很多数据库管理系统都可以使用的,目前最常用的通用数据访问接口是 ODBC 和 OLE DB,现在大多数数据库管理系统都支持这两种通用接口。

13.2.1 ODBC

ODBC 是 Open Database Connectivity（开放式数据库连接）的缩写，它为各种数据库提供了统一的操作接口，通过它几乎可以操作任何类型的数据库，例如 Oracle、SQL Server、Access，甚至 Excel 文件等。需要注意的是，ODBC 需要有数据库驱动程序的支持，也就是说，为了使 ODBC 能够访问某个数据库系统，必须提供这种数据库系统的 ODBC 驱动程序。例如，如果要通过 ODBC 访问 SQL Server 数据库，则必须安装 SQL Server 数据库的 ODBC 驱动程序，否则，ODBC 就无法识别 SQL Server 数据库的数据格式，也就无法进行相应的数据库操作。

使用 ODBC 开发数据库应用程序时，应用程序使用的是标准的 ODBC 接口和 SQL 语句，数据库的底层操作由各个数据库的驱动程序完成。这样就使数据库应用程序具有很好的适应性和可移植性，并且具备同时访问多种数据库管理系统的能力。

1. ODBC 的体系结构

ODBC 规范为应用程序提供了一套高层调用接口规范和基于动态链接库的运行支持环境。ODBC 的体系结构由以下几部分组成：

（1）驱动程序管理器

驱动程序管理器是 Windows 下的应用程序，其主要作用是装载 ODBC 驱动程序、管理数据源、检查 ODBC 参数的合法性等。ODBC 应用程序不能直接存取数据库，它将所要执行的操作提交给数据库驱动程序，通过驱动程序实现对数据库的各种操作，数据库操作结果也通过驱动程序返回给应用程序。

（2）数据源

数据源是指任何一种可以通过 ODBC 连接的数据库管理系统，包括要访问的数据库和数据库的运行平台（包括数据库管理系统和运行数据库管理系统的服务器）。数据源名称掩盖了数据库服务器之间的差别，通过定义多个数据源，让每个数据源指向一个数据库管理系统，就可以实现在应用程序中同时访问多个数据库管理系统的目的。

（3）数据库驱动程序

为动态链接库形式，它的主要作用是：建立与数据源的连接、向数据源提交用户请求、进行数据格式转换及向应用程序返回结果等。

总之，ODBC 提供了在不同数据库环境下为 C/S 结构的客户访问异构 DBMS 的接口，也就是在异构数据库服务器构成的 C/S 结构中，要实现对不同数据库数据的访问，需要一个能连接不同客户平台到不同服务器的桥梁，ODBC 就是起这种作用的桥梁。ODBC 提供了一个开放的、标准的能访问从 PC 机、小型机到大型机数据库数据的接口。使用 ODBC 的另一个好处是当作为数据源的数据库服务器上的数据库管理系统变化时（比如 SQL Server 转换到（Sybase），客户端应用程序不需要做任何改变，因此使所开发的数据库应用程序具有很好的移植性。

2. 建立 ODBC 数据源

通过 Windows 的控制面板可以建立 ODBC 数据源。建立步骤参见视频 13-1。

13-1

13.2.2 OLE DB 和 ADO

继 ODBC 之后，为了实现关系型数据库之外的数据源访问，微软公司提出了一致的数据访问(Universal Data Access)策略，此策略是在广泛的不同应用程序(从传统的C/S 到 Web)中保证开放和集成，并提供对所有的数据类型(关系的和非关系的，甚至是非结构的)的基于标准的访问方法。一致的数据访问策略是基于 OLE DB(Object Linked and Embed DataBase)来访问所有类型的数据，并通过 ADO(ActiveX Data Object)来提供应用程序开发者使用的编程模型。OLE DB 是类似于 ODBC 的公共访问接口，它除了可以访问关系型数据库以外，还可以访问邮件数据、Web 上的文本或图形、目录服务等。

ADO 和 OLE DB 实际上是同一种技术的两种表现形式。OLE DB 提供的是通过 COM(Component Object Model，组件对象模型)接口的底层数据接口，而 ADO 提供的是一个对象模型，它简化了应用程序中使用 OLE DB 获取数据的过程。

在 OLE DB 中，定义了三种类型的数据访问组件：

①数据提供者：包含数据并将数据输出到其他组件中去。

②数据消费者：使用包含在数据提供者中的数据。

③服务组件：处理和传输数据。

例如，使用 Visual C#和 ADO 获取 SQL Server 中的数据时，SQL Server 就是数据提供者，而 ADO 本身就是 OLE DB 的数据消费者，使用 ADO 作为消费者隐藏了 OLE DB 下面的 COM 接口的所有详细工作过程。

OLE DB 的绝大多数功能包含在数据提供者和服务组件中，服务组件可以获取和操作应用程序使用的数据。当使用 ADO 和开发工具访问数据时，并不直接使用这些组件，但通过 ADO 对数据进行访问时，这些组件都通过 OLE DB 完全参与了数据访问过程。

13.2.3 ADO. NET 访问数据库

在基于 Web 的编程时代，ADO. NET 数据访问体系结构成为一种重要的数据访问模型，是应用程序访问和使用数据源数据的桥梁。ASP. NET 利用 ADO. NET 接口可以连接 SQL Server 数据库进行一些复杂的数据操作。由于 ADO. NET 在开发的时候就已经在内部对访问 SQL Server 机制做了优化，因此，在同等数据量情况下，访问 SQL Server 要比其他数据库快得多。

1. ADO. NET 概述

ADO. NET 是 . NET Framework 的一部分，是一种全新的数据库访问技术。ADO. NET 技术的一个重要优点就是可以以离线的方式操作数据库。其被设计成可以以断开的方式操作数据集，应用程序只有在要取得数据或是更新数据的时候才对数据源进行联机，这样可以减少应用程序对服务器资源的占用，提高了应用程序的效率。

ADO. NET 主要由两个核心组件组成：. NET 数据提供程序(dataproviders)和数据集(dataset)。前者实现数据操作和对数据的快速、只读访问，后者代表实际的数据。

（1）.NET Framework 数据提供程序

.NET Framework 数据提供程序（dataproviders）用于连接到数据库、执行命令和检索结果。这些结果将被直接处理，放置在 DataSet 中以便根据需要向用户公开、与多个数据源中的数据组合，或在层之间进行远程处理。.NET Framework 中所包含的数据提供程序见表 13-1。

表 13-1 .NET Framework 所包含的数据提供程序

.NET 数据提供程序	描述
SQL Server 数据提供程序	提供 Microsoft SQL Server 的数据访问。使用 System.Data.SqlClient 命名空间
OLE DB 的数据提供程序	提供对使用 OLE DB 公开的数据源中数据的访问。使用 System.Data.OleDb 命名空间
ODBC 的数据提供程序	提供对使用 ODBC 公开的数据源中数据的访问。使用 System.Data.Odbc 命名空间
Oracle 的数据提供程序	适用于 Oracle 数据源。用于 Oracle 的 .NET Framework 数据提供程序支持 Oracle 客户端软件 8.1.7 和更高版本，并使用 System.Data.OracleClient 命名空间
EntityClient 提供程序	提供对实体数据模型（EDM）应用程序的数据访问。使用 System.Data.EntityClient 命名空间
Compact 4.0 的 SQL Server 数据提供程序	提供 SQL Server Compact 4.0 的数据访问。使用 System.Data.SqlServerCe 命名空间

.NET 数据提供程序包含 Connection、Command、DataReader 和 DataAdapter 对象，.NET 程序员使用这些元素实现对实际数据的操作。Connection 对象用来实现和数据源的连接，是数据访问者和数据源之间的对话通道。Command 对象用来对数据源执行查询、添加、删除和修改等各种操作，操作实现的方式可以使用 SQL 语句，也可以使用存储过程。DataReader 是一个简单的数据集，用于从数据源中进行只读的、单向（向前）的数据访问，常用于查询大量数据。要注意的是，使用 DataReader 对象读取数据时，必须一直保持与数据库的连接，所以也称为连接模式。一般来讲，DataReader 对象提供的数据访问接口没有 DataSet 对象那样功能强大，但性能更高，因此，在某些场合下（例如一个简单的、不要求回传更新数据的查询）往往更能符合应用程序的需要。DataAdapter（即数据适配器）对象充当 DataSet 对象和数据源之间的桥梁，它使用 Command 对象、在 Connection 对象的连接辅助下访问数据源，将 Command 对象中的命令执行结果传递给 DataSet 对象，并将 DataSet 对象中的数据的改动回馈给数据源。DataAdapter 对象对 DataSet 对象隐藏了实际数据操作的细节，从而操作 DataSet 即可实现对数据库的更新。

Connection、Command、DataReader 和 DataAdapter 对象都有两个派生类版本，它们分别位于 System. Data. SqlClient 命名空间和 System.Data.OleDb 命名空间中，具体名称如下：

①Connection：SqlConnection 和 OleDbConnection。

②Command：SqlCommand 和 OleDbCommand。

③DataReader：SqlDataReader 和 OleDbDataReader。

④DataAdapter：SqlDataAdapter 和 OleDbDataAdapter。

两者实际上仅仅是前缀不同，使用时需要注意。

（2）DataSet 对象

DataSet 对象是一个存储在客户端内存中的数据库，它可以把经过 SqlCommand 对象向数据库所取回来的数据，通过 SqlDATAAdapter 对象存储 DataSet 对象产生的数据。而客户端所

有的存取都是对它进行的。因为 DataSet 对象和数据库没有联机关系，故它的存取速度必然很快。与 DataSet 相关的对象及说明见表 13-2。

表 13-2 DataSet 相关对象及说明

对象	说明
DataSet	数据在内存中的缓存
DataTable	内存中数据的一个表
DataRow	DataTable 中的行
DataColum	DataTable 中的列

DataSet 是 ADO. NET 中最核心的成员之一，也是各种基于 . NET 平台开发数据库应用程序最常接触的对象。DataSet 的主要特征是独立于各种数据源。无论什么类型数据源，它都会提供一致的关系编程模型。其既可以以离线方式也可以实时连接来操作数据库中的数据。DataSet 对象是一个可以用 XML 形式表示的数据视图，是一种数据关系视图。

使用编写代码来创建 DataSet 对象，需要调用 DataSet 构造函数来创建 DataSet 实例，并可以指定一个名称参数：

```
DataSet <对象名称>ds=newDataSet([<数据集名>]);
```

（3）SqlDataAdapter 对象

SqlDataAdapter（数据适配器）对象可以建立并初始化数据表（即 DataTable），对数据源执行 SQL 指令，为 DataSet 对象提供存取数据，可视为 DataSet 对象的操作核心，是 DataSet 对象与数据操作对象之间的沟通媒介。SqlDataAdapter 对象可以隐藏 SqlConnection 对象与 SqlCommand 对象沟通的数据，可允许使用 DataSet 对象存取数据源。其主要的工作流程是：

由 SqlConnection 对象建立与数据源的连接，SqlDataAdapter 对象经由 SqlCommand 对象操作 SQL 指令以存取数据，存取的数据通过 SqlConnection 对象返回给 SqlDataAdapter 对象，SqlDataAdapter 对象将数据放入其所产生的 DataTable 对象，再将 SqlDataAdapter 对象中的 DataTable 对象加入 DataSet 对象中的 DataTables 对象中。SqlDataAdapter 对象声明格式：

```
SqlDataAdapter <对象名称> = New sqlDataAdapter("SQL 字符串", <SqlConnection 对象
名称>);
```

程序中通常利用 SqlDataAdapter 对象中的 Fill 方法打开数据库，并利用其所附属的 SqlCommand 对象操作 SQL 指令，将结果保存到 DataSet 对象。其格式为：

```
<SqlDataAdapter 对象名称>.Fill(<DataSet 对象名称>[,"<DataTable 对象名称>"]);
```

如果带有参数<DataTable 对象名称>（符合命名规范的字符串），则系统自动建立了一个名称为 <DataTable 对象名称>的临时表，否则，系统会创建一个新表。

注意：SqlDataAdapter 对象基本上是在 SqlCommand 对象的基础上建立的对象，以非连接的模式处理数据的连接，即在需要存取时才会连接数据库。

由于 DataSet 独立于数据源，DataSet 可以包含应用程序本地的数据，也可以包含来自多个数据源的数据。其与现有数据源的交互通过 SqlDataAdapter 来控制。

DataSet 对象常和 SqlDataAdapter 对象配合使用。通过 SqlDataAdapter 对象，向 DataSet 中填充数据的一般过程是：

①创建 SqlDataAdapter 和 DataSet 对象。

②使用 SqlDataAdapter 对象,为 DataSet 产生一个或多个 DataTable 对象。

③SqlDataAdapter 对象将从数据源中取出的数据填充到 DataTable 中的 DataRow 对象里,然后将该 DataRow 对象追加到 DataTable 对象的 Rows 集合中。

④重复第②步,直到数据源中所有数据都已填充到 DataTable 里。

⑤将第②步产生的 DataTable 对象加入 DataSet 里。

而使用 DataSet,将程序里修改后的数据更新到数据源的过程是:

①创建待操作 DataSet 对象的副本,以免因误操作而造成数据损坏。

②对 DataSet 的数据行(如 DataTable 里的 DataRow 对象)进行插入、删除或更改操作,此时的操作不能影响到数据库中。

③调用 SqlDataAdapter 的 Update 方法,把 DataSet 中修改的数据更新到数据源中。

2. 数据库访问模式

ADO. NET 提供了一套丰富的对象,用于对任何种类的存储数据进行连接式或断开式访问,包括关系型数据库。过去编写数据库应用程序主要使用基于连接的、紧密耦合的模式。在此模式中,连接会在程序的整个生存期中保持打开,而不需要对状态进行特殊处理。随着应用程序开发的发展演变,数据处理越来越多地使用多层结构,断开方式的处理模式可以为应用程序提供更好的性能和伸缩性。

(1) 断开式数据访问模式

断开式数据访问模式指的是客户不直接对数据库操作。在 . NET 平台上,使用各种开发语言开发的数据库应用程序,一般并不直接对数据库操作(直接在程序中调用存储过程等除外),而是先完成数据库连接和通过数据适配器填充 DataSet 对象,然后客户端再通过读取 DataSet 对象来获取所需要的数据。同样,在更新数据库中的数据时,也需要首先更新 DataSet 对象,然后再通过数据适配器来更新数据库中对应的数据。使用断开式数据访问模式的基本过程如下:

①使用连接对象 SqlConnection 连接并打开数据库。

②使用数据适配器 SqlDataAdapter 填充数据集 DataSet。

③关闭连接,对 DataSet 进行操作。

④操作完成后打开连接。

⑤使用数据适配器 SqlDataAdapter 更新数据库。

断开式数据访问模式特别适用于远程数据处理、本地缓存数据及对执行大批量数据的处理,不需要时时与数据源保持连接,从而将连接资源释放给其他客户端使用。

(2) 连接式数据访问模式

连接式数据访问模式是指客户在操作过程中,与数据库的连接是打开的。如果不需要 DataSet 所提供的功能,则打开连接后,可以直接使用命令对象 SqlCommand 进行数据库相关操作,使用 SqlDataReader 对象以仅向前只读方式返回数据并显示,从而提高应用程序的性能。在实际应用中,选择数据访问模式的基本原则是首先满足需求,而后考虑性能优化。

13.3 数据库的连接

数据库应用程序与数据库进行交互首先必须建立与数据库的连接,本节主要讨论利用对象 SqlConnection 进行数据库的连接及其相关的应用。

13.3.1 数据库的连接

SqlConnection 对象主要负责与数据源的连接,建立程序与数据源之间的联系,这是存取数据库的第一步,然后再利用 Open( )方法打开数据库,最后利用 Close( )方法关闭数据库。

下面是 ASP. NET 下给予 C#语言连接 SQL Server 2012 数据库的代码:

```
using System.Data; using System.Data.SqlClient; //使用命名空间
...
string strcon="Server=<服务器名>;DataBase=<数据库名>;User ID=<用户名>;Password
=< 密码>;"; //创建数据库连接字符串
SqlConnection conn =new SqlConnection(strcon); //创建数据库连接对象
conn.Open(); //打开数据库连接 ……conn.Close(); //关闭数据库连接
```

可以看出是先引用 System. Data、System. Data. SqlClient 两个命名空间。System.Data 包含的是一些数据库操作所需要用到的普通数据,如数据表、数据行等,这个对所有数据库都是必需的;System. Data. SqlClient 包含有关专门操作 SqlServer 数据库的类,如 SqlConnection、SqlCommand、SqlDateAdapter 等,引入后,可以在代码中使用这些数据库对象来访问 SQL Server 数据库。其中最重要的是数据库连接字符串 Strcon 的构造,它指定了要使用的数据库服务器、数据提供者及登录数据库的用户信息。各参数具体意义及设置如下:

Server 参数:这个参数设置的是系统的后台数据库服务器,使用方式为:“Server=服务器名”,其中服务器名就是数据库服务器的实例名称。该参数在设置的时候还可以有其他的别名,可以是“Data Source”“Address”“Addr”。如果使用的是本地数据库且定义了实例名,则可以写成“Server=服务器名”。

如果是远程服务器,则需要给出远程服务器的名称或 IP 地址,SQL Server 默认的连接端口为 1433 端口,默认情况下不需要设置端口号,如果端口不是默认的,则需要在服务器名称后面加冒号再连上端口号(:端口号)。例如,使用的数据提供者是 202. 201. 56. 57 服务器上面的名为 MySource 的 SQL Server 服务器实例,并且连接端口为 1455,参数设置如下:

“Server=202. 201. 56. 57\MySource:1455” Database 参数:用于指定使用的数据库名称。需要指出的是,在连接字符串中所用的登录信息要对该参数设置的数据库下面相应的数据表具有操作权限。该参数还有一个别名为“InitialCatalog”,也可设置为“InitialCatalog=<数据库名>”。

UserID 与 Password 参数:UserID 为连接数据库验证用户名,它还有一个别名“UID”;Password 为连接数据库验证密码,它的别名为“PWD”。这里要注意,SQL Server 必须预先已经设置了需要用户名和密码来登录，否则不能用这样的方式来登录。如果 SQL Server 设置为 Windows 登录，那么在这里就不需要使用 UserID 和 Password 这样的方式来登录，而需要使用 Trusted_Connection = SSPI 或 Trusted_Connection = true 或 IntegratedSecurity = SSPI 来登录，表示以当前 Windows 系统用户身份的去登录 SQL Server 服务器(信任连接)。

在参数构造的字符串中，各参数之间用分号隔开。

13.3.2 ASP.NET 连接数据库测试

为了将问题简单化，该示例只是测试信任连接，即以 Windows 身份登录 SQL Server 服务器方式进行连接。程序语句如下：

```
using System.Data;
using System.Data.SqlClient;
 …
private void button1_Click(objectsender, EventArgs e)
 {
  string strcon =
 " Server = XB - 20160606UDCV; Trusted _ Connection = true; DataBase = JXGL ";
SqlConnection conn=newSqlConnection(strcon);
conn.Open();
if(conn.State= =System.Data.ConnectionState.Open)
 MessageBox.Show("SQL Server 2012 数据库连接成功!");
conn.Close();
if(conn.State= =System.Data.ConnectionState.Closed)
Mess ageBox.Show("SQL Server 2012 数据库连接关闭!");
```

13.4 数据库的基本操作

利用 SqlConnection 对象连接数据源后，就可以对 SQL Server 数据库中的数据进行基本操作，ADO.NET 中提供的 SqlCommand 对象可以对数据库执行增、删、改等操作。

13.4.1 用户登录界面

【例 13-1】教学管理数据库“JXGL”中有用户表 User(userName,password)，存储了用户名和密码分别为“liu”和“123456”的记录，用户登录界面程序代码如下：

```
private void button1_Click(object sender, EventArgs e)
{
 string userName=textBox1.Text;
string password=textBox2.Text;
 string strcon ="Server=XB-20160606UDCV;Trusted_Connection=true;
```

```
DataBase=JXGL";
SqlConnection conn = newSqlConnection(strcon);
 string sql=String.Format("selectcount( * ) from [User] where userName='{0}' andpassword='{1}'",userName,password);
try
{
conn.Open();
 SqlCommand comm=newSqlCommand(sql,conn);
int n=(int)comm.ExecuteScalar();
if (n==1)
{
 MessageBox.Show( "已经进入管理系统!", "登录成功!", MessageBoxButtons.OK, MessageBoxIcon.Exclamation);
 this.Tag=true;
}
else
{
MessageBox.Show("您输入的用户名或密码错误! 请重试","登录失败!",
 MessageBoxButtons.OK,MessageBoxIcon.Exclamation);
 this.Tag=false;
}
 }
 catch(Exception ex)
{
MessageBox.Show(ex.Message,"操作数据库出错!",MessageBoxButtons.OK,
MessageBoxIcon.Exclamation);
this.Tag=false;
 }
finally
{
conn.Close();
 }
 }
```

13.4.2 向数据库添加数据

【例 13-2】设置一个简单的向教学管理数据库“JXGL”学生信息表 S(SNO,SNAME,SEX,BIRTHDATE,COLLEGE)表中添加记录的信息界面。

```
private void button1_Click(objectsender, EventArgs e)
 {
 string s_ex = "";
if (radioButton1.Checked)
```

```
    s_ex = radioButton1.Text;
    else
    s_ex = radioButton2.Text;
     string no=textBox1.Text;
    string name=textBox2.Text;
    string b_th = textBox4.Text;
    string dept = textBox3.Text;
     string strcon ="Server=XB-20160606UDCV;T
    rusted_Connection=true;DataBase=JXGL";
     SqlConnection conn = newSqlConnection(strcon);
     string sql = String.Format("INSERTINTO S(SNO,SNAME,SEX,BIRTHDATE,COLLEGE)
VALUES('{0}','{1}','{2}','{3}','{4}')", no, name, s_ex,b_th,dept);
    conn.Open(); SqlCommand comm = newSqlCommand(sql,conn); //创建 Command 对象
    int n = comm.ExecuteNonQuery();
    //执行"插入"命令,返回值为出入记录数
    if(n>0)
    {
     MessageBox.Show("插入学生信息成功!","提示信息,MessageBoxButtons.OK,
    MessageBoxIcon.Information);
    }
    else
    {
     MessageBox.Show("插入学生信息失败!","提示信息", MessageBoxButtons.OK,
MessageBoxIcon.Information);
    }
    }
```

13.4.3 记录数据管理

【例 13-3】完成教学管理数据库“JXGL”学生信息表 S(SNO,SNAME,SEX,BIRTHDATE,COLLEGE)的信息管理功能,提供浏览、编辑和删除学生记录的功能。具体步骤如下:

①在窗体 Form1 上添加一个 dataGridView 控件、一个标签控件和两个按钮控件。

②进入 Form1 窗体的源代码编辑视图,在 Form1 类中定义以下成员。

```
    privateSqlDataAdapter da = new SqlDataAdapter();      //定义数据适配器
    privateDataSet ds = new DataSet();                    //定义数据集
    private void ShowStudent()
    {
    string strcon
    ="Server=XB-20160606UDCV;Trusted_Connection=true;DataBase=JXGL";
    string sql = "SELECT SNO AS 学号,SNAME AS 姓名,SEX AS 性别,BIRTHDATE AS 出生日期,
COLLEGE AS 学院 FROM S";
     SqlConnection conn = newSqlConnection(strcon);
```

```
    conn.Open();
    SqlCommand comm = new SqlCommand(sql, conn);        //创建 Command 对象
     da.SelectCommand = comm;                           //把命令对象绑定数据适配器对象
     SqlCommandBuilder builder = newSqlCommandBuilder(da);
    da.Fill(ds,"CourseMsg");                            //填充数据集
    dataGridView1.DataSource =ds.Tables["CourseMsg"];
                        //将数据表绑定到 DataGridView 控件
     conn.Close(); }
```

关于上述代码段,做如下两点说明:

a. 在上述代码中,SqlCommandBuilder 对象用于将对 DataSet 所做的更改与关联的 SQL Server 数据库的更改相协调,具有自动生成单表命令的功能,因此只需创建,而不需要任何绑定操作。

b. SqlDataAdapter 和 DataSet 依赖 SqlConnection 对象把用户更新结果返回数据源进行保存。在数据访问期间,虽然允许断开已打开数据源的连接,但不能释放 SqlCommand 对象。因此,编程时不能使用 using 语句块来管理 SqlConnection 对象。

③为 Form1 窗体定义 Load 事件方法,在加载窗体时显示学生信息,代码如下:

```
    privatevoid Form1_Load(object sender,EventArgs e) { ShowStudent(); }
```

④双击"保存"按钮,编写 Click 事件方法,实现将在 DataGridView 中修改的结果保存到数据库中。其代码如下:

```
    private void button1_Click(object sender, EventArgs e)
    {
    da.Update(ds, "CourseMsg"); MessageBox.Show("数据修改已经成功!","注意",
MessageBoxButtons.OKCancel,MessageBoxIcon.Warning); }
```

⑤双击"取消"按钮,让用户放弃当前所做的添加、修改和删除操作,代码如下:

```
    private void button2_Click(object sender, EventArgs e)
    {
    if(MessageBox.Show("您是否真的要取消目前添加、修改或删除操作?","注意",
MessageBoxButtons.OKCancel,MessageBoxIcon.Question)= =DialogResult.OK)
    {
     ds.Clear();
     ShowStudent();             //重新显示更新之间的数据信息
    dataGridView1.Refresh();
    }
     }
```

⑥编译并运行程序。

基于 ASP. NET 的学生学籍管理系统的开发步骤参见视频 13-2[①]。

13-2

① 余侃侃,王珍,苏传琦.数据库原理与应用.南京中医药大学.中国大学 MOOC,https://www.icourse163.org/learn/NJUTCM-1206705843? tid=1207035248#/learn/announce.

本章小结

本章主要介绍如何在Web环境中开发数据库应用程序，首先介绍常见的Web服务器数据库应用结构，然后介绍数据库的访问接口的概念和常用的数据访问接口，着重介绍了数据库的基本操作，最后介绍了如何利用ASP.NET编程环境开发数据库应用程序。

习　题

一、填空题

1. 在C/S结构的数据库应用系统中，SQL Server数据库通常位于________端，而用程序设计语言开发的应用程序通常运行在________端。

2. 在OLE DB中，定义了____________、____________和____________三种类型的数据访问组件。

3. ADO. NET对象模型中，常用的对象有____________对象、____________对象、____________对象、____________对象和____________对象。

上机实训

1. 请用ASP. NET和SQL Server数据库管理系统为计算机系开发一个B/S结构的学生成绩管理系统。通过该系统，计算机系的教学秘书可以方便地对学生及其成绩进行管理；学生可以方便地查看自己的成绩。

2. 请用ASP. NET和SQL Server数据库管理系统为某超市开发一个B/S结构的商品管理系统。通过该系统，超市工作人员可以方便地对商品类别和商品进行管理；顾客可以按类别查看商品信息。

参考文献

［1］王珊，萨师煊. 数据库系统概论［M］. 5 版. 北京：高等教育出版社，2014.

［2］陈漫红. 数据库原理与应用技术（SQL Server 2008）［M］. 北京：北京理工大学出版社，2016.

［3］郑阿奇. SQL Server 实用教程［M］. 4 版. 北京：电子工业出版社，2015.

［4］何玉洁. 数据库原理与应用教程［M］. 4 版. 北京：机械工业出版社，2014.

［5］陈金萍，陈艳，姜广坤. SQL Server 2012 数据库项目化教程［M］. 北京：清华大学出版社，2017.

［6］陈漫红. 数据库系统原理与应用［M］. 北京：机械工业出版社，2010.

［7］胡艳菊，申野. 数据库原理及应用——SQL Server 2012［M］. 北京：清华大学出版社，2014.